서울대식 논리의 정곡!

서울대
구술면접

자연계열

시대에듀

감사와 응원의 인사 PREFACE

💬 반갑습니다. 이 책의 저자 유제승, 정재입니다.

우리는 서울대를 졸업하고, 대성마이맥, 대성학원에서 수업을 진행하고 있습니다. 더 좋은 수업과 교재를 위해 열심히 공부하고, 학생들과 호흡하고, 연구하고 있습니다. 이 책을 선택해 준 여러분께 깊은 감사의 마음을 전합니다. 온라인 강의, 현장 강의, 그리고 이 책을 통해서 여러분과 만나게 된 인연을 소중히 여기겠습니다.

💬 함께했던 학생들에게 감사드립니다.

이 책은 그동안 서울대를 지원한 학생들과 함께했던 구술면접 현장 강의의 집약체입니다. 우리가 푼 것, 학생들이 푼 것, 학생들에게 피드백한 것, 학생들로부터 받은 피드백까지도 '예시 답안'에 모두 담았습니다. 서울대 구술 문제를 두고 함께, 그리고 치열하게 고민했던 학생들에게 무한한 감사를 전합니다. 우리를 믿고 따라와 준 그 학생들이 없었다면 이 책도 없었을 것입니다.

💬 여러분의 노고를 치하합니다.

이 책을 선택한 학생이라면 서울대를 지원한 학생일 것이고, 서울대를 지원한 학생이라면 학업 성적이 뛰어난 학생일 것이고, 서울대를 지원할 만큼의 성적이라면 그동안 엄청난 노력을 했을 것이기 때문에, 다짜고짜 노고를 치하하는 것입니다. 그동안 고생했어요. 그 고생이 꼭 결실을 이루기를 응원합니다. 여러분이 서울대에 입학해 건강한 미래 세대가 되는 데 이 책이 일조하게 될 점을 영광으로 생각합니다.

💬 서울대 구술, 어렵습니다. 하지만 도전해야 합니다.

서울대 문제는 어렵습니다. 제시문 기반의 심층구술·수리구술을 시행하는 대학들 중에서도 압도적으로 어렵습니다. 넓고 깊은 사고력을 요합니다. 하지만 난공불락은 아닙니다. 붙어 볼 만하죠. 서울대 문제를 풀다 보면 때로 지적 희열을 느낄 겁니다. 이 책을 통해 서울대 기출문제를 모두 접하고 나면, '아, 이런 게 진짜 공부구나. 대학에 가면 이런 주제들에 대해 진지하게 공부해 보고 싶다.' 하는 학문적 도전 의식이 불끈 솟을 겁니다.

💬 잘할 수 있습니다.

처음부터 잘하는 학생은 거의 없습니다. 서울대를 지원한 자질을 갖춘 학생이라면, 차분하고 꼼꼼히 준비한다는 전제하에 누구나 잘할 수 있습니다. 처음에 잘하지 못한다고 낙담할 필요 없습니다. 자신을 믿고, 우리를 믿고, 이 책을 믿고 꾸준히 공부하기를 당부합니다. 특히 서울대 구술면접 수업을 접하기 힘든 여건에 있는 학생들에게 이 책이 큰 도움이 되기를 기대합니다.

💬 서울대 합격을 미리 축하해 봅니다.

여러분들의 서울대 합격을 미리 축하합니다. 이 축하가 괜한 설레발이 되지 않기를 간절히 바랍니다. 자, 이제 합격을 위한 문제 풀이에 들어가 볼까요? 파이팅입니다!

저자 유제승, 정재 드림

수리 구술 일러두기 INTRODUCE

💬 **책의 해설을 보기에 앞서 스스로 고민하는 시간을 가져 보기를 당부 드립니다.**

고민하지 않은 상태에서 문제의 해설이나 강의를 보는 것은 공부가 아닙니다. 그래서 책에 여백을 충분히 두었습니다. 이 공간을 여러분의 치열한 고민으로 채우기를 바랍니다.

💬 **다양한 방법으로 접근하며 규칙과 원리를 관찰하고 찾아봅시다.**

특히 간단한 예를 들어 보거나, 일일이 나열해 보는 것, 그리고 그래프를 이용하려는 시도가 필요합니다. 계산 과정이나 결과가 복잡하다고 느껴지더라도 논리적인 과정과 결과가 보인다면 그것으로 충분합니다. 낯선 것을 두려워하지 말고 논리력을 키우십시오.

💬 **2014학년도 이후 자연계열의 모든 수리 구술면접 문제를 수록했습니다.**

11년간의 문제들은 현재 서울대 자료실에 공개되어 있는 전체 문항입니다. 2017학년도 이전 문제는 난이도와 형식이 최근 출제 경향과 다소 차이가 있으나, 구술면접을 준비하는 데에는 필수입니다.

💬 **다년간의 강의와 제자들과의 피드백을 통해 다듬은 해설을 집필했습니다.**

일반적인 풀이와 더불어 학생들의 입장에서 접근 가능한 풀이를 수록했습니다. 다만, 현 교육과정에서 벗어난 단원에 해당하는 문항은 소개만 했습니다.

💬 **해설은 면접시험의 모의 연습이 가능하도록 실제로 말하면서 작성했습니다.**

행동을 설명하는 지문을 이탤릭체로 표현해 간단히 실었고, 구술 지문은 구어체로 서술했습니다. 그리고 세부 문제에 대한 접근법과 전략, 난이도에 대한 평가를 '문제 해결의 Tip'에 정리했습니다.

💬 **이 책에 실린 풀이에 대한 강의는 대성마이맥 강좌에서 확인할 수 있습니다.**

강의와 더불어 모의고사를 풀어 봄으로써 실전력을 기를 수 있습니다. 그리고 모의고사를 통해 실전 대비가 될 수 있도록 준비했습니다. 추가로 카이스트, 디지스트, 유니스트의 수리 구술면접 기출문제와 수리논술을 시행하는 대학의 기출문제도 공부하면 더욱 좋습니다. 서울대와는 다르게 위의 대학들은 각 대학 홈페이지 입학 자료실에 문항과 해설이 자세하게 실린 '선행학습 영향 평가 보고서'를 공개하고 있으니 참고하기를 바랍니다.

💬 **실제 시험장에서는 대기 시간 동안 문제를 풀이할 수 있습니다.**

면접실에는 설명에 도움이 되도록 이용할 수 있는 칠판이 준비되어 있습니다. 말 한마디와 표정 하나로 합격과 불합격이 결정된다는 생각에 긴장하지 마십시오. 우리가 마주하는 것은 결론이 정해져 있는 수학 문제들일 뿐입니다. 문제에만 집중하기를 바랍니다. 집중과 몰입만이 긴장을 극복할 수 있습니다. 그리고 그것이 곧 면접관 선생님들의 평가 항목입니다.

학생부종합전형(일반전형) 안내 INFORMATION

1. 2025학년도 서울대 신입학생 입학전형 안내

❶ 전형 방법

1단계	서류 평가(100)	▶	2단계	1단계 성적(70) + 면접 및 구술고사(30)

※ 사범대학의 경우 [교직적성 · 인성면접]

❷ 면접 및 구술고사 평가 방법

주어진 제시문을 바탕으로 면접관과 수험생 사이의 자유로운 상호 작용을 통해 문제 해결 능력과 논리적이고 창의적인 사고력을 종합적으로 평가합니다.

❸ 모집 단위별 면접 내용 및 시간

모집 단위			제시문 내용	시간	
				답변 준비	면접
인문대학			인문학, 사회과학	30분 내외	15분 내외
사회과학대학	전 모집 단위(경제학부 제외)		인문학, 사회과학	30분 내외	
	경제학부		사회과학, 수학(인문)		
자연과학대학	수리과학부		수학(자연)	45분 내외	
	통계학과		수학(자연)	45분 내외	
경영대학			사회과학, 수학(인문)	30분 내외	
공과대학			수학(자연)	45분 내외	
농업생명과학대학	농경제사회학부		사회과학, 수학(인문)	30분 내외	
	산림과학부		수학(자연)	45분 내외	
	조경 · 시스템공학부		수학(자연)	45분 내외	
	바이오시스템 · 소재학부		수학(자연)	45분 내외	
사범대학	전 모집 단위(자연계 제외)		인문학, 사회과학	30분 내외	
	수학교육과		수학(자연)	45분 내외	
생활과학대학	소비자아동학부	소비자학	사회과학, 수학(인문)	30분 내외	
		아동가족학	인문학, 사회과학	30분 내외	
	의류학과		*사회과학, 수학(인문)	30분 내외	
약학대학	약학계열		수학(자연)	45분 내외	
자유전공학부			*인문학, 수학	30분 내외	

★ 의류학과는 (화학, 생명과학) 또는 (사회과학, 수학) 중 택 1, 전자는 답변 준비 시간이 45분 내외

★ 자유전공학부는 (인문학, 수학) 또는 (사회과학, 수학) 또는 (수학-인문/자연) 중 택 1

❖ 기타 모집 단위와 그 외 구체적인 사항은 서울대학교 홈페이지 내 전형 안내 문서를 반드시 확인하십시오.

2. 구술면접고사 일반 및 현장 상황

❶ 전형 일정 ▌ 학생부종합전형(일반전형) 기준 2024.11.22.(금)

입실 시간	면접 대기실 입실 시간	
	오전	오후
인문대학	07:30~08:00	12:30~13:00
사회과학대학	07:30~08:00	12:55~13:10
자연과학대학	07:20~08:00	–
공과대학	06:40~07:30	–

※ 위 시간은 2024학년도 면접 일정을 바탕으로 작성하였으며, 자세한 사항은 단과 대학별 공지를 확인하십시오.

❷ 진행 절차

대기실		면접 준비실		면접실
조별 대기	▶	고사 시간 30분 전 입실, 문제지·연습장 배부	▶	2인의 면접관과 구술고사 진행

❸ 알아두면 좋은 Tip

- 고사 당일 학내 밀집도 완화를 위해 학내 학부모 대기실은 운영되지 않습니다.
- 문제 분량은 2세트, 소문제 4~6개 정도입니다.
- 면접실에는 칠판 또는 화이트보드를 활용할 수 있습니다.
- 개인 필기구 사용이 가능하지만, 배분된 연습장에만 풀이할 수 있습니다.
- 문제 풀이 순서는 직접 결정하여 자신 있는 문제부터 답변할 수 있습니다.
- 풀이가 막혔을 때에 면접관 선생님께서 도움을 주시는 경우가 있습니다.
- 풀이에 대한 추가 질문이 있을 수 있으므로 마지막까지 집중해야 합니다.

❖ 기타 구술면접 관련 내용은 서울대 입학 본부 웹진 아로리의 '입학 안내'와 서울대 입학 본부 유튜브 채널을 참고하십시오.

이 책의 구성과 특징 STRUCTURES

대학 신입학생 수시모집 일반전형 면접 및 구술고사

수리 논술

2024학년도 수학 A

※ 제시문을 읽고 문제에 답하시오.

문제 1

곡선 C의 방정식은 $y = x^2 + \dfrac{5}{4}$ 이다. 다음 그림과 같이 점 $A(a,\ b)$에서 곡선 C에 서로 다른 두 접선을 그을 수 있을 때, 그 두 접선과 곡선 C의 접점을 각각 $P\left(p,\ p^2 + \dfrac{5}{4}\right)$, $Q\left(q,\ q^2 + \dfrac{5}{4}\right)$라고 하자. (단, $p < q$)

$Q\left(q,\ q^2 + \dfrac{5}{4}\right)$

STEP 1

2024~2014학년도 11개년 서울대 기출을 한눈에 확인할 수 있습니다.

구상지

STEP 2

선생님의 예시 답안을 확인하기 전, 충분히 문제 해결의 시간을 갖고 반드시 자신만의 생각을 구상지에 구상해 봅시다.

예시 답안

1-1

1번 문제의 답변을 시작하겠습니다.

(설명과 계산을 시작합니다.)

각 접점에서의 접선의 방정식을 구하겠습니다.

점 P에서의 접선의 방정식은 $y = 2p(x-p) + p^2 + \dfrac{5}{4} = 2px - p^2 + \dfrac{5}{4}$ 이고,

점 Q에서의 접선의 방정식은 $y = 2q(x-q) + q^2 + \dfrac{5}{4} = 2qx - q^2 + \dfrac{5}{4}$ 입니다.

이 두 접선의 교점을 구하면

$2px - p^2 + \dfrac{5}{4} = 2qx - q^2 + \dfrac{5}{4}$ 에서 $(2p-2q)x = p^2 - q^2$ 이므로 $x = \dfrac{p+q}{2}$ 입니다.

이것을 접선의 방정식 중 하나에 대입하면 $y = 2p \times \dfrac{p+q}{2} - p^2 + \dfrac{5}{4} = pq + \dfrac{5}{4}$ 이므로

STEP 3

제공된 기출문제의 모든 예시 답안을 수록했습니다. 선생님의 답안과 자신의 답안을 비교하면서 논리를 정립해 봅시다.

문제 해결의 Tip

[1-1] 계산

접선을 구하고, 두 점 사이의 거리 공식을 이용하면 쉽게 해결할 수 있습니다.

[1-2] 계산

이차방정식의 근과 계수와의 관계를 이용하면 식을 나타낼 수 있습니다.

[1-3] 계산

도함수를 활용하여 그래프의 개형을 그리면 최댓값, 최솟값을 구할 수 있고, t의 값에 따른 방정식의 해의 개수도 구할 수 있습니다.

STEP 4

예시 답안을 통해 나에게 부족한 논리를 확인했다면 '문제 해결의 Tip'에서 그 부분을 보완·숙지할 수 있습니다.

활용 모집 단위

- 자연과학대학(수리학부, 통계학과)
- 사범대학 수학교육과

주요 개념

접선의 방정식, 두 점 사이의 거리, 다항식의 연산, 도함수, 최댓값, 최솟값, 그래프의 개형, 점근선, 정적분, 평행이동

서울대학교의 공식 해설

▶ [1-1] 접선의 방정식을 구할 수 있는지, 두 점 사이의 거리를 구할 수 있는지를 평가한다.
▶ [1-2] 다항식의 연산을 통해 식을 정리하여 답을 구할 수 있는지를 평가한다.
▶ [1-3] 도함수를 활용하여 최댓값과 최솟값을 구할 수 있는지 평가하며, 함수의 그래프의 개형을 이용하여 방정식에서의 활용을 이해할 수 있는지 평가한다.
▶ [1-4] 평행이동을 이해하고, 정적분을 이용해서 곡선으로 둘러싸인 도형의 넓이를 구할 수 있는지를 평가한다.

STEP 5

서울대에서 공개한 활용 모집 단위와 문제 풀이를 위한 주요 개념, 공식 해설을 확인할 수 있습니다.

대학 신입학생 수시모집 일반전형 면접 및 구술고사

| 수리 논술 | **수학 (1)** |

문제 1

좌표평면 위에 두 개의 원

$$C_0: x^2 + \left(y - \frac{1}{2}\right)^2 = \frac{1}{4}, \quad C_1: (x-1)^2 + \left(y - \frac{1}{2}\right)^2 = \frac{1}{4}$$

에 대하여 원 C_2는 x축에 접하고, 원 C_0, C_1과 외접한다고 하자.
마찬가지로 원 C_{n+1}은 x축에 접하고, 원 C_{n-1}, C_n과 외접한다고 하자.
(단, 원 C_{n+1}과 원 C_{n-2}는 서로 다른 원이다.)
원 C_n의 반지름의 길이를 r_n, x축과의 접점을 $(x_n, 0)$이라 하고,

STEP 6

서울대 유형의 모의고사를 제작·수록했습니다. 어디에서도 접할 수 없는 고난도 모의고사를 통해 나의 실력을 최종 점검해 봅시다.

※ 본책에는 한국출판인회의에서 제공한 KoPub 돋움 글꼴과 네이버에서 제공한 나눔명조 글꼴이 적용되어 있습니다.

이 책의 차례 CONTENTS

서울대 일반전형
수리 구술면접
기출문제의 주제

2025 서울대 구술면접
자연계열

1부 | 수리 구술면접 기출문제의 주제

출제 학년도	구분			관련 개념
2024학년도	인문		문제 1	일차방정식, 속도, 거리, 위치, 연립일차부등식
	자연	A	문제 1	접선의 방정식, 두 점 사이의 거리, 다항식의 연산, 도함수, 최댓값, 최솟값, 그래프의 개형, 점근선, 정적분, 평행이동
		B-1, B-2	문제 2	일차방정식, 속도, 거리, 일차부등식, 경우의 수, 위치, 연립일차부등식
		C	문제 3	직선의 방정식, 정적분, 거리, 수열의 극한
		D	문제 4	지수함수와 로그함수, 수열, 확률, 수열의 극한
2023학년도	인문		문제 2	경우의 수, 확률, 수열
	자연	1_A, 1_B	문제 1	합성함수, 미분가능, 정적분
		2	문제 2	경우의 수, 확률, 수열
		3	문제 3	이차함수, 이차방정식, 포물선, 접선, 평행이동, 판별식, 정적분, 수열의 귀납적 정의
2022학년도	인문		문제 1	접선의 방정식, 탄젠트함수, 직선의 방정식, 정적분, 간단한 삼차방정식, 점과 직선 사이의 거리, 근과 계수와의 관계, 인수분해, 삼각함수, 직선의 평행이동
	자연	B	문제 1	같은 것이 있는 순열, 최단 거리 구하기, 이차함수의 그래프와 직선의 위치 관계, 이차방정식의 판별식
		C, D	문제 1, 문제 2	직선의 방정식, 원의 방정식, 판별식, 원과 직선의 위치 관계, 도함수, 몫의 미분법, 그래프의 개형, 접선, 이차곡선, 포물선
		C	문제 2	인수분해, 그래프의 개형, 함수의 극한, 함수의 연속, 귀류법
		D	문제 1	접선의 방정식, 탄젠트함수, 직선의 방정식, 정적분, 간단한 삼차방정식, 점과 직선 사이의 거리, 근과 계수와의 관계, 인수분해, 삼각함수, 미분가능성, 미분계수, 함수의 극한
2021학년도	인문	오전	문제 1	합성함수, 이차함수, 사인함수
			문제 2	수학적 확률, 합의 법칙, 곱의 법칙, 순열, 조합, 조건부 확률
		오후	문제 1	다항식의 연산, 수열의 귀납적 정의, 수학적 귀납법, 등비수열
			문제 2	도형의 넓이, 함수의 그래프, 극한, 연속, 미분계수, 미분가능, 도함수
	자연	C	문제 1	명제, 조건, 필요충분조건, 명제의 증명, 진리집합, 대우
		C, D, E	문제 2	조합, $_n\mathrm{C}_r$, $\sum$(시그마)의 성질, 수열의 귀납적 정의, 수열의 극한
		E	문제 1	합성함수, 이차함수, 사인함수, 부정적분
		D, E	문제 3	평면 벡터의 내적, 등비수열의 합, 수열의 극한, 삼각함수, 최댓값

2020학년도	인문	오전	문제 1	원의 접선, 직선의 방정식, 두 직선의 평행조건, 등비급수의 합
			문제 2	합성함수, 직선의 방정식, 일차함수, 함수의 극한과 연속, 역함수
		오후	문제 1	직선의 방정식, 두 직선의 수직조건, 정적분, 접선, 등비수열, 등비급수
			문제 2	합성함수, 직선의 방정식, 일차함수, 함수의 극한과 연속, 역함수
	자연	B	D	문제 1
			E	문제 2
2019학년도	인문	오전	문제 1	도형의 방정식, 부등식의 영역, 도함수, 접선의 방정식
			문제 2	경우의 수, 확률, 등비수열의 합, 확률의 덧셈정리, 여사건
		오후	문제 3	평면좌표의 내분점, 원의 방정식
			문제 4	함수, 합성함수, 등비수열, 등비수열의 합
	자연	오전	문제 1	두 점 사이의 거리, 대칭이동, 평행이동, 도함수, 극대와 극소, 두 점 사이의 거리
			문제 2	절대부등식, 부등식의 영역
			문제 3	공간도형과 공간좌표, 부등식의 영역, 접선의 방정식, 삼각함수의 미분
			문제 4	두 평면의 교선, 합의 법칙과 곱의 법칙, 수열의 극한
2018학년도	인문	오전	문제 1	미분, 접선, 부등식, 최솟값, 정적분, 넓이, 등비급수
			문제 2	직선의 방정식, 부등식의 영역
		오후	문제 3	등비급수, 수열의 귀납적 정의, 원의 방정식, 두 점 사이의 거리
	자연	오전	문제 1	직선의 방정식, 부등식의 영역, 두 점 사이의 거리
			문제 2	확률변수, 수학적 귀납법, 수열의 귀납적 정의, 이산확률변수의 기댓값
			문제 3	접선, 이차방정식, 정적분, 넓이
2017학년도	인문	오전	문제 1	이차방정식의 판별식, 부등식의 영역
			문제 2	경우의 수, 순열, 조합
			문제 3	이항정리, 수열의 귀납적 정의
		오후	문제 4	합성함수, 그래프의 개형
			문제 5	이항정리, 서로소, 귀류법
			문제 6	절댓값 기호가 포함된 정적분, 최대, 최소
	자연	오전	문제 7	이항정리, 수열의 귀납적 정의
			문제 8	여러 가지 함수, 정적분
			문제 9	경우의 수, 순열, 조합
			문제10	이차방정식의 판별식, 부등식의 영역
			문제11	여러 가지 함수, 정적분
2016학년도			문제 1	경우의 수, 합의 법칙, 곱의 법칙, 조합
			문제 2	도형의 닮음, 삼각형의 내접원, 등비수열, 무한등비급수
			문제 3	자연수의 성질, 다항식과 그 연산, 여러 가지 수열, 행렬의 곱셈
			문제 4	부등식의 영역, 두 점 사이의 거리, 점과 직선 사이의 거리
			문제 5	중복순열, 계차수열
			문제 6	합성함수의 미분, 역함수의 미분, 곡선의 길이, 부분적분, 치환적분

2015학년도	인문	문제 1	경우의 수, 곱의 법칙, 수학적 확률
		문제 2	중복조합, 함수의 증가와 감소
	자연	문제 1	벡터의 크기, 벡터의 연산, 내적
		문제 2	함수의 극한, 벡터의 내적
2014학년도	정시	문제 1	함수의 극한, 정적분, 삼각함수
		문제 2	대칭이동, 회전체의 부피, 치환적분, 정적분의 성질
	수시	문제 1	미분의 기하학적 의미, 정적분, 함수의 증가
		문제 2	등비수열의 합, 등비수열의 극한
		문제 3	조합, 이항정리, 연립일차방정식
		문제 4	삼각형의 닮음, 삼각함수의 정의 및 성질, 도함수의 활용

남에게 이기는 방법의 하나는 예의범절로 이기는 것이다.

- 조쉬 빌링스 -

구술의 개념 체계

수리 구술

2025 서울대 구술면접
자연계열

구술의 개념 체계

수리 구술

1 수학 문제 해결론

(1) 연역적 접근

이미 명확하다고 알려진 공리, 정리를 이용하여 주어진 조건을 분석하여 결과를 도출하는 방법입니다.

(2) 귀납적 접근

주어진 조건을 관찰하여 귀납적인 결론을 추론한 후, 이미 명확하다고 알려진 공리, 정리를 이용하여 검증하는 방법입니다.

2 서울대 수리 구술면접 문제의 특징

(1) 출제 범위

수학, 수학Ⅰ, 수학Ⅱ, 확률과 통계, 미적분, 기하

(2) 유형

① 계산 문제

교과서의 공식을 이용하여 조건을 식으로 표현한 후 정확히 계산해 내면 됩니다. 단, 계산의 과정 또는 결과가 복잡한 수 또는 식일 수 있습니다. 따라서 복잡하다고 하여 당황하지 말고 정확한 과정에 근거하여 풀이해야 합니다.

② 경우 분류 문제

관찰을 통해 명확하지 않은 상황이 발생했을 때, 기준을 정하여 경우를 분류합니다. 각 경우마다 계산 또는 추론이 필요하고, 검증 과정이 필요합니다.

③ 추론 문제

함수, 수열, 극한, 경우의 수, 확률과 연관된 문제에서 예측을 해야 하는 문제는 주어진 조건에 맞는 규칙 또는 결과를 이용하여 추론을 한 후, 수학적 귀납법, 귀류법, 직접증명법을 이용하여 추론이 타당한지 검증하는 과정이 필요합니다. 다각도로 관찰하는 능력이 필요하고, 수능 수학을 통한 문제 풀이 경험 역시 요구됩니다. 가능하면 그래프, 도형을 많이 그려 보고, 식의 정리 및 계산을 피하지 마십시오.

(3) 문항 구조

① 제시문

단순한 모델이 주어집니다.

② 소문제

제시문에 적합한 계산 문제, 추론 문제가 출제됩니다. 단계별 연계 문제가 주어지며, 문제를 해결할 때마다 다음 문제를 풀 수 있는 추가 조건을 얻을 수 있습니다.

3 일반적인 해법

(1) 계산

식을 정리하고, 공식을 이용하여 처리합니다. 가능하다면 규칙이 있는지 확인하십시오.

(2) 단순화 및 분류

복잡한 상황에서의 원리를 찾아 단순한 모델을 만드십시오. 그래서 원리가 잘 적용되는지 확인하십시오. 조건에 따라 여러 가지 경우가 나오는 문제에서는 각 경우마다 계산 및 관찰을 해야 합니다. 이때 분류 기준을 효율적으로 정한 후 분류할 수 있어야 합니다.

(3) 추론 및 증명

조건에 맞는 여러 개의 그래프 또는 도형과 정리된 식, 계산의 결과를 바탕으로 추론할 수 있는 결론을 가정하십시오. 그리고 가정이 참인 근거를 증명법을 통해 찾습니다. 특히, 귀납적 정의를 이용하면 편리하게 풀이되는 기출문제들이 있습니다.

3부

기출문제와 예시 답안

2025 서울대 구술면접
자연계열

수리
논술

2014학년도 수학

문제 1

구간 $[0, 1]$에서 정의된 연속함수 $f(x)$는 $f(0)=1$, $f(1)=0$을 만족하는 감소함수이고, 좌표평면의 부분집합
$D=\{(x, y)\,|\,0 \le x \le 1,\ 0 \le y \le f(x)\}$이다.

$0 < \theta < \dfrac{\pi}{2}$인 θ에 대하여 점 $(t, 0)$을 지나고 기울기가 $\tan\theta$인 직선과 영역 D의 공통부분의 길이를 $l(t)$라

하고, $S(\theta)=\displaystyle\int_{-\cos\theta}^{1} l(t)\,dt$라 하자.

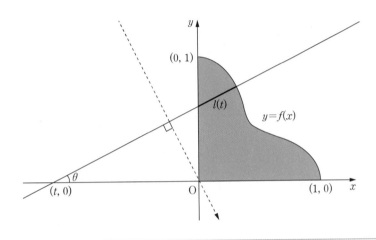

[1-1]

$\displaystyle\lim_{\theta \to \frac{\pi}{2}-} S(\theta)$의 기하학적 의미를 설명하시오.

[1-2]

$S(\theta)$와 D의 넓이와의 관계를 구하시오.

구상지

1-1

1번 문제의 답변을 시작하겠습니다.

(설명과 계산을 시작합니다.)

직관적으로 주어진 극한은 $\displaystyle\int_0^1 f(x)\,dx$ 임을 알 수 있습니다.

이것을 다음의 과정을 통해 검증해 보겠습니다.

$S(\theta)=\displaystyle\int_{-\cos\theta}^{1} l(t)\,dt$ 를 변형하여 $\dfrac{1}{\sin\theta}\displaystyle\int_{-\cos\theta}^{1} l(t)\sin\theta\,dt$ 라 하겠습니다.

여기에서 $l(t)\sin\theta$ 를 함수 $f(x)$ 를 이용하여 나타내겠습니다.

(i) $t<0$ 일 때

(칠판에 그래프 또는 그림을 그립니다.)

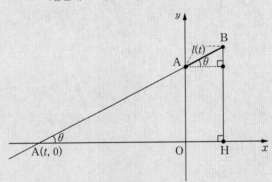

(설명과 계산을 시작합니다.)

선분 AB의 길이가 $l(t)$ 이므로 점 H는 $H(l(t)\cos\theta,\ 0)$ 이고,
선분 BH의 길이는 $f(l(t)\cos\theta)$ 입니다.
즉, $\{-t+l(t)\cos\theta\}\tan\theta=-t\tan\theta+l(t)\sin\theta=f(l(t)\cos\theta)$ 이므로
$l(t)\sin\theta=f(l(t)\cos\theta)+t\tan\theta$ 입니다.

(ii) $t \geq 0$일 때

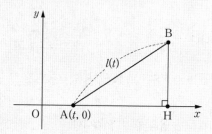

(칠판에 그래프 또는 그림을 그립니다.)

(설명과 계산을 시작합니다.)

점 $\mathrm{A}(t,\ 0)$이고 선분 AB의 길이가 $l(t)$이므로 점 H는 $\mathrm{H}(t+l(t)\cos\theta,\ 0)$입니다.
따라서 선분 BH의 길이는 $f(t+l(t)\cos\theta)$입니다.
즉, $l(t)\sin\theta = f(t+l(t)\cos\theta)$입니다.

(i), (ii)에 의하여 $S(\theta)$는

$$S(\theta) = \frac{1}{\sin\theta}\int_{-\cos\theta}^{1} l(t)\sin\theta\, dt$$

$$= \frac{1}{\sin\theta}\int_{-\cos\theta}^{0}\{f(l(t)\cos\theta)+t\tan\theta\}\,dt + \frac{1}{\sin\theta}\int_{0}^{1}f(t+l(t)\cos\theta)\,dt$$

$$= \frac{1}{\sin\theta}\int_{-\cos\theta}^{0} f(l(t)\cos\theta)\,dt + \frac{1}{\sin\theta}\int_{-\cos\theta}^{0}t\tan\theta\,dt + \frac{1}{\sin\theta}\int_{0}^{1}f(t+l(t)\cos\theta)\,dt$$

$$= \frac{1}{\sin\theta}\int_{-\cos\theta}^{0} f(l(t)\cos\theta)\,dt + \frac{\tan\theta}{2\sin\theta}(-\cos^2\theta) + \frac{1}{\sin\theta}\int_{0}^{1}f(t+l(t)\cos\theta)\,dt$$

$$= \frac{1}{\sin\theta}\int_{-\cos\theta}^{0} f(l(t)\cos\theta)\,dt - \frac{\cos\theta}{2} + \frac{1}{\sin\theta}\int_{0}^{1}f(t+l(t)\cos\theta)\,dt$$

입니다.

$\theta \to \dfrac{\pi}{2}-$이면 $\sin\theta \to 1$, $\cos\theta \to 0$이고,

$t < 0$일 때에는 $l(t) \to 1$이고, $t \geq 0$일 때에는 $l(t) \to 1-t$이므로

$$\lim_{\theta \to \frac{\pi}{2}-} S(\theta) = \frac{1}{1}\int_{0}^{0}f(1\cdot 0)\,dt - \frac{0}{2} + \frac{1}{1}\int_{0}^{1}f\{t+(1-t)\cdot 0\}dt = \int_{0}^{1}f(t)\,dt$$

입니다.

따라서 $\displaystyle\lim_{\theta \to \frac{\pi}{2}-} S(\theta) = \int_{0}^{1}f(t)\,dt$입니다.

이상으로 1번 문제의 답변을 마치겠습니다.

2번 문제의 답변을 시작하겠습니다.

(설명과 계산을 시작합니다.)

제시문의 그림에서 $y=-\dfrac{1}{\tan\theta}x$를 이용해 보면

$y=-\dfrac{1}{\tan\theta}x$와 $y=\tan\theta\,x$를 각각 새로운 좌표축으로 설정할 수 있습니다.

(칠판에 그래프와 그림을 그립니다.)

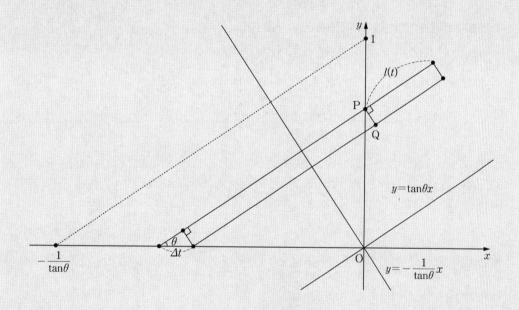

(설명과 계산을 시작합니다.)

그림에서와 같이 선분 PQ의 길이는 $\Delta t\sin\theta$이므로

밑면의 길이는 $\Delta t\sin\theta$, 높이는 $l\!\left(-\dfrac{1}{\tan\theta}+k\,\Delta t\right)$인 직사각형을 만들 수 있습니다.

따라서 구분구적법에 의해 영역 D의 넓이는 $\displaystyle\lim_{n\to\infty}\sum_{k=1}^{n}l\!\left(-\dfrac{1}{\tan\theta}+k\,\Delta t\right)\Delta t\sin\theta$와 같습니다.

단, $\Delta t=\dfrac{1-\left(-\dfrac{1}{\tan\theta}\right)}{n}$입니다.

즉, $\sin\theta \displaystyle\int_{-\frac{1}{\tan\theta}}^{1} l(t)\,dt = (D$의 넓이$)$입니다.

이것은 다시 $\displaystyle\int_{-\frac{1}{\tan\theta}}^{1} l(t)\,dt = \frac{1}{\sin\theta}(D$의 넓이$)$이므로

$\displaystyle\int_{-\frac{1}{\tan\theta}}^{-\cos\theta} l(t)\,dt + \int_{-\cos\theta}^{1} l(t)\,dt = \int_{-\frac{1}{\tan\theta}}^{-\cos\theta} l(t)\,dt + S(\theta) = \frac{1}{\sin\theta}(D$의 넓이$)$입니다.

따라서 $S(\theta) = -\displaystyle\int_{-\frac{1}{\tan\theta}}^{-\cos\theta} l(t)\,dt + \frac{1}{\sin\theta}(D$의 넓이$)$입니다.

이상으로 2번 문제의 답변을 마치겠습니다. 감사합니다!

문제 해결의 Tip

[1-1] 분류, 계산

구분구적법의 원리를 적용하면 쉽게 파악할 수 있습니다.

이것을 식으로 표현할 때 삼각비를 이용하여 실제 계산 결과가 영역 D의 넓이와 같은지도 확인해 보는 것이 좋습니다.

[1-2] 계산

그림에 주어진 $y = -\dfrac{1}{\tan\theta}x$를 새로운 좌표축으로 하여 구분구적법으로 파악하면 됩니다.

삼각비를 이용하여 직사각형의 넓이를 표현한 후 정적분의 정의와 비교해 봅니다.

(서울대학교는 2014학년도 활용 모집 단위의 정보를 공개하지 않았습니다.)

주요 개념

함수의 극한의 정의, 정적분의 뜻, 삼각함수 및 정적분의 정의

서울대학교의 공식 해설

▶ [1-1] 이 문제는 주어진 극한값이 무엇인지 추론하고, 그 추론 결과의 기하학적인 의미를 물어보는 문제입니다. 직관적으로 주어진 극한값은 함수 $f(x)$의 정적분으로 표현되고, 이 정적분의 값의 기하학적인 의미를 알면 쉽게 답할 수 있습니다.

▶ [1-2] 이 문제는 $S(\theta)$와 영역 D의 넓이와의 관계를 물어보는 문제입니다.
$S(\theta)$를 기울기가 $\tan\theta$인 직선과, 이에 수직인 새로운 축에 대한 적분(치환적분법 이용)으로 바꾸고, 이를 통해 $S(\theta)$를 영역 D의 넓이와 연관지어 생각할 수 있습니다.
학생들이 문제 접근을 쉽게 할 수 있도록, 문제의 그림에 새로운 축을 점선으로 표시해 주었습니다.

**수리
논술**

2014학년도 수학

문제 2

구간 $[0, 1]$에서 정의된 연속함수 $f(x)$는 $f(0)=1$, $f(1)=0$을 만족하는 감소함수이고, 좌표평면의 부분집합 $D=\{(x,\ y)|0 \le x \le 1,\ 0 \le y \le f(x)\}$이다.

D를 x축 둘레로 회전시켜서 생기는 회전체의 부피가 y축 둘레로 회전시켜서 생기는 회전체의 부피와 같다고 하자.

[2-1]

위 조건을 만족하는 함수 $f(x)$의 예를 들어보시오.

[2-2]

위 조건을 만족하는 함수 $f(x)$가 구간 $(0,\ 1)$에서 두 번 미분가능하다고 할 때, $\displaystyle\int_0^1 (f(x)-x)^2 dx$의 값을 구하시오.

[2-3]

문제 [2-2]의 조건을 모두 만족하는 함수 $f(x)$에 대하여 $\displaystyle\int_0^1 f(x)dx - \int_0^1 (f(x))^2 dx$의 값이 최대가 되도록 하는 함수 $f(x)$를 모두 구하시오.

구상지

2-1

1번 문제의 답변을 시작하겠습니다.

(설명과 계산을 시작합니다.)

먼저 함수 $f(x)$는 구간 $[0, 1]$에서 감소함수이므로 일대일 대응이고 역함수 $f^{-1}(x)$가 존재합니다. 따라서 영역 D를 x축 둘레로 회전시킨 회전체의 부피 V_1과 y축 둘레로 회전시킨 회전체의 부피 V_2는 각각 다음과 같이 정적분으로 표현할 수 있습니다.

$$V_1 = \int_0^1 \pi y^2 \, dx = \pi \int_0^1 \{f(x)\}^2 \, dx$$

$$V_2 = \int_0^1 \pi x^2 \, dy = \pi \int_0^1 \{f^{-1}(y)\}^2 \, dy$$

주어진 조건에 따라 $V_1 = V_2$, 즉 $\pi \int_0^1 \{f(x)\}^2 dx = \pi \int_0^1 \{f^{-1}(y)\}^2 dy$를 만족해야 하는데,

$f = f^{-1}$이면 이 조건을 만족함을 알 수 있습니다.

즉, 함수 $y = f(x)$가 직선 $y = x$에 대칭이면서 $f(0) = 1$, $f(1) = 0$이므로

조건을 만족하는 함수의 예로 $f(x) = 1 - x$를 들 수 있습니다.

이상으로 1번 문제의 답변을 마치겠습니다.

2번 문제의 답변을 시작하겠습니다.

(설명과 계산을 시작합니다.)

1번 문제에서 영역 D를 y축으로 회전한 회전체의 부피 V_2를 $y = f(x)$로 치환적분하면

$dy = f'(x)dx$이므로 $V_2 = \displaystyle\int_0^1 \pi x^2 \, dy = \pi \int_1^0 x^2 f'(x) \, dx$ ⋯ ㉠입니다.

또한, 함수 $f(x)$가 두 번 미분가능하기 때문에 도함수 $f'(x)$는 연속함수이고 정적분이 가능합니다.

이제 ㉠에 부분적분법을 적용하면

$\displaystyle\int_1^0 x^2 f'(x) \, dx = \left[x^2 f(x) \right]_1^0 - \int_1^0 2x f(x) \, dx = \int_0^1 2x f(x) \, dx$ 입니다.

즉, $V_2 = \pi \displaystyle\int_0^1 2x f(x) \, dx$ 입니다.

따라서 $V_1 = V_2$, 즉 $\displaystyle\int_0^1 \{f(x)\}^2 \, dx = \int_0^1 2x f(x) \, dx$이므로

$$\int_0^1 (f(x) - x)^2 \, dx = \int_0^1 \left(\{f(x)\}^2 - 2x f(x) + x^2 \right) dx$$

$$= \int_0^1 \{f(x)\}^2 \, dx - \int_0^1 2x f(x) \, dx + \int_0^1 x^2 \, dx$$

$$= \int_0^1 x^2 \, dx = \left[\frac{1}{3} x^3 \right]_0^1 = \frac{1}{3}$$

이 됩니다.

이상으로 2번 문제의 답변을 마치겠습니다.

3번 문제 답변을 시작하겠습니다.

(설명과 계산을 시작합니다.)

2번 문제의 조건을 모두 만족하는 함수 $f(x)$는 $\int_0^1 \{f(x)\}^2 dx = \int_0^1 2xf(x)\,dx$를 만족하므로 주어진 정적분을 다음과 같이 변형할 수 있습니다.

$$\int_0^1 f(x)\,dx - \int_0^1 \{f(x)\}^2 dx = \frac{1}{2}\left(\int_0^1 2f(x)\,dx - 2\int_0^1 \{f(x)\}^2 dx\right)$$

$$= \frac{1}{2}\left(\int_0^1 2f(x)\,dx - \int_0^1 \{f(x)\}^2 dx - \int_0^1 2xf(x)\,dx\right)$$

$$= \frac{1}{2}\int_0^1 \left\{2(1-x)f(x) - \{f(x)\}^2\right\}dx$$

$$= \frac{1}{2}\int_0^1 \left[(1-x)^2 - \{f(x)-(1-x)\}^2\right]dx$$

$$= \frac{1}{2}\left\{\int_0^1 (1-x)^2 dx - \int_0^1 \{f(x)-(1-x)\}^2 dx\right\}$$

이때 $\{f(x)-(1-x)\}^2 \geq 0$에서 $\int_0^1 \{f(x)-(1-x)\}^2 dx \geq 0$이므로

$\int_0^1 f(x)\,dx - \int_0^1 \{f(x)\}^2 dx \leq \dfrac{1}{6}$ $\cdots$ ㉠이 성립합니다.

부등식 ㉠에서 등호가 성립할 때 주어진 정적분이 최대가 되는데

등호가 성립하기 위해서는 $\int_0^1 \{f(x)-(1-x)\}^2 dx = 0$을 만족해야 합니다.

그런데 $\{f(x)-(1-x)\}^2 \geq 0$이므로 $f(x) = 1-x$일 때 가능합니다.

따라서 $f(x) = 1-x$일 때 주어진 정적분의 최댓값은 $\dfrac{1}{6}$입니다.

이상으로 3번 문제의 답변을 마치겠습니다. 감사합니다!

문제 해결의 Tip

[2-1] 계산, 추론

회전체의 부피는 단면적이 원인 입체의 부피이므로 이것을 식으로 표현하면 구하고자 하는 함수의 특성을 파악할 수 있습니다.

[2-2] 계산

[2-1]에서 구한 결과를 적용하고
치환적분법, 부분적분법을 이용하면 답을 구할 수 있습니다.

[2-3] 증명, 계산

[2-2]의 과정에서 얻은 결과를 변형해야 합니다.
0 이상인 함수를 정적분하면 (단, 윗끝>아랫끝) 그 결과 역시 0 이상임을 이용하면 해결할 수 있습니다.

(서울대학교는 2014학년도 활용 모집 단위의 정보를 공개하지 않았습니다.)

주요 개념

대칭이동 및 회전체의 부피, 치환적분법, 정적분의 성질

서울대학교의 공식 해설

▶ [2-1] 이 문제는 x축과 y축을 둘레로 회전시켜 생기는 두 회전체의 부피가 같게 되는 구체적인 예를 물어보는 문제입니다. 회전체의 부피를 구하는 식을 알고, 예시로 들 함수의 그래프가 직선 $y = x$에 대해 대칭이기만 하면 충분하다는 사실을 이해하면 쉽게 답할 수 있습니다.

▶ [2-2] 이 문제는 주어진 조건들을 최대한 활용하여 주어진 정적분 값을 계산하는 문제입니다.

회전체의 부피와 관련된 조건과 치환적분법을 통해 $\int_0^1 (f(x))^2 dx$와 $\int_0^1 2x f(x) dx$가 같다는 사실을 얻을 수 있고, 이로부터 원하는 정적분 값을 구할 수 있습니다.

▶ [2-3] 이 문제는 주어진 정적분 값이 최대가 되는 함수를 구하는 문제입니다.
풀이 과정은 크게
① 문제의 답이 $f(x) = 1 - x$임을 추론하는 과정과,

② 왜 이 함수일 수밖에 없는지를 설명하는 과정으로 나눌 수 있습니다.

$f(x) \leq g(x) \Rightarrow \int_a^b f(x) dx \leq \int_a^b g(x) dx$라는 정적분의 성질을 이용하면

$0 \leq \int_0^1 \{f(x) - 1 + x\}^2$이라는 부등식을 얻을 수 있고, 이로부터 원하는 결론을 얻을 수 있습니다.

수리
논술

2014학년도 수학

문제 1

$y = x^2 + 1$의 그래프 위의 점들 중 x축 위의 점 $(a,\ 0)$과 가장 가까운 점을 $(b,\ b^2 + 1)$이라고 하자. (단, $a > 0$)
다음 물음에 답하여라.

[1-1]

a를 b의 함수로 나타내어라.

[1-2]

위와 같은 a, b에 대하여, 점 $(0,\ 1)$에서 점 $(b,\ b^2 + 1)$까지의 그래프 위의 점들과 점 $(a,\ 0)$을 선분으로 연결하여 얻은 영역을 D라 할 때, 영역 D의 넓이를 b의 함수로 나타내어라.

[1-3]

영역 D의 넓이가 1이 되는 b의 개수를 구하여라.

구상지

1-1

1번 문제의 답변을 시작하겠습니다.

(칠판에 그래프 또는 그림을 그립니다.)

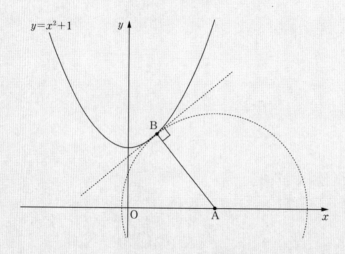

(설명과 계산을 시작합니다.)

주어진 점 $A(a, 0)$에서 곡선 $y = x^2 + 1$ 위의 점 $B(b, b^2 + 1)$까지의 거리가 최소가 되려면 그림과 같이 직선 AB와 점 B에서의 접선이 수직이 되어야 합니다.

점 $B(b, b^2 + 1)$에서의 접선의 기울기는 $2b$이므로,

선분 AB의 길이가 최소가 되려면 $2b \cdot \dfrac{b^2 + 1}{b - a} = -1$을 만족해야 합니다.

따라서 이것을 정리하면

a는 b에 대한 삼차함수 $a = 2b^3 + 3b$로 나타낼 수 있습니다.

이상으로 1번 문제의 답변을 마치겠습니다.

2번 문제의 답변을 시작하겠습니다.

(칠판에 그래프 또는 그림을 그립니다.)

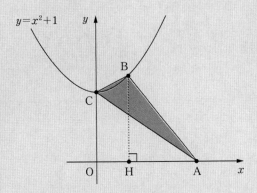

(설명과 계산을 시작합니다.)

주어진 a에 대해서 점 $B(b,\ b^2+1)$은 결정됩니다.

점 $(1,\ 0)$을 점 C라 할 때, 점 $A(a,\ 0)$과 점 C에 대해서 구하는 영역 D는 위의 그림에서 어두운 부분에 포함됩니다.

영역 D의 넓이를 구하기 위해서 먼저 삼각형 ABC의 넓이를 구하겠습니다.

$$(\text{ABC의 넓이}) = (\square\text{OHBC}) + (\triangle\text{HAB}) - (\triangle\text{OAC})$$
$$= \frac{1}{2}b(b^2+2) + \frac{1}{2}(a-b)(b^2+1) - \frac{1}{2}a$$
$$= \frac{1}{2}ab^2 + \frac{1}{2}b$$

다음으로 선분 BC와 곡선 $y=x^2+1$로 둘러싸인 부분의 넓이를 구하겠습니다.

직선 BC의 방정식이 $y=bx+1$이고 $y=x^2+1$이 아래로 볼록이므로

$$\int_0^b \{(bx+1)-(x^2+1)\}\,dx = \int_0^b (bx-x^2)\,dx$$
$$= \left[\frac{1}{2}bx^2 - \frac{1}{3}x^3\right]_0^b = \frac{1}{6}b^3$$

입니다.

따라서 영역 D의 넓이는 $\dfrac{1}{2}ab^2 + \dfrac{1}{2}b - \dfrac{1}{6}b^3 \cdots$ ㉠입니다.

1번 문제의 결과인 $a = 2b^3 + 3b$를 ㉠에 대입하면 영역 D의 넓이는 b에 대한 함수

$$\dfrac{1}{2}(2b^3 + 3b)b^2 + \dfrac{1}{2}b - \dfrac{1}{6}b^3 = b^5 + \dfrac{4}{3}b^3 + \dfrac{1}{2}b$$

로 나타낼 수 있습니다.

이상으로 2번 문제의 답변을 마치겠습니다.

1-3

3번 문제의 답변을 시작하겠습니다.

(설명과 계산을 시작합니다.)

2번 문제의 결과로부터 얻은 영역 D의 넓이가 1이 되는 b의 개수는

방정식 $b^5 + \frac{4}{3}b^3 + \frac{1}{2}b = 1$의 해의 개수와 같습니다.

함수 $f(x)$를 $f(x) = x^5 + \frac{4}{3}x^3 + \frac{1}{2}x - 1$이라 하면

함수 $f(x)$는 다항함수이므로 실수 전체에서 연속이고, $f(0) = -1 < 0$, $f(1) = \frac{4}{3} + \frac{1}{2} > 0$이므로

사잇값의 정리에 의해 방정식 $f(x) = 0$은 구간 $(0, 1)$에서 적어도 하나의 실근을 가집니다.

또한, $f'(x) = 5x^4 + 4x^2 + \frac{1}{2}$이므로 모든 실수 x에 대해 $f'(x) > 0$을 만족하므로

함수 $f(x)$는 실수 전체에서 증가하는 함수입니다.

따라서 방정식 $f(x) = 0$은 오직 하나의 실근을 갖고, 그 근은 구간 $(0, 1)$에 존재합니다.
즉, 영역 D의 넓이가 1이 되는 b는 한 개뿐입니다.

이상으로 3번 문제의 답변을 마치겠습니다. 감사합니다!

문제 해결의 Tip

[1-1] 계산

두 곡선이 접할 때 판별식이 0임을 이용하거나, 공통접선을 이용하여 관계식을 구하면 됩니다.
이 문제는 공통접선을 이용하는 것이 효율적입니다.

[1-2] 계산

도형의 넓이를 구할 때는
이미 넓이의 공식을 알고 있는 도형으로 분할해서 구하거나
넓이를 쉽게 구할 수 있는 도형에서 일부를 제외하여 구하면 됩니다.

[1-3] 계산

방정식의 해는 두 함수의 그래프의 교점이므로 함수를 설정하여 파악해야 합니다.
[1-2]에서 구한 식을 함수로 정의한 후, 도함수의 방정식의 활용을 통해 해의 개수를 구할 수 있습니다.

(서울대학교는 2014학년도 활용 모집 단위의 정보를 공개하지 않았습니다.)

주요 개념

두 직선의 수직 조건, 적분을 이용한 곡선으로 둘러싸인 부분의 넓이 구하기, 증가함수

서울대학교의 공식 해설

▶ [1-1] 이 문제는 점 $(a, 0)$에서 포물선 위의 점에 그은 선분의 길이가 최소가 될 조건을 묻는 문제이다.
길이가 최소가 될 조건을 찾아 "고등학교 수학"에서 나오는 두 직선이 수직이 될 조건 및 "고등학교 미적분과 통계 기본"(현 수학 Ⅱ)에서 배우는 미분계수의 기하학적 의미를 이용하면 쉽게 답을 구할 수 있다.

▶ [1-2] 이 문제는 영역의 넓이를 구하는 문제이다.
문제에서 말하는 영역을 잘 찾는다면 "고등학교 미적분과 통계 기본"(현 수학 Ⅱ)에서 배운 정적분을 이용하여 넓이를 구하는 방법을 이용하여 계산할 수 있다.

▶ [1-3] 앞에서 구한 넓이가 a가 변함에 따라 b로 표현한 영역의 넓이가 1을 지나는 개수를 구하는 문제이다.

수리 논술

2014학년도 수학

문제 2

이차정사각행렬 $A = \begin{pmatrix} 3 & -4 \\ 2 & -3 \end{pmatrix}$ 과 $B = \begin{pmatrix} -2 & 3 \\ -\dfrac{3}{2} & 2 \end{pmatrix}$ 에 대하여 다음 물음에 답하여라.

[2-1]

$S_n = E + B + B^2 + B^3 + \cdots + B^{2n-1}$ 일 때, S_n 의 $(1, 1)$ 성분을 구하여라. (단, n은 자연수, E는 단위행렬)

[2-2]

$D_n = A^n + A^{n-1}B + A^{n-2}B^2 + \cdots + B^n$ 이라고 하자. (n은 자연수) $n \to \infty$ 일 때 D_n 의 $(1, 1)$ 성분의 극한이 존재하는가?

구상지

예시 답안

현 교육과정을 벗어난 문제이므로 예시 답안을 싣지 않습니다.

활용 모집 단위

(서울대학교는 2014학년도 활용 모집 단위의 정보를 공개하지 않았습니다.)

주요 개념

행렬과 그 연산, 등비수열의 합, 등비수열의 극한

서울대학교의 공식 해설

▶ [2-1] 이 문제는 행렬 B의 거듭제곱을 통해, 그 행렬의 특징을 파악한 후, "고등학교 수학Ⅰ"(현 교육과정 제외)에서 배우는 행렬의 연산을 통해 식을 적절히 변형하여 등비수열의 합을 이용해 답을 도출하는 문제이다.

▶ [2-2] 이 문제는 앞에 문제 [2-1]과 비슷하게, 행렬 A와 행렬 B의 특징을 파악한 후 "고등학교 수학Ⅰ"(현 교육과정 제외)에서 배우는 행렬의 연산을 통해 식을 적절히 변형하여 일반항 D_n을 구한 후, 등비수열의 극한을 이용하여 답을 도출하는 문제이다.

수리 논술

2014학년도 수학

문제 3

수지가 다음과 같은 동전 던지기 게임을 한다. 이때 앞면이나 뒷면이 나올 확률은 같다.

(가) 하나의 게임은 동전을 한 번 던지는 것으로 이루어지며, 수지는 파란 구슬 100개, 빨간 구슬 100개와 점수 1점을 가지고 게임을 시작한다.

(나) 첫 번째부터 열 번째 게임까지는 동전을 던져 앞면이 나오는 경우에는 가지고 있는 점수가 3배가 되고 파란 구슬을 2개 받고 빨간 구슬을 1개 빼앗기며, 뒷면이 나오는 경우에는 가지고 있는 점수가 2배가 되고 파란 구슬을 1개 받고 빨간 구슬을 2개 빼앗긴다.

(다) 열한 번째부터 스무 번째 게임까지는 동전을 던져 앞면이 나오는 경우에는 가지고 있는 점수가 4배가 되고 파란 구슬을 1개 빼앗기며, 뒷면이 나오는 경우에는 점수는 그대로이고 빨간 구슬을 1개 빼앗긴다.

[3-1]

처음 10게임 후 가지고 있는 구슬의 개수가 202개일 확률을 구하여라.

[3-2]

20게임 후 나올 수 있는 각 경우의 점수를 모두 더한 값을 구하여라.

[3-3]

20게임 후 파란 구슬이 a개, 빨간 구슬이 b개 나올 수 있는 (a, b)의 조건을 구하여라.

[3-4]

20게임 후 파란 구슬이 110개, 빨간 구슬이 80개가 되는 경우의 점수를 모두 더한 값을 구하여라.

구상지

3-1

1번 문제의 답변을 시작하겠습니다.

(설명과 계산을 시작합니다.)

앞면이 나온 횟수를 x라 하면 뒷면이 나온 횟수는 $(10-x)$입니다.
앞면이 한 번 나오면 파란 구슬은 $+2$, 빨간 구슬은 -1이고,
뒷면이 한 번 나오면 파란 구슬은 $+1$, 빨간 구슬은 -2이므로
전체 파란 구슬의 개수는 $100+2x+10-x=110+x$,
전체 빨간 구슬의 개수는 $100-x-2(10-x)=80+x$입니다.

따라서 구슬 전체의 개수는 $110+x+80+x=190+2x$입니다.
$190+2x=202$이므로 $x=6$입니다.
즉, 앞면이 6번, 뒷면이 4번 나오면 됩니다.

이에 대한 확률은 $_{10}C_6\left(\dfrac{1}{2}\right)^6\left(\dfrac{1}{2}\right)^4=\dfrac{210}{1024}=\dfrac{105}{512}$ 입니다.

이상으로 1번 문제의 답변을 마치겠습니다.

2번 문제의 답변을 시작하겠습니다.

(설명과 계산을 시작합니다.)

10게임까지의 점수 계산법과 10게임 이후의 점수 계산법이 다르므로 이를 분류하여 계산하겠습니다.

（ⅰ) 10게임까지의 얻을 수 있는 점수

　　　앞면이 나온 횟수를 x라 하면, 뒷면이 나온 횟수는 $(10-x)$입니다.

　　　앞면이 한 번 나오면 가지고 있는 점수가 3배가 되므로 3^x배, 뒷면이 한 번 나오면 가지고 있는 점수가

　　　2배가 되므로 2^{10-x}배가 됩니다.

　　　최초 점수가 1점이므로 10게임 후 얻은 점수는 $1 \cdot 3^x \cdot 2^{10-x}$입니다.

　　　따라서 10게임 후 얻을 수 있는 점수의 종류는 10가지, 즉 $3^0 \cdot 2^{10},\ 3^1 \cdot 2^9,\ \cdots,\ 3^9 \cdot 2^1,\ 3^{10} \cdot 2^0$입

　　　니다.

　　　그런데 여기에서 각 점수가 나오는 경우의 수는 다릅니다.

　　　예를 들어 $3^0 \cdot 2^{10}$은 1가지이지만 $3^1 \cdot 2^9$은 $_{10}C_1 = 10$가지입니다.

　　　즉, 각 점수가 나오는 경우의 수는 $_{10}C_x$입니다.

（ⅱ) 10게임 이후 얻을 수 있는 점수

　　　앞면이 나온 횟수를 y라 하면, 뒷면이 나온 횟수는 $(10-y)$입니다.

　　　앞면이 한 번 나오면 가지고 있는 점수가 4배가 되므로 4^y배, 뒷면이 한 번 나오면 가지고 있는 점수에

　　　변화가 없으므로 1^{10-y}배가 됩니다.

　　　10게임 후 얻은 점수를 X라 하면 20게임 후 얻을 수 있는 점수는 $X \cdot 4^y$입니다.

　　　따라서 X가 갖는 경우의 수 10이고 y가 갖는 경우의 수 10이므로

　　　20게임 후 얻을 수 있는 점수의 종류는 100가지입니다.

　　　여기에서도 각 점수가 나오는 경우의 수는 $_{10}C_y$가지입니다.

따라서 구하는 모든 경우의 점수의 합은 이항정리를 이용하여

$\left(_{10}C_0 3^0 \cdot 2^{10} + _{10}C_1 3^1 \cdot 2^9 + \cdots + _{10}C_{10} 3^{10} \cdot 2^0\right) \cdot \left(_{10}C_0 4^0 + _{10}C_1 4^1 + \cdots + _{10}C_{10} 4^{10}\right)$

$= (3+2)^{10} \cdot (4+1)^{10} = 5^{20}$

입니다.

이상으로 2번 문제의 답변을 마치겠습니다.

3번 문제의 답변을 시작하겠습니다.

(설명과 계산을 시작합니다.)

10게임까지의 구슬의 개수 계산법과 10게임 이후의 구슬의 개수 계산법이 다르므로 이를 분류하여 계산하겠습니다.

(ⅰ) 10게임까지 얻을 수 있는 구슬의 개수

앞면이 나온 횟수를 x라 하면 뒷면이 나온 횟수는 $(10-x)$입니다.

앞면이 한 번 나오면 파란 구슬은 $+2$, 빨간 구슬은 -1이고

뒷면이 한 번 나오면 파란 구슬은 $+1$, 빨간 구슬은 -2이므로

전체 파란 구슬의 개수는 $100+2x+10-x=110+x$,

전체 빨간 구슬의 개수는 $100-x-2(10-x)=80+x$입니다.

(ⅱ) 10게임 이후 얻을 수 있는 구슬의 개수

앞면이 나온 횟수를 y라 하면 뒷면이 나온 횟수는 $(10-y)$입니다.

앞면이 한 번 나오면 파란 구슬은 -1이고

뒷면이 한 번 나오면 빨간 구슬은 -1이므로

전체 파란 구슬의 득실은 $-y$,

전체 빨간 구슬의 득실은 $(-10+y)$입니다.

(ⅰ), (ⅱ)에서 20게임 후 파란 구슬의 개수는 $(110+x-y)$,

빨간 구슬의 개수는 $(80+x-10+y)$, 즉 $70+x+y$입니다.

즉, $a=110+x-y$, $b=70+x+y$ $(x=0,\ 1,\ 2,\ \cdots,\ 10,\ y=0,\ 1,\ 2,\ \cdots,\ 10)$입니다.

이때 $a+b=180+2x$, $a-b=40-2y$이므로 $180 \leq a+b \leq 200$, $20 \leq a-b \leq 40$입니다.

따라서 두 부등식을 연립하면 구하는 $(a,\ b)$의 조건이

$100 \leq a \leq 120$, $70 \leq b \leq 90$임을 알 수 있습니다.

이상으로 3번 문제의 답변을 마치겠습니다.

4번 문제의 답변을 시작하겠습니다.

(설명과 계산을 시작합니다.)

3번 문제의 결과를 이용하면 파란 구슬의 개수는 $110 + x - y = 110$이고, 빨간 구슬의 개수는 $70 + x + y = 80$이므로 $x - y = 0$, $x + y = 10$입니다.
즉, $x = 5$, $y = 5$입니다.

따라서 2번 문제의 결과를 이용하면 구하는 경우의 점수를 모두 더한 값은
$1 \cdot {}_{10}\mathrm{C}_5 3^5 \cdot 2^5 \cdot {}_{10}\mathrm{C}_5 4^5 = 252^2 \cdot 24^5$이 됩니다.

이상으로 4번 문제의 답변을 마치겠습니다. 감사합니다!

문제 해결의 Tip

[3-1] 계산

앞면이 나온 횟수를 x라 하면 뒷면이 나온 횟수를 $(100-x)$라 할 수 있습니다.
주어진 규칙에 따라 구슬의 개수를 x에 대한 방정식으로 표현하고
독립시행의 확률로 계산하면 구할 수 있습니다.

[3-2] 분류, 계산

조건에 따라 10게임 이전과 10게임 이후로 분류하고 앞면이 나온 횟수를 미지수로 설정하여 식을 세우면 됩니다.
그리고 조건에 주어진 점수 계산법에 따라 경우를 나누어 점수를 계산하여 구합니다.

[3-3] 분류, 계산

[3-2]의 과정과 마찬가지로 10게임 이전과 10게임 이후로 분류하고 앞면이 나온 횟수를 미지수로 설정하여 부등식을 세우면 됩니다.

[3-4] 계산

[3-2]의 결과를 이용하면 점수의 총합을 계산할 수 있습니다.

주요 개념

조합, 이항정리, 미지수가 2개인 연립일차방정식

서울대학교의 공식 해설

▶ [3-1] 이 문제는 각 게임에서 동전에 앞면과 뒷면에 따라 받거나 잃는 구슬의 총 개수를 파악하여 총 개수가 202개가 될 확률을 구하는 문제이다. "적분과 통계"(현 확률과 통계)에 명시되어 있는 기본적인 확률의 정의와 "고등학교 수학"의 조합을 이용하여 경우의 수를 구하는 방법을 잘 숙지하고 있다면 쉽게 해결이 가능한 문제이다.

▶ [3-2] 이 문제는 모든 경우의 점수들의 총합을 구하는 문제이다. 이 문제를 해결하기 위해서는 20번 게임 후 수지의 점수를 모두 생각하고, 각각의 점수를 받을 수 있는 경우의 수를 "고등학교 수학"의 조합을 이용하여 계산할 수 있다. 점수들의 총합을 식으로 나타냈다면 "고등학교 미적분학과 통계 기본"(현 확률과 통계)에서 배우는 이항 정리를 이용하여 답을 구할 수 있다.

▶ [3-3] 이 문제는 20게임 후 수지가 가질 수 있는 빨간 구슬과 파란 구슬의 개수가 어떻게 될 것인지를 묻는 문제이다. "중학교 수학 2"에서 배우는 연립일차방정식을 이용하여, 빨간 구슬이 a개, 파란 구슬이 b개가 될 경우를 동전의 앞면(또는 뒷면)이 나타나는 횟수와 연관시킨다면 a, b의 조건을 구할 수 있다.

▶ [3-4] 20게임 후 수지가 빨간 구슬이 110개, 파란 구슬이 80개가 될 각각의 경우에 얻을 수 있는 점수의 총합을 계산하는 문제이다. 앞선 문제들을 풀면서 구한 식에서 $a = 110$, $b = 80$을 대입하면 답을 얻을 수 있다.

2014학년도 수학

문제 4

아래 그림과 같이 좌표평면에서 원 $x^2 + y^2 = 1$ 위에 있는 점 P가 점 $(0,\ 1)$을 출발하여 원호를 따라 시계 방향으로 점 $(1,\ 0)$을 향해 움직인다. 점 P에서 원의 접선이 y축과 만나는 점을 Q라고 하자. 점 Q를 지나며 x축에 평행한 직선과 점 $(-1,\ 0)$과 점 P를 지나는 직선이 만나는 점을 R이라고 하자. 이때, R의 자취에 대하여 다음 물음에 답하여라.

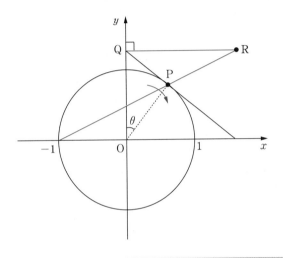

[4-1]

$\angle POQ$를 θ라고 할 때, 점 $R(x,\ y)$의 자취를 θ에 관한 함수로 나타내어라. 즉,

$$x = g(\theta),\ y = h(\theta) \ \left(0 \le \theta < \frac{\pi}{2} \right)$$

의 꼴로 나타내어라.

[4-2]

점 $R(x,\ y)$의 자취의 방정식을 $y = f(x)$의 꼴로 나타내어라.

[4-3]

문제 [4-2]에서 구한 함수 $y = f(x)$의 최솟값과 그 그래프의 변곡점을 구하고, 그래프의 개형을 그려라.

구상지

4-1

1번 문제의 답변을 시작하겠습니다.

점 $R(g(\theta),\ h(\theta))$에서 $\overline{OQ}=h(\theta)$이고, 삼각형 OPQ에서 $\angle OPQ = \dfrac{\pi}{2}$이므로

$\overline{OQ}\cos\theta = \overline{OP}$를 만족합니다.

따라서 점 R의 y좌표 $h(\theta)$는 $h(\theta)=\dfrac{1}{\cos\theta}$ $(\because \overline{OP}=1)$이 됩니다.

이때 점 R는 직선 QR와 직선 PR의 교점입니다.

점 P의 좌표는 $P(\sin\theta,\ \cos\theta)$이고 직선 PR의 방정식을 구하면

직선 PR는 점 $(-1,\ 0)$을 지나므로 $y=\dfrac{\cos\theta}{\sin\theta+1}(x+1)$입니다.

직선 QR의 방정식은 $y=\dfrac{1}{\cos\theta}$이므로

두 식을 연립해서 교점의 x좌표를 구하면

$\dfrac{\cos\theta}{\sin\theta+1}(x+1)=\dfrac{1}{\cos\theta}$이고 $x=\dfrac{1+\sin\theta}{\cos^2\theta}-1$입니다.

따라서 점 R의 x좌표 $g(\theta)$는

$g(\theta)=\dfrac{1+\sin\theta}{1-\sin^2\theta}-1=\dfrac{1}{1-\sin\theta}-1=\dfrac{\sin\theta}{1-\sin\theta}$

입니다.

이상으로 1번 문제의 답변을 마치겠습니다.

2번 문제의 답변을 시작하겠습니다.

(설명과 계산을 시작합니다.)

1번 문제의 결과에서 매개변수 θ를 소거하면 됩니다.

$0 \le \theta < \dfrac{\pi}{2}$ 이므로 $x = \dfrac{\sin\theta}{1-\sin\theta} \ge 0$, $y = \dfrac{1}{\cos\theta} \ge 1$ 임을 알 수 있습니다.

$\sin\theta = \dfrac{x}{x+1}$, $\cos\theta = \dfrac{1}{y}$ 이고, $\sin^2\theta + \cos^2\theta = 1$ 을 이용하면

$\left(\dfrac{x}{x+1}\right)^2 + \dfrac{1}{y^2} = 1$ 을 얻을 수 있습니다.

이것을 y에 대해 정리하면

$\dfrac{1}{y^2} = 1 - \dfrac{x^2}{(x+1)^2} = \dfrac{2x+1}{(x+1)^2}$ 에서 $y^2 = \dfrac{(x+1)^2}{2x+1}$ 이고

$x \ge 0$, $y \ge 1$ 이므로 $y = \dfrac{x+1}{\sqrt{2x+1}}\ (x \ge 0)$ 을 구할 수 있습니다.

따라서 $f(x) = \dfrac{x+1}{\sqrt{2x+1}}\ (x \ge 0)$ 입니다.

이상으로 2번 문제의 답변을 마치겠습니다.

3번 문제의 답변을 시작하겠습니다.

(설명과 계산을 시작합니다.)

2번 문제의 결과로부터 $f(x) = \dfrac{x+1}{\sqrt{2x+1}}\,(x \geq 0)$임을 알았습니다.

먼저 최솟값을 구하기 위해 미분을 하겠습니다.

$$f'(x) = \frac{\sqrt{2x+1} - (x+1)\cdot\dfrac{1}{\sqrt{2x+1}}}{2x+1} = \frac{x}{(2x+1)^{\frac{3}{2}}}$$

이고, $x > 0$일 때 $f'(x) > 0$이므로 구간 $[0,\,\infty)$에서 $f(x)$는 증가함수입니다.

따라서 $f(x)$는 $x=0$에서 최솟값을 가지고 그 값은 $f(0)=1$입니다.

다음은 변곡점을 구하기 위해서 이계도함수를 구하겠습니다.

$$f''(x) = \frac{(2x+1)^{\frac{3}{2}} - x\cdot 3(2x+1)^{\frac{1}{2}}}{(2x+1)^3} = \frac{1-x}{(2x+1)^{\frac{5}{2}}}$$

입니다.

$f''(1) = 0$이고, $0 < x < 1$일 때 $f''(x) > 0$, $x > 1$일 때 $f''(x) < 0$이므로
함수 $y = f(x)$는 $x = 1$에서 변곡점을 가집니다.

따라서 변곡점은 $\left(1,\,\dfrac{2}{\sqrt{3}}\right)$입니다.

마지막으로 그래프의 개형을 그리기 위해 함수 $f(x)$의 증가와 감소를 표로 나타내면 다음과 같습니다.

x	0	...	1	...
$f'(x)$		+	+	+
$f''(x)$		+	0	−
$f(x)$	1	↗	$\dfrac{2}{\sqrt{3}}$	↗

그리고 $\displaystyle\lim_{x\to\infty} f(x) = \lim_{x\to\infty}\dfrac{x+1}{\sqrt{2x+1}} = \infty$이므로 그래프의 개형은 다음 그림과 같습니다.

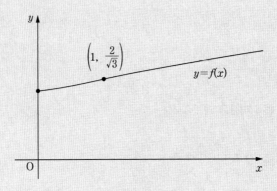

이상으로 3번 문제의 답변을 마치겠습니다. 감사합니다!

[4-1] 계산

θ를 이용하여 교점과 직선의 방정식을 표현할 수 있습니다.

[4-2] 계산

매개변수로 표현된 함수이므로 사인과 코사인의 관계식을 이용하여 θ를 소거하면 됩니다.
이때 x, y의 값의 범위도 주어진 조건에 따라 변화되는지 확인해야 합니다.

[4-3] 계산

[4-2]의 결과를 미분하여 변곡점의 좌표를 구하면 됩니다.
또한, 함수의 증가와 감소를 표로 나타내면 함수의 그래프의 개형을 쉽게 그릴 수 있습니다.

(서울대학교는 2014학년도 활용 모집 단위의 정보를 공개하지 않았습니다.)

주요 개념

삼각함수의 정의 및 성질, 삼각형의 닮음, 도함수의 활용

서울대학교의 공식 해설

▶ [4-1] 이 문제는 주어진 조건에 대한 자취의 방정식을 각도 θ에 대한 식으로 나타내는 문제이다.
"고등학교 수학"(현 수학 Ⅰ)의 삼각함수의 정의와 성질을 이용하면 점 P의 좌표를 나타낼 수 있고,
"중학교 수학 2"의 삼각형의 닮음을 잘 이해하고 있다면 깊이 있는 관찰을 통해 답안을 도출해낼 수 있다.

▶ [4-2] 이 문제는 "고등학교 수학"(현 수학 Ⅰ)의 삼각함수의 성질을 이용하여 매개변수 θ를 이용하여 표현된 방정식을
$y = f(x)$꼴의 방정식으로 구하는 문제이다. 이 경우엔 함수를 매개변수를 사용하여 나타내는 것보다 $y = f(x)$
꼴로 나타내는 것이 그래프의 개형 등 그 성질을 이해하기 쉬우므로 다음 문제를 위한 중간 단계로서 이 문제를
출제하게 되었다.

▶ [4-3] 이 문제는 "고등학교 수학 Ⅱ"(현 미적분)에서 학습한 미분을 이용한 그래프의 개형(극점, 변곡점)에 대한 이해가
충분하다면 약간의 계산을 통하여 해결할 수 있는 문제이다.

2015학년도 수학 인문

문제 1

하나의 동전을 던질 때, 앞면이나 뒷면이 나온다.

i번째 던지기 전까지 뒷면이 나온 횟수를 a_i라 하자. ($a_1 = 0$)

처음 던지기 전 가진 점수를 1점이라 하고,

i번째 던졌을 때, 동전의 뒷면이 나오면 가지고 있던 점수를 그대로 두고,

동전의 앞면이 나오면 가지고 있던 점수를 2^{a_i}배 한다.

이러한 방식으로 N번 동전던지기 놀이를 한다.

예를 들어 동전을 세 번 던질 때 나올 수 있는 모든 경우의 수는 8이며, 이들을 "앞", "뒤" 문자로 만들어진 단어로 다음과 같이 표시할 수 있고 점수 또한 계산할 수 있다.

뒤뒤뒤 ➡ 1점,   뒤뒤앞 ➡ 4점

뒤앞뒤 ➡ 2점,   뒤앞앞 ➡ 4점

앞뒤뒤 ➡ 1점,   앞뒤앞 ➡ 2점

앞앞뒤 ➡ 1점,   앞앞앞 ➡ 1점

[1-1]

동전을 N번 던질 때 나올 수 있는 모든 경우의 수를 구하시오.

[1-2]

동전을 여섯 번 던질 때 점수가 5점 이하일 확률을 구하시오.

[1-3]

동전을 N번 던질 때 얻을 수 있는 점수는 모두 몇 가지인가? (단, N은 홀수)

구상지

1-1

1번 문제의 답변을 시작하겠습니다.

(설명과 계산을 시작합니다.)

한 번 던질 때 나올 수 있는 경우의 수는 앞면, 뒷면의 2가지입니다.

따라서 이 문제는 앞면 또는 뒷면을 중복 사용하여 N개 나열하는 경우의 수이므로 중복순열입니다.

그러므로 구하는 경우의 수는 $_2\Pi_N = 2^N$입니다.

이상으로 1번 문제의 답변을 마치겠습니다.

2번 문제의 답변을 시작하겠습니다.

(설명과 계산을 시작합니다.)

전체 경우의 수는 $2^6 = 64$입니다.
앞면이 나온 횟수를 기준으로하여 경우를 분류하면 다음과 같습니다.

(ⅰ) 앞면이 0번 나올 때
  얻을 수 있는 점수가 1점이며 순열의 수는 1입니다.

(ⅱ) 앞면이 1번 나올 때
  '$\underbrace{뒤 \cdots 뒤}_{x_1번} 앞 \underbrace{뒤 \cdots 뒤}_{x_2번}$'이면 얻을 수 있는 점수는 2^{x_1}입니다.
  따라서 얻을 수 있는 점수가 5점 이하가 되게 하는 것은 $x_1 = 0,\ 1,\ 2$이며 이에 대한 순열의 수는 3입니다.

(ⅲ) 앞면이 2번 나올 때
  '$\underbrace{뒤 \cdots 뒤}_{x_1번} 앞 \underbrace{뒤 \cdots 뒤}_{x_2번} 앞 \underbrace{뒤 \cdots 뒤}_{x_3번}$'이면 얻을 수 있는 점수는 $2^{2x_1 + x_2}$입니다.
  따라서 얻을 수 있는 점수가 5점 이하가 되게 하는 것은 $2x_1 + x_2 = 0,\ 1,\ 2$이며
  $(x_1,\ x_2) = (0,\ 0),\ (0,\ 1),\ (1,\ 0),\ (0,\ 2)$이므로 순열의 수는 4입니다.

(ⅳ) 앞면이 3번 나올 때
  '$\underbrace{뒤 \cdots 뒤}_{x_1번} 앞 \underbrace{뒤 \cdots 뒤}_{x_2번} 앞 \underbrace{뒤 \cdots 뒤}_{x_3번} 앞 \underbrace{뒤 \cdots 뒤}_{x_4번}$'이면 얻을 수 있는 점수는 $2^{3x_1 + 2x_2 + x_3}$입니다.
  따라서 얻을 수 있는 점수가 5점 이하가 되게 하는 것은 $3x_1 + 2x_2 + x_3 = 0,\ 1,\ 2$이며
  $(x_1,\ x_2,\ x_3) = (0,\ 0,\ 0),\ (0,\ 0,\ 1),\ (0,\ 1,\ 0),\ (0,\ 0,\ 2)$이므로 순열의 수는 4입니다.

(ⅴ) 앞면이 4번 나올 때
  '$\underbrace{뒤 \cdots 뒤}_{x_1번} 앞 \underbrace{뒤 \cdots 뒤}_{x_2번} 앞 \underbrace{뒤 \cdots 뒤}_{x_3번} 앞 \underbrace{뒤 \cdots 뒤}_{x_4번} 앞 \underbrace{뒤 \cdots 뒤}_{x_5번}$'이면
  얻을 수 있는 점수는 $2^{4x_1 + 3x_2 + 2x_3 + x_4}$입니다.
  따라서 얻을 수 있는 점수가 5점 이하가 되게 하는 것은 $4x_1 + 3x_2 + 2x_3 + x_4 = 0,\ 1,\ 2$이며
  $(x_1,\ x_2,\ x_3,\ x_4) = (0,\ 0,\ 0,\ 0),\ (0,\ 0,\ 0,\ 1),\ (0,\ 0,\ 1,\ 0),\ (0,\ 0,\ 0,\ 2)$이므로
  순열의 수는 4입니다.

(vi) 앞면이 5번 나올 때

'뒤 … 뒤 $\underbrace{}_{x_1번}$ 앞 뒤 … 뒤 $\underbrace{}_{x_2번}$ 앞 뒤 … 뒤 $\underbrace{}_{x_3번}$ 앞 뒤 … 뒤 $\underbrace{}_{x_4번}$ 앞 뒤 … 뒤 $\underbrace{}_{x_5번}$ 앞 뒤 … 뒤 $\underbrace{}_{x_6번}$'이면

얻을 수 있는 점수는 $2^{5x_1+4x_2+3x_3+2x_4+x_5}$입니다.

따라서 얻을 수 있는 점수가 5점 이하가 되게 하는 것은

$5x_1+4x_2+3x_3+2x_4+x_5=0,\ 1,\ 2$이며

$(x_1,\ x_2,\ x_3,\ x_4,\ x_5)=(0,\ 0,\ 0,\ 0,\ 0),\ (0,\ 0,\ 0,\ 0,\ 1),\ (0,\ 0,\ 0,\ 1,\ 0)$이므로

순열의 수는 3입니다.

단, 이때에는 뒷면이 나오는 횟수가 1번만 가능하므로 $(x_1,\ x_2,\ x_3,\ x_4,\ x_5)=(0,\ 0,\ 0,\ 0,\ 2)$는 될 수 없습니다.

(vii) 앞면이 6번 나올 때

얻을 수 있는 점수가 1점이고, 이때 순열의 수는 1입니다.

(i)~(vii)에서 구하는 확률은 $\dfrac{1+3+4+4+4+3+1}{64}=\dfrac{20}{64}=\dfrac{5}{16}$ 입니다.

이상으로 2번 문제의 답변을 마치겠습니다.

3번 문제의 답변을 시작하겠습니다.

(설명과 계산을 시작합니다.)

2번 문제의 과정을 이용하겠습니다.
따라서 앞면이 나온 횟수를 기준으로 하고, 그 수를 k라 하겠습니다.

첫 번째 앞면의 왼쪽과 k번째 앞면의 오른쪽, 앞면과 앞면 사이의 자리는 총 $(k+1)$개입니다.
여기에 나열되는 뒷면의 개수를 각각 x_1, x_2, $\cdots$, x_{k+1}이라 하면
얻을 수 있는 점수는 $2^{kx_1+(k-1)x_2+\cdots+x_k}$입니다.

따라서 얻을 수 있는 점수의 경우의 수는
$$kx_1+(k-1)x_2+\cdots+1 \cdot x_k+0 \cdot x_{k+1} \cdots \text{㉠}$$
의 값의 경우의 수와 같습니다.
이때 k가 일정할 때에는 재배열 부등식의 정리에 의해
$x_1 = N-k$, $x_2 = x_3 = \cdots = x_{k+1} = 0$일 때, ㉠의 값이 최대가 됩니다.
여기서 재배열 부등식의 정리란

$2n$개의 실수 $a_1 \geq a_2 \geq \cdots \geq a_n$, $b_1 \geq b_2 \geq \cdots \geq b_n$에 대하여 $\sum a_i b_j$은 다음의 부등식을 만족한다.
$$\sum_{i=1}^{n} a_i b_i \geq \sum a_i b_j \geq \sum_{i=1}^{n} a_i b_{n+1-i}$$

입니다.
그리고 $x_1 = x_2 = \cdots = x_k = 0$, $x_{k+1} = N-k$일 때, ㉠의 값이 최소가 됩니다.

또한, $x_1 = N-k$일 때 획득점수 $k(N-k)$의 최댓값은 k에 대한 이차함수이므로
$k = \dfrac{N+1}{2}$ 또는 $k = \dfrac{N-1}{2}$일 때입니다.
즉, 획득점수의 최댓값은 $2^{\frac{N^2-1}{4}}$ 이고 최솟값은 2^0이 됩니다.

그리고 그 사이의 2의 거듭제곱수의 점수는 동전의 앞면과 뒷면의 배열을 통해 모두 가능한데 다음 증명을 통해 검증하겠습니다.

'N번의 동전 던지기를 통해 얻을 수 있는 점수가 2^p인 배열이 있다면 얻을 수 있는 점수가 $2^{p+1}\left(\leq 2^{\frac{N^2-1}{4}}\right)$인 배열이 반드시 존재한다.'

를 증명하겠습니다.

이는 $kx_1+(k-1)x_2+\cdots+1\cdot x_k+0\cdot x_{k+1}=p$일 때
$sx_1{}'+(s-1)x_2{}'+\cdots+1\cdot x_s{}'+0\cdot x_{s+1}{}'=p+1$인 $x_1{}'$, $x_2{}'$, $\cdots$, $x_{k+1}{}'$ 또는 s가 존재함을 보이면 됩니다.

(ⅰ) $x_{k+1}\neq 0$인 경우
　　$s=k$, $x_k{}'=x_k+1$, $x_{k+1}{}'=x_{k+1}-1$이면 가능합니다.
　　즉, 맨 뒤에 뒷면을 하나씩 마지막 앞면의 왼쪽으로 옮기면 됩니다.

(ⅱ) $x_{k+1}=0$인 경우
　　다시 x_1의 값을 기준으로 분류하겠습니다.

　　① $x_1\neq 0$인 경우
　　　　$s=k+1$, $x_1{}'=1$, $x_2{}'=x_1-1$, $x_3{}'=x_2$, $\cdots$, $x_{s+1}{}'=x_{k+1}$이면 됩니다.
　　　　확인해 보면
　　　　$sx_1{}'+(s-1)x_2{}'+\cdots+1\cdot x_s{}'+0\cdot x_{s+1}{}'$
　　　　$=(k+1)\cdot 1+k\cdot\left(x_1-1\right)+(k-1)\cdot x_2+\cdots+0\cdot x_{k+1}$
　　　　$=k+1+kx_1-k+(k-1)x_2+\cdots+0\cdot x_{k+1}$
　　　　$=1+kx_1+(k-1)x_2+\cdots+0\cdot x_{k+1}=1+p$

　　　　즉, 맨 앞의 뒷면 바로 뒤에 앞면을 하나 추가하면 됩니다.

　　② $x_1=0$이고 $x_2\neq 0$인 경우
　　　　$s=k+1$, $x_1{}'=0$, $x_2{}'=1$, $x_3{}'=x_2-1$, $x_4{}'=x_3$, $\cdots$, $x_{s+1}{}'=x_{k+1}$이면 됩니다.
　　　　확인해 보면
　　　　$sx_1{}'+(s-1)x_2{}'+\cdots+1\cdot x_s{}'+0\cdot x_{s+1}{}'=(k+1)\cdot 0+k\cdot 1+(k-1)\cdot\left(x_2-1\right)+\cdots+0\cdot x_{k+1}$
　　　　$=k-k+1+(k-1)x_2+\cdots+0\cdot x_{k+1}$
　　　　$=1+(k-1)x_2+\cdots+0\cdot x_{k+1}$
　　　　$=1+p$
　　　　$x_1=x_2=\cdots=x_r=0$, $x_{r+1}\neq 0$인 경우에도 마찬가지로 생각하면 됩니다.
　　　　즉, 앞면으로 시작될 때에는 맨 처음 등장하는 뒷면 바로 뒤에 앞면을 하나 추가하면 됩니다.

따라서 N번의 동전 던지기를 통해 얻을 수 있는 점수가 2^p인 배열이 있다면 얻을 수 있는 점수가 $2^{p+1}\left(\leq 2^{\frac{N^2-1}{4}}\right)$인 배열이 반드시 존재합니다.

그러므로 얻을 수 있는 점수는 2^0, 2^1, $\cdots$, $2^{\frac{N^2-1}{4}}$ 까지이므로 경우의 수는 $\dfrac{N^2-1}{4}+1=\dfrac{N^2+3}{4}$ 입니다.

이상으로 3번 문제의 답변을 마치겠습니다. 감사합니다!

문제 해결의 Tip

[1-1] 계산

중복순열임을 파악하고 계산하면 됩니다.

[1-2] 분류, 계산

점수를 획득하는 규칙으로부터 앞면의 위치와 앞면과 앞면 사이의 뒷면이 나온 횟수가 중요합니다.
앞면이 나온 횟수를 기준으로 정하여 관찰을 하면 조건에 맞는 확률을 구할 수 있습니다.

[1-3] 추론 및 증명, 계산

점수의 최솟값과 최댓값을 재배열 부등식의 정리를 이용하여 구할 수 있습니다.
물론 직관적으로 파악할 수도 있습니다.
그리고 그 사이의 점수들도 예시를 통해 모두 가능함을 알 수 있습니다.
다만 엄밀함을 위한 증명이 필요합니다.
이때 세밀한 분류를 통해 관찰해야 하는데 이 부분은 어려우므로 많은 연습이 필요합니다.

- 사회과학대학 경제학부
- 경영대학
- 농업생명과학대학 농경제사회학부

- 생활과학대학(식품영양학과 제외)
- 자유전공학부

주요 개념

경우의 수, 곱의 법칙, 수학적 확률

서울대학교의 공식 해설

▶ [1-1] 이 문제는 중학교 혹은 고등학교 교육과정에서 배우는 경우의 수에 관한 가장 기본적인 계산 능력을 묻고자 출제되었다. 경우의 수의 곱의 법칙을 알고 있는 학생이라면 문제를 보는 즉시 답을 알 수 있다.

▶ [1-2] 이 문제는 고등학교 교육과정에서 배우는 초보적인 확률 개념의 활용 능력을 측정하고자 출제되었다. 중학교부터 시작해서 고등학교 시절까지 배워온 경우의 수를 셈하는 법과, 수학적 확률의 정의를 정확히 이해한 학생이라면 누구나 제시문에 주어진 점수 계산 규칙을 바탕으로 정답을 도출할 수 있다.

▶ [1-3] 본 문제에서는 경우의 수와 최대, 최소 계산 능력을 바탕으로 문제 [1-1]보다는 좀 더 난이도 있는 상황에서의 경우의 수를 셈하는 능력을 묻고자 한다. 제시문에 설명된 동전 던지기 놀이의 점수를 계산하는 법을 충분히 이해하고 나면 손쉽게 문제 해결 과정으로 접근할 수 있다.

문제 2

보이지 않는 영역에 대한 정보를 얻기 위하여 관측된 다른 정보를 분석하여 역으로 미 관측 영역에 대한 정보를 얻을 수 있다. 가령 주어진 영역에 장애물이 있는 경우 한 끝 점에서 출발하여 다른 끝 점에 도달하는 최단 경로의 개수를 분석하여 장애물의 위치에 대한 부분 정보를 얻을 수 있다.

예를 들어 아래 그림은 가로, 세로의 길이가 각각 7인 정사각형 모양으로 이루어진 도로망을 나타낸 것이다. 그림에서 색칠된 사각형의 네 꼭짓점 $(4, 4)$, $(4, 5)$, $(5, 4)$, $(5, 5)$에는 장애물이 있어, 네 점 중 어느 점도 지날 수 없다.

그리고 그림에서 굵은 선으로 표시된 $(0, 0)$에서 $(7, 7)$로 가는 경로는 장애물이 있는 네 꼭짓점 중 어느 점도 지나지 않는 최단 경로의 한 예이다.

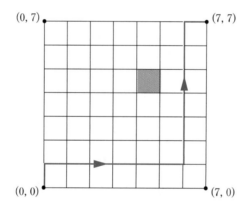

이제 위와 같은 상황을 일반화하여, 가로, 세로의 길이가 각각 n인 정사각형 모양의 도로망에 장애물이 놓여 있을 때, 장애물이 놓인 점을 지나지 않는 최단 경로의 개수를 조사해 보고자 한다.

[2-1]

고정된 자연수 n에 대하여, 위의 그림과 같이 가로, 세로의 길이가 각각 n인 정사각형 모양의 도로망을 생각하자. 그리고 네 점 $P(k, k+1)$, $Q(k, k)$, $R(k+1, k)$, $S(k+1, k+1)$에 장애물이 놓여 있다고 하자. (단, k는 $0 \le k \le n-1$인 정수) 이때 $A(0, 0)$에서 $B(n, n)$까지 가는 최단 경로 중 P, Q, R, S를 어느 것도 지나지 않는 경로의 개수를 구하시오.

[2-2]

문제 [2-1]에서 최단 경로의 개수가 최대인 경우와 최소인 경우의 k의 값을 각각 구하시오.

구상지

예시 답안

2-1

1번 문제의 답변을 시작하겠습니다.

(설명과 계산을 시작합니다.)

한 변의 길이가 n인 정사각형 모양의 도로망에서 점 $(0, 0)$에서 점 (n, n)까지 가는 최단 경로의 수는 같은 것을 포함한 순열 $\dfrac{2n!}{n!n!}$ 또는 조합 $_{2n}C_n$으로 표현할 수 있습니다.

즉, 전체 경우의 수는 $_{2n}C_n$입니다.

따라서 전체 경우의 수에서 점 $P(k, k+1)$ 또는 점 $R(k+1, k)$를 지나는 최단 경로의 수를 빼면 됩니다. 이때 사각형 PQRS는 직선 $y = x$에 대하여 대칭이므로 점 $P(k, k+1)$을 지나는 경로의 수의 2배를 빼도 됩니다.

그러므로 구하는 경로의 수는 $_{2n}C_n - 2\left(_{2k+1}C_k \cdot \, _{2n-2k-1}C_{n-k}\right)$입니다.

이상으로 1번 문제의 답변을 마치겠습니다.

2번 문제의 답변을 시작하겠습니다.

(설명과 계산을 시작합니다.)

1번 문제에서 구한 식 $_{2n}C_n - 2(_{2k+1}C_k \cdot {_{2n-2k-1}}C_{n-k})$에서 $_{2k+1}C_k \cdot {_{2n-2k-1}}C_{n-k}$가 최소인 경우와 최대인 경우를 구하면 됩니다.

$f(k) = {_{2k+1}}C_k \cdot {_{2n-2k-1}}C_{n-k}$라 하겠습니다.

즉, $f(k)$가 최소이면 최단 경로의 수는 최대가 되고, $f(k)$가 최대이면 최단 경로의 수는 최소가 됩니다.

이제 $f(k)$의 증가와 감소를 조사해 보겠습니다.

$f(k) \le f(k+1)$, 즉 $_{2k+1}C_k \cdot {_{2n-2k-1}}C_{n-k} \le {_{2k+3}}C_{k+1} \cdot {_{2n-2k-3}}C_{n-k-1}$ ⋯ ㉠

을 만족하는 k의 값을 구해 보겠습니다.

㉠을 변형하면

$$\frac{(2k+1)!}{k!(k+1)!} \cdot \frac{(2n-2k-1)!}{(n-k)!(n-k-1)!} \le \frac{(2k+3)!}{(k+1)!(k+2)!} \cdot \frac{(2n-2k-3)!}{(n-k-1)!(n-k-2)!}$$

입니다. 양변을 약분하여 정리하면

$$\frac{(2n-2k-2)(2n-2k-1)}{(n-k-1)(n-k)} \le \frac{(2k+2)(2k+3)}{(k+1)(k+2)}$$

$$\frac{(2n-2k-1)}{(n-k)} \le \frac{(2k+3)}{(k+2)}$$

$$(2n-2k-1)(k+2) \le (n-k)(2k+3)$$

$$-2k^2 + (2n-5)k + 2(2n-1) \le -2k^2 + (2n-3)k + 3n$$

$$k \ge \frac{n-2}{2}$$

가 됩니다.

이것은 $k \ge \dfrac{n-2}{2}$이면 $f(k)$는 증가하고 $k \le \dfrac{n-2}{2}$이면 $f(k)$는 감소함을 의미합니다.

즉, $k = \dfrac{n-2}{2}$일 때 $f(k)$는 최소가 됩니다.

또한, k의 값의 범위의 양 끝 값인 $k=0$, $n-1$일 때 $f(k) = {_{2n-1}}C_n$으로 최대가 됩니다.

그런데 $k = \dfrac{n-2}{2}$에 대하여 n이 짝수일 때와 홀수일 때로 분류해야 합니다.

l이 1 이상인 자연수일 때

(ⅰ) $n=2l$인 경우

   $k=l-1$이고 $f(l-1)={}_{2l-1}C_{l-1} \cdot {}_{2l+1}C_{l+1}$ 입니다.

   그런데 $k=l$일 때는 $f(l)={}_{2l+1}C_l \cdot {}_{2l-1}C_l$ 입니다.

   ${}_nC_r={}_nC_{n-r}$ 이므로 $f(l-1)={}_{2l-1}C_{l-1} \cdot {}_{2l+1}C_{l+1}={}_{2l-1}C_l \cdot {}_{2l+1}C_l=f(l)$ 입니다.

   따라서 $f(k)$는 $k=\dfrac{n-2}{2}$ 또는 $k=\dfrac{n}{2}$ 일 때 최소가 됩니다.

(ⅱ) $n=2l-1$인 경우

   k는 $k=\dfrac{n-2}{2}=\dfrac{2l-3}{2}$ 이므로 자연수가 아닙니다.

   따라서 $\dfrac{2l-3}{2}=l-\dfrac{3}{2}$ 과 가까운 자연수에서 $l-1$, $l-2$에서 $f(k)$를 비교해 보겠습니다.

   $f(l-1)={}_{2l-1}C_{l-1} \cdot {}_{2l-1}C_l=\dfrac{(2l-1)!}{(l-1)!l!} \cdot \dfrac{(2l-1)!}{(l-1)!l!}$ 이고,

   $f(l-2)={}_{2l-3}C_{l-2} \cdot {}_{2l+1}C_{l+1}=\dfrac{(2l-3)!}{(l-1)!(l-2)!} \cdot \dfrac{(2l+1)!}{l!(l+1)!}$ 입니다.

   두 식을 나누어 정리하면 $\dfrac{f(l-1)}{f(l-2)}=\dfrac{(2l-1)(l+1)}{(2l+1)l}=\dfrac{2l^2+l-1}{2l^2+l}<1$ 입니다.

   따라서 $f(l-1)$이 최솟값입니다.

   즉, $k=\dfrac{n-1}{2}$ 일 때 최소가 됩니다.

(ⅰ), (ⅱ)에 의해 최단 경로의 수는

n이 짝수일 때는 $k=\dfrac{n-2}{2}$ 또는 $k=\dfrac{n}{2}$ 일 때 최대이고, $k=0$ 또는 $k=n-1$일 때 최소,

n이 홀수일 때는 $k=\dfrac{n-1}{2}$ 일 때 최대이고, $k=0$ 또는 $k=n-1$일 때 최소입니다.

이상으로 2번 문제의 답변을 마치겠습니다. 감사합니다!

[2-1] 계산

최단 경로의 수는 같은 것을 포함한 순열 또는 조합의 수와 같으므로 전체 최단 경로의 수에서 장애물을 지나는 경로의 수를 빼면 됩니다.

[2-2] 분류, 계산

조합의 곱을 함수로 생각합니다.
이 함수의 증가와 감소를 조사하고 극대와 극소의 정의를 적용하여 최댓값과 최솟값을 구할 수 있습니다.

• 사회과학대학 경제학부 • 자유전공학부

주요 개념

중복조합의 수, 함수의 증가와 감소

서울대학교의 공식 해설

▶ [2-1] 고등학교 교육과정에서 배우는 다양한 경우의 수 계산법을 통해 바둑판 모양의 도로에서 최단 거리를 가지는 경로의 개수를 셀 수가 있습니다. 본 문제는 고등학교 교육과정에서 배우는 기본적인 경우의 수 이론을 통해 주어진 상황을 분석하는 능력을 알아보고자 출제되었습니다.
수학 교과서 및 수학 익힘책에 수록된 다양한 문제를 해결해 본 경험이 있는 학생이라면 큰 어려움 없이 해결할 수 있습니다.

▶ [2-2] 현재 모든 고등학교 학생들은 수학 기본 교과과정에서 함수의 증감을 통해 최대, 최소를 알아내는 법을 배웁니다. 경우의 수 지식을 바탕으로 문제 [2-1]에서 이를 통해 장애물이 어느 지점에 위치할 때 최단 경로의 수가 최소 혹은 최대가 되는지 어렵지 않게 분석해 낼 수 있습니다.

2015학년도 수학 자연

문제 1

입체도형의 전개도는 입체도형을 한 평면 위에 펼쳐 놓은 것이다. 입체도형을 다룰 때 그 전개도를 생각하면 삼차원 공간 대신 이차원 평면 위에서 생각할 수 있으므로 편리하다.

예를 들어 정육면체의 전개도는 정사각형을 여섯 개 붙인 것이고, 높이가 유한한 원기둥의 전개도는 직사각형의 마주보는 두 변에 원을 하나씩 붙인 것이다.

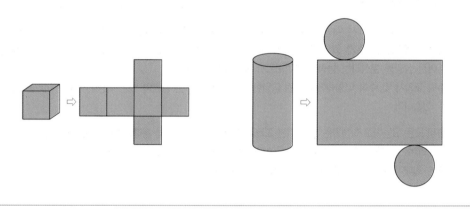

[1-1]

좌표평면 위를 분당 $1\,\text{km}$의 속력으로 일정한 방향으로 달려가는 목표물을 분당 $2\,\text{km}$의 속력으로 날아가는 탄환으로 맞히는 사격 시합이 있다고 하자. 사수가 원점에 있다고 하고 시각 $t=0$에서 목표물의 위치벡터를 $\vec{x} \neq \vec{0}$, 속도벡터는 $\vec{u}$라고 하자. 또 벡터 $\vec{x}$의 크기를 a라 하고, $\vec{x}$와 $\vec{u}$ 사이의 각을 θ라고 하자.

사수가 쏜 탄환이 목표물을 시각 $t=0$으로부터 4분 이내에 맞힐 수 있을 조건을 a와 θ에 대한 식으로 나타내시오. (단, 사수, 목표물, 탄환의 크기는 무시한다. 또한, 발포는 $t \geq 0$인 임의의 시각에 가능하다.)

[1-2]

사수와 목표물이 반지름의 길이가 $\dfrac{\sqrt{2}}{\pi}$ km인 무한한 원기둥 표면에 있다고 하자. 사수가 쏘는 탄환과 목표물은 모두 원기둥의 표면을 따라서만 움직일 수 있다.

시각 $t = 0$에서 사수와 목표물은 다음 그림과 같이 중심축과 평행한 직선 위에 있고, 사수와 목표물 사이의 거리는 5 km라고 하자. 목표물은 분당 1 km의 속력으로 항상 중심축과 $\theta = 45°$의 각도를 유지하면서 그림과 같이 움직이고 있고, 사수가 쏘는 탄환도 분당 2 km의 속력으로 항상 중심축과 일정한 각도를 유지하면서 움직인다.

이때 사수가 쏜 탄환이 목표물을 시각 $t = 0$으로부터 4분 이내에 맞힐 수 있겠는가? 그 이유를 설명하시오. (단, 사수, 목표물, 탄환의 크기는 무시한다. 또한, 발포는 $t \geq 0$인 임의의 시각에 가능하다.)

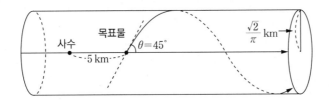

[1-3]

문제 [1-2]에서, 목표물이 달려가는 방향과 중심축 사이의 각도 θ에 따라서 사수가 쏜 탄환이 목표물을 4분 이내에 맞힐 수도 있고, 그렇지 않을 수도 있다. 탄환이 목표물을 맞힐 수 있을 $\cos \theta$의 범위를 구하시오.

구상지

1-1

1번 문제의 답변을 시작하겠습니다.

(설명과 계산을 시작합니다.)

속력이 분당 $1\,\mathrm{km}$인 목표물의 t분 후 위치벡터는 $\vec{x}+t\vec{u}$입니다.
탄환의 속력은 분당 $2\,\mathrm{km}$이므로 4분 이내에 탄환이 존재하는 영역은
중심이 원점이고 반지름의 길이가 $8\,\mathrm{km}$인 원과 그 내부입니다.

따라서 목표물을 맞히기 위해서는 목표물의 4분 후의 위치가 탄환이 존재하는 영역에 포함되어야 합니다.
이것을 식으로 표현하면 $|\vec{x}+4\vec{u}| \le 8$입니다.

위의 식의 양변을 제곱하여 정리하면 $|\vec{x}|^2+8(\vec{x}\cdot\vec{u})+16|\vec{u}|^2 \le 64$입니다.
이때 $|\vec{x}|=a$, $|\vec{u}|=1$이고 $\vec{x}$와 $\vec{u}$ 사이의 각의 크기가 θ이므로
$a^2+8a\cos\theta-48 \le 0$ ⋯ ㉠으로 간단하게 표현할 수 있습니다.

따라서 ㉠이 구하는 조건을 a와 θ에 대한 식으로 나타낸 것입니다.

이상으로 1번 문제의 답변을 마치겠습니다.

2번 문제의 답변을 시작하겠습니다.

(설명과 계산을 시작합니다.)

제시문에서와 같이 원기둥의 전개도를 이용하여 평면에서 문제를 분석하겠습니다.

원기둥의 단면인 원의 반지름의 길이는 $\dfrac{\sqrt{2}}{\pi}$ km이므로 사수가 있는 직선을 자르는 선으로 하여 펼치면 세로의 길이가 $2\sqrt{2}$ km이고 가로의 길이가 무한한 평면이 됩니다.

이때 사수와 목표물의 위치를 기준으로 다음과 같이 분류하겠습니다.

(i) 사수와 목표물이 같은 직선에 있는 경우

(칠판에 그래프 또는 그림을 그립니다.)

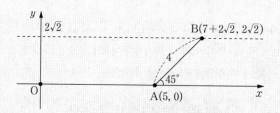

(설명과 계산을 시작합니다.)

사수는 원점에 위치하고 $t=0$일 때 목표물은 점 A(5, 0)에 위치합니다.
목표물은 직선 $y=x-5$ 위를 따라 점 A에서 점 B$(7+2\sqrt{2},\ 2\sqrt{2})$로 분당 1 km의 속력으로 이동합니다.
그런데 $\overline{\mathrm{AB}}=4$이므로 4분 후에는 점 B에 도착하므로 4분 이내에 목표물을 맞히기 위해서는 탄환이 4분 이내에 선분 AB 위에 도달해야 합니다.

이것은 1번 문제에서 구한 식 $a^2+8a\cos\theta-48 \leq 0$에 $a=5,\ \theta=45°=\dfrac{\pi}{4}$를 대입하여 성립하는지 확인하면 됩니다.

즉, $25+40\cdot\dfrac{\sqrt{2}}{2}-48=20\sqrt{2}-23$인데 $20\sqrt{2}=\sqrt{800},\ 23=\sqrt{529}$이므로 $220\sqrt{2}-23>0$입니다.

따라서 $a^2+8a\cos\theta-48 \leq 0$를 만족하지 않으므로 이 경우에 탄환은 목표물에 도달할 수 없습니다.

(ii) 사수와 목표물이 같은 직선에 있지 않은 경우

(칠판에 그래프 또는 그림을 그립니다.)

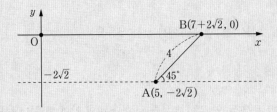

(설명과 계산을 시작합니다.)

(ⅰ)과 같이 사수는 원점에 위치하고 목표물은 직선 $y = -2\sqrt{2}$ 위의 점 $A(5, -2\sqrt{2})$에 위치합니다. 이때 다시 원기둥을 만들면 사수와 목표물은 같은 직선 위에 존재하게 됩니다.
(ⅰ)과 동일하게 4분 이내에 목표물을 맞히기 위해서는 탄환이 4분 이내에 선분 AB 위에 도달해야 합니다.

이때의 θ는 직선 OA와 직선 AB가 이루는 각입니다.
직선 OA와 x축의 양의 방향이 이루는 예각을 α라 하면, 이때 1번 문제에서 정의한 θ는

$$\theta = 45° + \alpha = \frac{\pi}{4} + \alpha \text{이고 } \overline{OA} = \sqrt{33} \text{ 이므로 } \sin\alpha = \frac{2\sqrt{2}}{\sqrt{33}}, \ \cos\alpha = \frac{5}{\sqrt{33}} \text{ 입니다.}$$

따라서 $\cos\theta = \cos\left(\frac{\pi}{4} + \alpha\right) = \frac{1}{\sqrt{2}} \cdot \frac{5}{\sqrt{33}} - \frac{1}{\sqrt{2}} \cdot \frac{2\sqrt{2}}{\sqrt{33}} = \frac{5 - 2\sqrt{2}}{\sqrt{66}}$ 입니다.

이것 역시 1번 문제에서 구한 식 $a^2 + 8a\cos\theta - 48 \leq 0$에

$a = \sqrt{33}$, $\theta = \frac{\pi}{4} + \alpha$를 대입하여 성립하는지 확인하면 됩니다.

즉, $33 + 8\sqrt{33} \cdot \dfrac{5 - 2\sqrt{2}}{\sqrt{66}} - 48 = 4\sqrt{2}(5 - 2\sqrt{2}) - 15 = 20\sqrt{2} - 31$인데

$20\sqrt{2} = \sqrt{800}$, $31 = \sqrt{961}$ 이므로 $20\sqrt{2} - 31 < 0$입니다.

따라서 $a^2 + 8a\cos\theta - 48 \leq 0$을 만족하므로 이 경우에 탄환은 목표물에 도달할 수 있습니다.

이상으로 2번 문제의 답변을 마치겠습니다.

3번 문제의 답변을 시작하겠습니다.

(설명과 계산을 시작합니다.)

탄환이 목표물을 맞히기 위해서는 1번 문제에서 구한 부등식

$$a^2 + 8a\cos\theta - 48 \leq 0 \ \cdots \ \textcircled{\scriptsize ㄱ}$$

을 만족해야 합니다. 2번 문제에서와 같이 분류를 하여 $\cos\theta$의 값의 범위를 구하겠습니다.

(i) 사수와 목표물이 같은 직선에 있는 경우

이때에는 1번 문제에서 정의된 θ와 2번 문제에서 정의된 θ가 같습니다.

$a = 5$이므로 이것을 $\textcircled{\scriptsize ㄱ}$에 대입하면 $25 + 40\cos\theta - 48 \leq 0$이고 이 부등식을 정리하면

$\cos\theta \leq \dfrac{23}{40}$ 입니다.

즉, $-1 \leq \cos\theta \leq \dfrac{23}{40}$ 입니다.

(ii) 사수와 목표물이 같은 직선에 있지 않은 경우

이때에는 1번 문제에서 정의된 θ와 2번 문제에서 정의된 θ가 다르므로 각각 θ', θ로 구별하겠습니다.

그리고 2번 문제 (ii)에서 정의한 α를 이용하면 $\theta' = \theta + \alpha$라 할 수 있습니다.

$a = \sqrt{33}$ 이므로 이것을 $\textcircled{\scriptsize ㄱ}$에 대입하면 $33 + 8\sqrt{33}\cos\theta' - 48 \leq 0$이고 이 부등식을 정리하면

$\cos\theta' \leq \dfrac{15}{8\sqrt{33}}$ 입니다.

$\cos\theta' = \cos(\theta + \alpha) = \cos\theta\cos\alpha - \sin\theta\sin\alpha$이고, $\sin\alpha = \dfrac{2\sqrt{2}}{\sqrt{33}}$, $\cos\alpha = \dfrac{5}{\sqrt{33}}$ 이므로

이것을 대입하면 $\dfrac{5}{\sqrt{33}}\cos\theta - \dfrac{2\sqrt{2}}{\sqrt{33}}\sin\theta \leq \dfrac{15}{8\sqrt{33}}$ 입니다.

즉, $5\cos\theta - 2\sqrt{2}\sin\theta \leq \dfrac{15}{8}$ 입니다.

$\cos\theta = x$, $\sin\theta = y$라 하면 $5x - 2\sqrt{2}y \leq \dfrac{15}{8}$이고, $x^2 + y^2 = 1$을 만족합니다.

이것을 그림으로 나타내면 다음 그림과 같습니다.

(칠판에 그래프 또는 그림을 그립니다.)

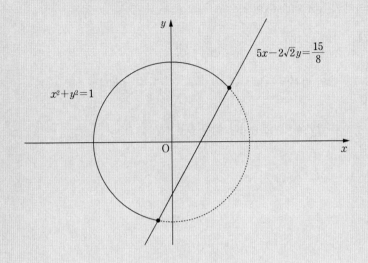

(설명과 계산을 시작합니다.)

즉, 제1사분면의 교점의 x좌표의 값 이하가 $\cos\theta$의 값의 범위입니다.

직선 $5x - 2\sqrt{2}\,y = \dfrac{15}{8}$와 원 $x^2 + y^2 = 1$의 교점을 구하기 위해

$y = \dfrac{5\sqrt{2}}{4}x - \dfrac{15\sqrt{2}}{32}$를 대입하면 $x^2 + \left(\dfrac{5\sqrt{2}}{4}x - \dfrac{15\sqrt{2}}{32}\right)^2 = 1$이고 이것을 정리하면

$\dfrac{33}{8}x^2 - \dfrac{75}{32}x - \dfrac{287}{512} = 0$입니다.

즉, $2112x^2 - 1200x - 287 = 0$이므로 이차방정식의 근의 공식에 의해

$x = \dfrac{600 \pm \sqrt{966144}}{2112} = \dfrac{600 \pm 16\sqrt{3774}}{2112} = \dfrac{75 \pm 2\sqrt{3774}}{264}$ 입니다.

따라서 $\cos\theta \leq \dfrac{75 + 2\sqrt{3774}}{264}$ 입니다.

또한, $0 \leq \theta' \leq \pi$이고 $-\alpha \leq \theta \leq \pi - \alpha$이므로
이 두 조건을 고려하면 $\cos\theta$의 값의 범위는

$-\dfrac{5}{\sqrt{33}} \leq \cos\theta \leq \dfrac{75 + 2\sqrt{3774}}{264}$ 입니다.

그러므로 구하는 $\cos\theta$의 값의 범위는 (i), (ii)의 결과의 합집합인데

$-1 < -\dfrac{5}{\sqrt{33}}$ 이고, $\sqrt{3774} > 61$ 이므로

$\dfrac{75+2\sqrt{3774}}{264} > \dfrac{197}{264} > \dfrac{165}{264} = \dfrac{5}{8} = \dfrac{25}{40} > \dfrac{23}{40}$ 입니다.

즉, 구하는 $\cos\theta$의 값의 범위는 $-1 \le \cos\theta \le \dfrac{75+2\sqrt{3774}}{264}$ 입니다.

이상으로 3번 문제의 답변을 마치겠습니다. 감사합니다!

문제 해결의 Tip

[1-1] 계산

탄환이 도착할 수 있는 영역 내에 목표물이 있으면 됩니다.

이를 벡터로 표현하면 내적의 계산을 통해 등식을 도출할 수 있고, 성분으로 표현하여도 동일한 결과를 얻을 수 있습니다.

[1-2] 분류, 계산

제시문에 주어진 입체도형의 전개도를 참고하여

원기둥의 전개도에서 [1-1]에서 얻은 결과를 이용하면 됩니다.

이때 사수와 목표물의 처음 위치를 분류하여 파악하는 것이 가장 중요합니다.

[1-3] 계산

[1-2]에서와 같은 분류 기준으로 [1-1]의 결과를 이용하면 됩니다.

계산이 복잡하나 차분하게 정리하면 해결할 수 있습니다.

- 자연과학대학 수리과학부, 통계학과
- 공과대학
- 농업생명과학대학 조경 · 지역시스템공학부, 바이오시스템 · 소재학부
- 사범대학 수학교육과

주요 개념

벡터의 연산, 이차함수의 최댓값과 최솟값, 두 점 사이의 거리, 삼각함수의 성질

서울대학교의 공식 해설

▶ [1-1] 문제에서 주어진 상황을 이해하고 벡터의 연산을 통하여 주어진 조건을 식으로 표현하는 문제이다.
"고등학교 기하와 벡터"(현 기하)에서 배우는 벡터의 크기 및 내적을 이용하면 일상적 언어로 표현된 문제의 상황을 수학적 언어로 간단하게 옮길 수 있고, "고등학교 수학"에서 배우는 이차함수의 최댓값과 최솟값을 구하는 방법을 이용하면 답을 구할 수 있다.

▶ [1-2] 구체적인 상황에 문제 [1-1]의 결과를 직접 적용하는 문제이다. "고등학교 기하와 벡터"(현 기하)에서 배우는 벡터의 연산에 대하여 이해하고 "고등학교 수학"에서 배우는 두 점 사이의 거리를 구하는 방법에 대하여 알면 간단하게 답을 구할 수 있다.

▶ [1-3] 문제 [1-2]를 일반화하여 주어진 조건을 식으로 표현하는 문제이다.
역시 문제 [1-2]와 같이 "고등학교 기하와 벡터"(현 기하)에서 배우는 벡터의 연산에 대하여 이해하면 "고등학교 수학"(현 수학 Ⅰ)에서 배우는 삼각함수의 성질 및 "고등학교 수학 Ⅱ"(현 교육과정 제외)에서 배우는 삼각함수의 합성을 이용하면 답을 구할 수 있다.

수리 논술 | 2015학년도 수학 자연

문제 2

상품 생산, 판매 고정에서 생산자는 제조비용을 최소화하고 판매이익을 최대화하고자 한다. 그러나 유용 가능한 재료, 자본 등이 제한되어 있으므로 조건이 주어진 상황에서 비용과 이익의 최적화를 하게 된다. 이를 수학적으로 구현하는 방법 중 하나는 주어진 조건 하에서의 이익이나 비용 함수의 최댓값과 최솟값을 구하는 문제로 표현하는 것이다. 다음 문제에서는 제한 조건이 주어진 상황에서 함수의 최솟값과 최댓값을 구하고자 한다.

[2-1]

조건 $xy = 1$을 만족하는 양수 x와 y에 대하여 $\frac{1}{2}(ax + by)$의 최댓값과 최솟값이 존재하는지 밝히고, 존재하면 값을 구하시오. (단, a, b는 양수)

[2-2]

$t \geq 10$일 때, $(x-t)^2 + (y-t)^2 + (z-t)^2 = 1$을 만족하는 실수 x, y, z에 대하여 $\frac{x + 2y + 3z}{\sqrt{x^2 + y^2 + z^2}}$의 최댓값 $f(t)$를 구하시오. 이때, $\lim\limits_{t \to \infty} f(t)$를 구하시오.

구상지

2-1

1번 문제의 답변을 시작하겠습니다.

(설명과 계산을 시작합니다.)

주어진 변수가 모두 양수이고, 구하는 식은 덧셈식으로 표현되어 있으므로
산술평균과 기하평균의 관계를 이용하여 최솟값을 구하겠습니다.

즉, $\dfrac{1}{2}(ax+by) \geq \dfrac{1}{2} \cdot 2\sqrt{abxy} = \sqrt{ab}$ 이며 등호는 $ax = by$일 때 성립합니다.

$xy=1$에서 $y=\dfrac{1}{x}$이므로 $ax=\dfrac{b}{x}$, 즉 $x=\sqrt{\dfrac{b}{a}}$ 일 때 등호가 성립합니다.

따라서 최솟값은 존재하며 그 값은 $\sqrt{ab}$ 가 됩니다.

그러나 최댓값은 산술평균과 기하평균의 관계를 이용하여 구할 수 없으므로
$f(x) = \dfrac{1}{2}(ax+by) = \dfrac{1}{2}\left(ax+\dfrac{b}{x}\right) \ (x>0)$라 하겠습니다.

위의 식의 양변에 극한을 취하면
$$\lim_{x \to \infty} f(x) = \lim_{x \to \infty} \dfrac{1}{2}\left(ax+\dfrac{b}{x}\right) = \infty$$
입니다.

따라서 최댓값은 존재하지 않습니다.

이상으로 1번 문제의 답변을 마치겠습니다. 감사합니다!

2-2

현 교육과정을 벗어난 문제이므로 예시 답안을 싣지 않습니다.

문제 해결의 Tip

[2-1] 계산

주어진 조건으로부터 산술평균과 기하평균의 관계를 이용하여 최솟값을 구할 수 있습니다.
그리고 주어진 식을 x 또는 y에 대한 함수로 식을 정리한 후 함수의 극한을 이용하여 함수의 증감을 관찰하면 최댓값을 구할 수 있습니다.

- 공과대학
- 자유전공학부
- 농업생명과학대학 조경 · 지역시스템공학부, 바이오시스템 · 소재학부

주요 개념

산술평균과 기하평균의 관계, 구의 방정식

서울대학교의 공식 해설

▶ [2-1] 다항식의 최댓값과 최솟값이 존재하는지 밝히고, 존재한다면 그 값을 구하는 문제입니다.
"고등학교 수학 II"에서 배우는 함수의 극한과 "고등학교 수학"에서 배우는 산술평균과 기하평균의 관계를 이용하면 매우 해결할 수 있습니다.

▶ [2-2] 제한된 조건 하에서 주어진 식의 최댓값과 최솟값을 구하는 문제입니다. 주어진 식이 두 벡터의 내적임을 이해하고, "고등학교 기하와 벡터"(현 교육과정 제외)에서 배우는 벡터의 내적의 기하학적 의미를 이해하면 구의 정의를 이용하여 간단하게 답을 계산할 수 있습니다.

수리 논술

2016학년도 수학

문제 1

1부터 n까지의 자연수가 각각 하나씩 적힌 n개의 공과 k개의 줄이 있다. (단, 줄은 구분하지 않는다.) 각각의 공을 검정색 또는 흰색으로 색칠하고 줄을 모두 이용하여 아래의 〈조건〉을 만족하도록 공들을 연결하는 경우의 수를 $a_{n,k}$라고 하자.

〈조건〉
(ⅰ) 각각의 줄은 서로 다른 색깔의 한 쌍의 공만 연결한다.
(ⅱ) 한 쌍의 공 사이에는 기껏해야 한 개의 줄만 연결된다.

예를 들어, $n=4$, $k=2$일 때는 아래와 같은 경우를 포함한다.

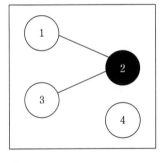 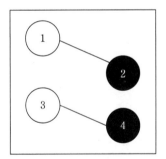

[1-1]

경우의 수 $a_{n,k}$를 구하는 식을 찾으시오.

[1-2]

문제 [1-1]에서 구한 $a_{n,k}$개의 경우 중에서 어떠한 공에서 출발해도 적절한 줄들을 따라가면 다른 모든 공에 도착할 수 있는 경우의 수를 $b_{n,k}$라고 하자. 이때, $b_{6,6}$을 구하시오.

구상지

1-1

1번 문제의 답변을 시작하겠습니다.

(설명과 계산을 시작합니다.)

공에 색을 칠하는 경우의 수부터 생각하겠습니다.
주어진 n개의 공들 중에서 흰 색을 칠할 공을 r개 선택하는 경우의 수는 $_n\mathrm{C}_r$ 입니다.
남은 $(n-r)$개의 공은 검은 색을 칠하면 됩니다. (단, $r=0,\ 1,\ \cdots,\ n$)

이제 k개의 줄로 검은 공과 흰 공을 연결하는 경우의 수를 구해 보겠습니다.
이때에는 여사건의 경우의 수를 이용하겠습니다.

① n개의 공을 2개씩 연결하는 경우의 수는 $_n\mathrm{C}_2$ 입니다.
② 흰 공끼리 연결하는 경우의 수는 $_r\mathrm{C}_2$ 입니다.
③ 검은 공끼리 연결하는 경우의 수는 $_{n-r}\mathrm{C}_2$ 입니다.

따라서 흰 공과 검은 공을 연결하는 총 경우의 수는 $_n\mathrm{C}_2-(_r\mathrm{C}_2+{}_{n-r}\mathrm{C}_2)$ 입니다.
이를 정리하면 $r(n-r)$ 입니다.

그러면 줄이 k개 있으므로 $r(n-r)$개의 연결 중에서 k개를 선택하여 연결하면
흰 공과 검은 공이 k개의 줄로 연결됩니다.

따라서 $a_{n,k}$는 $a_{n,k}=\displaystyle\sum_{r=0}^{n}{}_n\mathrm{C}_r\cdot{}_{r(n-r)}\mathrm{C}_k$ 입니다.

이상으로 1번 문제의 답변을 마치겠습니다.

1-2

2번 문제의 답변을 시작하겠습니다.

(설명과 계산을 시작합니다.)

전체 공이 6개이며 주어진 줄이 6개일 때,
주어진 조건에 만족하기 위해서는 모든 공이 연결되어 있어야 합니다.
또한, 흰 공의 개수를 기준으로 생각해 보면 흰 공의 개수와 검은 공의 개수가 3으로 같을 때 가능합니다.
그리고 모두 연결되어 있기 위해서는 원 형태로 배열되어 있고,
흰 공과 검은 공이 한 개씩 교대로 배열되어 있어야만 합니다.

이를 정리하면 다음과 같습니다.
① 1부터 6까지 중 3개의 흰 공을, 3개의 검은 공을 선택하는 경우의 수는 $_6C_3$입니다.
② 흰 공을 원형으로 배열하고 흰 공 사이사이에 검은 공을 배열하는 경우의 수는
   $(3-1)! \cdot 3!$입니다.

따라서 $b_{6,6}$은 $b_{6,6} = {_6C_3} \cdot (3-1)! \cdot 3! = 20 \cdot 2 \cdot 6 = 240$입니다.

이상으로 2번 문제의 답변을 마치겠습니다. 감사합니다!

문제 해결의 Tip

[1-1] 단순화, 계산

각 시행에서의 경우의 수를 구한 후 곱의 법칙을 이용하여 문제를 해결합니다.
특히, 여사건의 경우의 수에 의해 조건에 맞지 않는 경우를 제외해야 하는 것에 유의해야 합니다.

[1-2] 추론, 계산

공이 6개, 줄이 6개인 조건을 만족하기 위한 배열은 어떠한 상태인지를 살펴보고, 이것은 원형으로 연결되어 있는 상태임을 파악해야 합니다.
그리고 원순열의 경우의 수를 이용하여 계산해야 합니다.

- 사회과학대학 경제학부
- 경영대학
- 자유전공학부

- 생활과학대학 소비자아동학부, 의류학과
- 농업생명과학대학 농경제사회학부

주요 개념

경우의 수의 합의 법칙과 곱의 법칙, 조합

서울대학교의 공식 해설

▶ 경우의 수에 관한 계산 능력을 평가한다.

수리 논술

2016학년도 수학

문제 2

직각삼각형 ABC (단, $\angle C = 90°$)에서 $u = \dfrac{\overline{AC}}{\overline{BC}}$ 라고 하자. 삼각형 ABC의 내부와 그 경계를 T라 할 때,

삼각형 ABC의 한 변에 중심이 있고 절반이 T에 포함되는 원 중에서 가장 큰 것을 w_1이라고 하자.

이제 원 $w_1, \cdots, w_n$이 만들어졌을 때, 다음 세 가지 〈조건〉을 만족하도록 원 w_{n+1}을 만들자.

〈조건〉
(i) w_{n+1}의 절반은 T에 포함된다.

(ii) w_{n+1}과 w_n은 외접하고 각각의 중심은 삼각형 ABC의 서로 다른 두 변 위에 있다.

(iii) 점 A와 w_n의 중심을 이은 선분은 w_{n+1}과 만난다.

이렇게 만들어진 원 $w_1, w_2, \cdots$ 에 대하여, 원 w_n의 반지름을 r_n이라고 하자.

[2-1]

$\dfrac{r_1}{\overline{BC}}$ 을 u에 대한 식으로 표현하시오.

[2-2]

모든 양의 정수 n에 대하여

$$\frac{r_n}{r_{n+1}} + \frac{r_{n+1}}{r_n}$$

을 u에 대한 식으로 표현하시오.

[2-3]

T에는 포함되나 어떠한 $n = 1,\ 2,\ \cdots$에 대해서도 원 w_n의 내부에는 포함되지 않는 점들로 이루어진 영역을 X라고 하자. u의 값이 주어졌을 때

$$A = \frac{(X의\ \text{넓이})}{(T의\ \text{넓이})}$$

의 값을 계산할 수 있는 방법을 설명하시오.

구상지

2-1

1번 문제의 답변을 시작하겠습니다.

(칠판에 그림을 그립니다.)

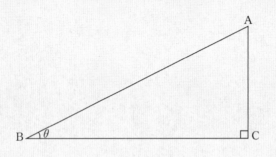

(설명과 계산을 시작합니다.)

$\angle B = \theta$라 하면 u는 $u = \dfrac{\overline{AC}}{\overline{BC}} = \tan\theta$입니다.

이제 r_1을 구하기 위해 다음의 세 가지 경우로 분류하겠습니다.

여기서 원의 중심은 D, 원과 삼각형의 변과의 접점은 E라 하겠습니다.

① 원의 중심이 $\overline{BC}$ 위에 있는 경우

(칠판에 그림을 그립니다.)

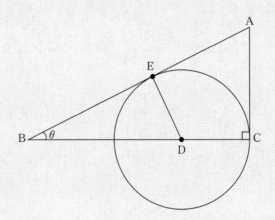

(설명과 계산을 시작합니다.)

반지름의 길이를 R_1이라 하겠습니다.

이때 $\sin\theta = \dfrac{\overline{DE}}{\overline{BC}-\overline{DC}} = \dfrac{R_1}{\overline{BC}-R_1}$ 이므로 $R_1 = \overline{BC} \cdot \dfrac{\sin\theta}{1+\sin\theta}$ 입니다.

② 원의 중심이 $\overline{AC}$ 위에 있는 경우

(칠판에 그림을 그립니다.)

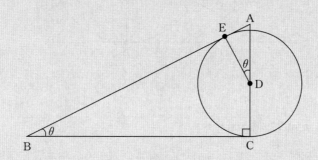

(설명과 계산을 시작합니다.)

반지름의 길이를 R_2라 하겠습니다.

이때 $\cos\theta = \dfrac{\overline{DE}}{\overline{AC}-\overline{CD}} = \dfrac{R_2}{\overline{AC}-R_2}$ 이므로

$$R_2 = \overline{AC} \cdot \dfrac{\cos\theta}{1+\cos\theta} = \overline{BC} \cdot \tan\theta \cdot \dfrac{\cos\theta}{1+\cos\theta} = \overline{BC} \cdot \dfrac{\sin\theta}{1+\cos\theta}$$ 입니다.

③ 원의 중심이 $\overline{\text{AB}}$ 위에 있는 경우

(칠판에 그림을 그립니다.)

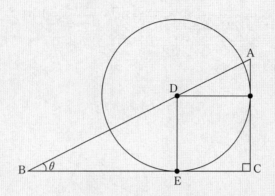

(설명과 계산을 시작합니다.)

반지름의 길이를 R_3이라 하겠습니다.

이때 $\tan\theta = \dfrac{\overline{\text{ED}}}{\overline{\text{BC}}-\overline{\text{EC}}} = \dfrac{R_3}{\overline{\text{BC}}-R_3}$ 이므로 $R_3 = \overline{\text{BC}} \cdot \dfrac{\tan\theta}{1+\tan\theta} = \overline{\text{BC}} \cdot \dfrac{\sin\theta}{\cos\theta+\sin\theta}$ 입니다.

①~③에서 R_1, R_2, R_3의 대소 관계를 비교하겠습니다.

분자는 모두 $\overline{\text{BC}}\sin\theta$이므로 분모의 대소 관계를 비교하면 됩니다.

$1+\sin\theta$, $1+\cos\theta$, $\cos\theta+\sin\theta$ 중 가장 작은 값은 $\cos\theta+\sin\theta$이므로 R_3이 가장 큽니다.

따라서 $R_3 = r_1$ 입니다.

즉, 원의 중심이 빗변에 있을 때의 반지름의 길이는 r_1 입니다.

그러므로 $r_1 = R_3 = \overline{\text{BC}} \cdot \dfrac{\tan\theta}{1+\tan\theta} = \overline{\text{BC}} \cdot \dfrac{u}{1+u}$ 이므로 $\dfrac{r_1}{\overline{\text{BC}}} = \dfrac{u}{1+u}$ 입니다.

이상으로 1번 문제의 답변을 마치겠습니다.

2번 문제의 답변을 시작하겠습니다.

두 원 w_n과 w_{n+1}의 위치 관계를 그리면 다음 그림과 같습니다.
이때 원 ω_n의 중심을 D_n, 접점을 E_n이라 하겠습니다.
문제에 제시된 조건 (iii)을 만족하기 위해서는 원 w_{n+1}은 중심이 $\overline{BE_n}$ 위에 있고, 선분 $\overline{BD_n}$에 접해야 하므로 그림과 같이 꼭짓점 B를 향하여 원을 그려야 합니다.

(칠판에 그림을 그립니다.)

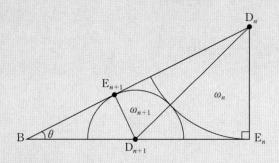

(설명과 계산을 시작합니다.)

두 원 w_n과 w_{n+1}은 서로 외접하므로
$$\overline{D_nE_n}=r_n, \quad \overline{D_{n+1}E_{n+1}}=r_{n+1}, \quad \overline{D_nD_{n+1}}=r_n+r_{n+1}$$
입니다.

또한, $\overline{BE_n}=\dfrac{r_n}{\tan\theta}$, $\overline{BD_{n+1}}=\dfrac{r_{n+1}}{\sin\theta}$ 입니다.

여기서 $\overline{E_nD_{n+1}}$은 다음 두 가지 방식으로 표현할 수 있습니다.

① 삼각형 $D_nE_nD_{n+1}$은 직각삼각형이므로 피타고라스 정리를 적용하면 다음과 같습니다.
$$\overline{E_nD_{n+1}}=\sqrt{(r_n+r_{n+1})^2-r_n^2}=\sqrt{2r_nr_{n+1}+r_{n+1}{}^2}$$

② $\overline{E_nD_{n+1}}=\overline{BE_n}-\overline{BD_{n+1}}=\dfrac{r_n}{\tan\theta}-\dfrac{r_{n+1}}{\sin\theta}$ 입니다.

①, ②에서 $\dfrac{r_n}{\tan\theta}-\dfrac{r_{n+1}}{\sin\theta}=\sqrt{2r_nr_{n+1}+r_{n+1}{}^2}$ $\cdots$ ㉠을 얻을 수 있습니다.

⊙의 양변을 제곱하여 정리하면

$r_n^2\cos^2\theta - 2r_n r_{n+1}(\cos\theta + \sin^2\theta) + r_{n+1}^2\cos^2\theta = 0$ 이고

이것을 $r_n r_{n+1}\cos^2\theta$으로 나누면

$$\frac{r_n}{r_{n+1}} + \frac{r_{n+1}}{r_n} = \frac{2(\cos\theta + \sin^2\theta)}{\cos^2\theta} \cdots ⓛ입니다.$$

$u = \tan\theta$이므로 ⓛ의 우변을 변형하면

$$\frac{2}{\cos\theta} + 2\tan^2\theta = 2\sec\theta + 2\tan^2\theta = 2\left(\sqrt{1+u^2} + u^2\right) 입니다.$$

따라서 $\dfrac{r_n}{r_{n+1}} + \dfrac{r_{n+1}}{r_n} = 2\left(\sqrt{1+u^2} + u^2\right)$ 입니다.

이상으로 2번 문제의 답변을 마치겠습니다.

3번 문제의 답변을 시작하겠습니다.

(설명과 계산을 시작합니다.)

$\dfrac{r_{n+1}}{r_n}=k$로 치환하겠습니다.

2번 문제의 결과를 k에 대한 이차방정식이 되고, 근의 공식을 이용하면 k를 이용하여 다시 표현하면
$k+\dfrac{1}{k}=2\left(\sqrt{1+u^2}+u^2\right)$입니다.

이것을 정리하면 k에 대한 이차방정식이 되고, 근의 공식을 이용하면 k를 u에 대한 식으로 표현할 수 있습니다.

또한, 이것은 수열 $\{r_n\}$이 등비수열이 됨을 의미합니다.

영역 T의 넓이를 T라 할 때, T는 $T=\dfrac{1}{2}\cdot\overline{\mathrm{BC}}\cdot\overline{\mathrm{AC}}=\dfrac{1}{2}\cdot\dfrac{\overline{\mathrm{AC}}}{u}\cdot\overline{\mathrm{AC}}=\dfrac{\overline{\mathrm{AC}}^2}{2u}$입니다.

또한, 영역 X의 넓이를 X라 할 때 X는

T에서 첫째항이 $\dfrac{1}{2}\pi r_1^2$, 공비가 k^2인 등비수열의 급수를 뺀 값이므로

$X=T-\dfrac{\dfrac{1}{2}\pi r_1^2}{1-k^2}$입니다.

1번 문제의 결과에 의해 $\dfrac{r_1}{\overline{\mathrm{BC}}}=\dfrac{u}{1+u}$이므로 이것을 이용하면

$X=T-\dfrac{\pi u^2\overline{\mathrm{BC}}^2}{2(1-k^2)(1+u^2)}$입니다.

따라서 $A=\dfrac{X}{T}=1-\dfrac{\dfrac{\pi u^2\overline{\mathrm{BC}}^2}{2(1-k^2)(1+u^2)}}{\dfrac{\overline{\mathrm{AC}}^2}{2u}}=1-\dfrac{\pi u^3\overline{\mathrm{BC}}^2}{(1-k^2)(1+u^2)\overline{\mathrm{AC}}^2}$이고,

$\overline{\mathrm{AC}}=u\overline{\mathrm{BC}}$이므로 이것을 위의 식에 대입하면

$A=1-\dfrac{\pi u}{(1-k^2)(1+u^2)}$입니다.

이상으로 3번 문제의 답변을 마치겠습니다. 감사합니다!

문제 해결의 Tip

[2-1] 분류, 계산

경우를 분류하여 반지름의 길이가 가장 큰 원을 찾아야 합니다.

삼각비를 이용하여 대소 관계를 비교하면 쉽게 찾을 수 있습니다.

[2-2] 계산

r_n과 r_{n+1}이 포함된 식을 구해야 합니다.

두 원이 외접하고 있고 직각삼각형임을 이용하면 두 개의 식을 구할 수 있습니다.

식이 복잡할 수 있지만 이를 연립하여 정리하면 됩니다.

[2-3] 계산

[2-2]의 결과를 이용하면 수열 $\{r_n\}$이 등비수열임을 알 수 있고

원 w_n의 넓이 $\{w_n\}$ 역시 등비수열이므로 등비급수의 극한값으로 표현할 수 있습니다.

또한, 식을 변형하면 u를 이용하여 결과를 나타낼 수 있습니다.

• 사회과학대학 경제학부
• 경영대학
• 농업생명과학대학 농경제사회학부
• 생활과학대학 소비자아동학부, 의류학과
• 농업생명과학대학 조경 · 지역시스템공학부, 바이오시스템 · 소재학부

• 공과대학
• 사범대학 수학교육과
• 자유전공학부
• 자연과학대학 수리과학부, 통계학과

주요 개념

도형의 닮음, 삼각형의 내접원, 등비수열, 등비급수

서울대학교의 공식 해설

▶ 삼각함수의 성질, 등비급수의 합, 외접하는 원의 성질을 이해하고 있는지를 평가한다.

수리 논술

2016학년도 수학

문제 3

1보다 큰 유리수 x 가

$$x = b_1 - \cfrac{1}{b_2 - \cfrac{1}{\ddots - \cfrac{1}{b_{s-1} - \cfrac{1}{b_s}}}} \quad \text{(단, } b_1, \cdots, b_s \text{는 1보다 큰 자연수이다.)}$$

로 표현되면, $x = \langle b_1, b_2, \cdots, b_s \rangle$로 나타내고 $\langle b_1, b_2, \cdots, b_s \rangle$를 x 의 계단식이라고 하자.

예를 들어, $\dfrac{25}{9} = 3 - \cfrac{1}{5 - \cfrac{1}{2}}$ 이므로 $\dfrac{25}{9} = \langle 3, 5, 2 \rangle$이다.

[3-1]

자연수 $p > q$에 대하여 $\dfrac{p}{q}$의 계단식 $\langle b_1, b_2, \cdots, b_s \rangle$가 존재함을 보이시오.

[3-2]

1보다 큰 자연수 p에 대하여 $\dfrac{p^2}{p-1}$의 계단식을 구하시오.

[3-3]

문제 [3-2]에서 구한 $\dfrac{p^2}{p-1}$의 계단식 $\langle b_1, b_2, \cdots, b_s \rangle$에 대하여 유리수 $q_0, q_1, q_2, \cdots, q_{s+1}$이 다음 〈조건〉을 만족한다고 하자.

〈조건〉
(i) $q_0 = 2$, $q_{s+1} = 1$
(ii) $q_{i-1} + q_{i+1} = b_i q_i$ $(1 \leq i \leq s)$

이때, q_1을 구하시오.

구상지

3-1

1번 문제의 답변을 시작하겠습니다.

(설명과 계산을 시작합니다.)

주어진 예시를 이용하여 원리를 파악해 보겠습니다.

$$25 = 9 \cdot 2 + 7$$
$$= 9 \cdot (2+1) - 9 + 7$$
$$= 9 \cdot 3 - 2$$

이므로 양변을 9로 나누면 $\dfrac{25}{9} = 3 - \dfrac{2}{9}$ 입니다. 그리고 $\dfrac{2}{9} = \dfrac{1}{\dfrac{9}{2}}$ 입니다.

$\dfrac{9}{2}$ 도 역시

$$9 = 2 \cdot 4 + 1$$
$$= 2 \cdot (4+1) - 2 + 1$$
$$= 2 \cdot 5 - 1$$

이므로 양변을 2로 나누면 $\dfrac{9}{2} = 5 - \dfrac{1}{2}$ 입니다.

따라서 $\dfrac{25}{9} = 3 - \dfrac{1}{5 - \dfrac{1}{2}}$ 입니다.

즉, 몫에 1을 더하고 제수를 빼는 방법을 이용하면 원하는 계단식을 얻을 수 있습니다.

이를 이용하여 $\dfrac{p}{q}$ 의 계단식을 구해 보겠습니다.

우선 p, q가 서로소라고 하겠습니다.

$p = q \cdot Q_1 + r_1$

$\quad = q \cdot (Q_1 + 1) - (q - r_1)$

이므로 $\dfrac{p}{q} = (Q_1 + 1) - \dfrac{q - r_1}{q} = (Q_1 + 1) - \dfrac{1}{\dfrac{q}{q - r_1}}$ 입니다.

여기에서 $A = BQ + R$에서 A와 B의 최대공약수는 B와 R의 최대공약수와 같음을 이용하면 p, q가 서로소이므로 q, r_1도 서로소입니다.

따라서 q와 $q - r_1$도 서로소입니다.

즉, $\dfrac{q}{q - r_1}$ 역시 기약분수이며, 위와 같은 방법으로 $\dfrac{q}{q - r_1} = (Q_2 + 1) - \dfrac{1}{\dfrac{q - r_1}{q - r_1 - r_2}}$ 입니다.

마찬가지로 $q - r_1 - r_2 - \cdots - r_{s-1} = 1$이 될 때까지 반복합니다.

그러므로 $\dfrac{p}{q} = (Q_1 + 1, \ Q_2 + 1, \ Q_3 + 1, \ \cdots, \ Q_{s-1} + 1, \ q - r_1 - r_2 - \cdots - r_{s-2})$ 입니다.

이상으로 1번 문제의 답변을 마치겠습니다.

2번 문제의 답변을 시작하겠습니다.

(설명과 계산을 시작합니다.)

$p^2 = (p-1)(p+1)+1$이므로 p^2은 $p-1$로 나누어떨어지지 않습니다.
즉, p^2과 $p-1$의 최대공약수는 1이므로 p^2과 $p-1$은 서로소입니다.

따라서 1번 문제의 풀이 과정과 마찬가지로 다음과 같이 나타낼 수 있습니다.

$$\frac{p^2}{p-1} = (p+2) - \frac{p-2}{p-1} = (p+2) - \frac{1}{\dfrac{p-1}{p-2}} = (p+2) - \frac{1}{2 - \dfrac{p-3}{p-2}} = (p+2) - \frac{1}{2 - \dfrac{1}{\dfrac{p-2}{p-3}}} = \cdots$$

귀납적으로 추론한 결과, 얻게 되는 분수는 분자와 분모의 차가 1이고,
마지막에 얻게 되는 분수는 $\dfrac{3}{2} = 2 - \dfrac{1}{2}$ 입니다.

따라서 다음과 같이 계단식으로 표현할 수 있습니다.

$$\frac{p^2}{p-1} = (p+2) - \frac{1}{\dfrac{p-1}{p-2}} = (p+2) - \frac{1}{2 - \dfrac{1}{\dfrac{p-2}{p-3}}} = (p+2) - \frac{1}{2 - \dfrac{1}{2 - \dfrac{p-4}{p-3}}} = \cdots$$

$$= \langle p+2,\ 2,\ 2,\ \cdots,\ 2 \rangle \ (\text{단},\ b_{p-1} = 2 = b_s)$$

이상으로 2번 문제의 답변을 마치겠습니다.

3-3

3번 문제의 답변을 시작하겠습니다.

(설명과 계산을 시작합니다.)

2번 문제의 결과를 주어진 관계식에 대입하면 다음과 같습니다.

$$q_0 + q_2 = (p+2)q_1 \cdots \text{㉠}$$
$$q_1 + q_3 = 2q_2$$
$$q_2 + q_4 = 2q_3$$
$$\vdots$$
$$q_{s-1} + q_{s+1} = 2q_s$$

그리고 $b_{p-1} = 2 = b_s$이므로 $p-1 = s$입니다.

위의 식에서 ㉠을 제외한 모든 식의 $q_n (n \geq 1)$은 등차수열을 이룹니다.
㉠에서 $2 + q_2 = (p+2)q_1$, 즉 $q_2 = (p+2)q_1 - 2$입니다.
또한, $q_2 - q_1 = (p+1)q_1 - 2$입니다.
즉, $(p+1)q_1 - 2$는 수열 $\{q_n\}$의 공차입니다.

따라서 $q_{s+1} = q_1 + s \cdot \{(p+1)q_1 - 2\}$, $q_{s+1} = 1$이므로 구하는 q_1은
$$q_1 = \frac{1+2s}{sp+s+1} = \frac{1+2(p-1)}{(p-1)p+(p-1)+1} = \frac{2p-1}{p^2} \text{ 입니다.}$$

이상으로 3번 문제의 답변을 마치겠습니다. 감사합니다!

문제 해결의 Tip

[3-1] 추론, 계산

간단한 예로부터 원리를 찾으면 문제 해결에 도움이 됩니다.
그리고 유클리드 호제법

$$\text{'} A = BQ + R \text{에서 } A \text{와 } B \text{의 최대공약수는 } B \text{와 } R \text{의 최대공약수와 같다.'}$$

를 알고 있으면 일반화를 할 수 있습니다.

[3-2] 추론, 계산

p^2과 $p-1$이 서로소임을 파악하고 [3-1]의 과정을 이용하여 추론할 수 있습니다.

[3-3] 계산

[3-2]의 결과를 주어진 관계식에 대입하여 관찰해야 합니다.
그러면 규칙을 파악할 수 있고, 등차수열임을 알 수 있습니다.

• 사회과학대학 경제학부

• 자유전공학부

주요 개념

자연수의 성질, 다항식과 그 연산, 여러 가지 수열, 행렬의 곱셈

서울대학교의 공익 해설

▶ [3-1] 자연수의 나눗셈에 대한 기본적인 성질을 이해하는지를 평가한다.

▶ [3-2] 자연수의 나눗셈에 대한 기본적인 성질을 이해하는지를 평가한다.

▶ [3-3] 점화식 수열 또는 행렬 계산 능력을 평가한다.

2016학년도 수학

문제 4

다음 부등식을 만족하는 좌표평면 위의 점 $(x,\ y)$로 이루어진 집합을 X라고 하자.

$$y \le 2x,\ x \ge 1,\ y \ge -x+2,\ y \ge -1$$

[4-1]

점 Q가 X에서 움직일 때, $\overline{OQ}$의 최솟값을 구하시오. (단, O는 원점이다.)

[4-2]

점 $(a,\ b)$가 X에서 움직일 때 $\left| \dfrac{ax-by}{\sqrt{x^2+y^2}} \right|$의 최솟값을 $f(x,\ y)$라고 하자. (단, $(x,\ y) \ne (0,\ 0)$이다.)

점 $(x,\ y)$가 원점을 제외한 좌표평면 위에서 움직일 때 $f(x,\ y)$의 최댓값을 구하시오.

구상지

4-1

1번 문제의 답변을 시작하겠습니다.

집합 X의 영역을 좌표평면 위에 나타내면 다음 그림과 같습니다.

(칠판에 그래프 또는 그림을 그립니다.)

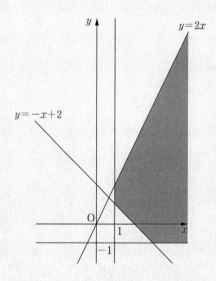

(설명과 계산을 시작합니다.)

원점 O는 영역 바깥에 위치하므로 구하는 점 Q는 영역의 경계선에 있어야 합니다.

즉, $\overline{OQ}$의 최솟값일 때의 점 Q는 두 직선 $x=1$, $y=-x+2$의 교점인 $(1, 1)$일 때입니다.

따라서 구하는 최솟값은 $\sqrt{2}$입니다.

이상으로 1번 문제의 답변을 마치겠습니다.

2번 문제의 답변을 시작하겠습니다.

(설명과 계산을 시작합니다.)

$\left| \dfrac{ax-by}{\sqrt{x^2+y^2}} \right|$, 즉 $\dfrac{|ax-by|}{\sqrt{x^2+y^2}}$ 를 점과 직선 사이의 거리 공식의 결과로 생각해 보겠습니다.

그러면 흔히 사용하는 xy-평면이 아닌 다른 변수의 좌표평면, 예를 들어 uv-평면으로 생각한다면

식 $\dfrac{|ax-by|}{\sqrt{x^2+y^2}}$ 는 직선 $xu-yv=0$과 점 $(a,\ b)$ 사이의 거리를 나타내는 식이라고 볼 수 있습니다.

따라서 직선 $xu-yv=0$은 다음과 같이 분류할 수 있습니다.

(i) $y \neq 0$일 때, 원점을 지나면서 기울기가 $\dfrac{x}{y}$인 직선, 즉 $v=\dfrac{x}{y}u$

(ii) $y=0$일 때, 직선 $u=0$, 즉 v축

(ii)의 경우는 주어진 조건 $(x,\ y) \neq (0,\ 0)$에 모순이므로 제외됩니다.

따라서 구하는 값은 원점을 지나는 직선 $v=\dfrac{x}{y}u$ (단, u축과 v축 제외)와

영역 X에 포함된 점 $(a,\ b)$ 사이의 거리의 최솟값 중 최댓값을 찾으면 됩니다.

다음과 같이 경우를 분류하여 관찰하겠습니다.

① 직선 $v=\dfrac{x}{y}u$가 영역 X와 교점을 가질 때는 $f(x,\ y)=0$입니다.

② 직선 $v=\dfrac{x}{y}u$가 영역 X와 교점을 가지지 않을 때는 $f(x,\ y)>0$입니다.

②의 경우를 더 분류하면 다음과 같습니다.

②-1) 기울기 $\dfrac{x}{y} > 2$인 경우

(칠판에 그래프 또는 그림을 그립니다.)

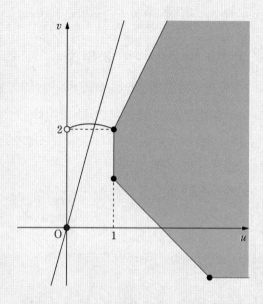

직선 $v = \dfrac{x}{y}u$와 가장 가까운 점이 $(1,\ 2)$이고

$f(x,\ y)$는 점 $(1,\ 2)$와 점 $(0,\ 2)$ 사이의 거리 1보다 작습니다.

그 이유는 점 $(1,\ 2)$에서 직선 $v = \dfrac{x}{y}u$에 내린 수선의 발은 두 점 $(0,\ 0)$, $(1,\ 2)$를 지름의 양

끝점으로 하는 원에서 두 점 $(1,\ 2)$와 $(0,\ 2)$를 연결한 호 위에 있기 때문입니다.

②-2) 기울기 $\dfrac{x}{y} \leq -1$인 경우

(칠판에 그래프 또는 그림을 그립니다.)

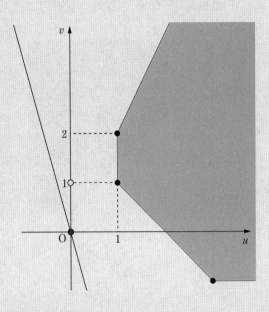

직선 $v = \dfrac{x}{y}u$와 가장 가까운 점은 $(1,\ 1)$이고

②-1의 과정과 마찬가지로 점 $(1,\ 1)$에서 직선 $v = \dfrac{x}{y}u$에 내린 수선의 발의 자취를 살펴보면

$f(x,\ y)$는 1번 문제에서 구한 두 점 $(0,\ 0)$과 $(1,\ 1)$ 사이의 거리 $\sqrt{2}$ 보다 작거나 같습니다.

②-3) 기울기 $-1 < \dfrac{x}{y} < -\dfrac{1}{3}$ 인 경우

(칠판에 그래프 또는 그림을 그립니다.)

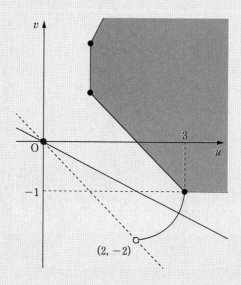

직선 $v = \dfrac{x}{y}u$ 와 가장 가까운 점은 $(3,\ -1)$ 이고

②-1의 과정과 마찬가지로 점 $(3,\ -1)$ 에서 직선 $v = \dfrac{x}{y}u$ 에 내린 수선의 발의 자취를 살펴 봅니다.

이때 점 $(3,\ -1)$ 에서 $v = -u$ 에 내린 수선의 발은 점 $(2,\ -2)$ 이므로 $f(x,\ y)$ 는 $\sqrt{2}$ 보다 작습니다.

따라서 ②-1, ②-2, ②-3에 의해 $\left| \dfrac{ax - by}{\sqrt{x^2 + y^2}} \right|$ 의 최솟값 $f(x,\ y)$ 의 범위는

$0 \le f(x,\ y) \le \sqrt{2}$ 이므로 $f(x,\ y)$ 의 최댓값은 $\sqrt{2}$ 가 됩니다.

이상으로 2번 문제의 답변을 마치겠습니다. 감사합니다!

[4-1] 계산

주어진 부등식을 영역으로 좌표평면 위에 나타내면 그림을 통해 최솟값을 쉽게 찾을 수 있습니다.

[4-2] 분류, 계산

주어진 식이 점과 직선 사이의 거리 공식임을 파악하고 직선의 방정식으로 표현할 수 있어야 합니다.

그리고 $y = 0$일 때와 $y \neq 0$일 때로 분류한 후,

$y \neq 0$일 때 더욱 세분화하여 경우를 나누면 최솟값 $f(x, y)$의 최댓값을 구할 수 있습니다.

이때 점과 직선 사이의 거리는 점에서 직선에 내린 수선의 발이므로 반원에서의 호가 된다는 것을 파악해야 합니다.

경우를 분류하여 구하는 것이 비교적 어려운 문제입니다.

- 사회과학대학 경제학부
- 자유전공학부

주요 개념

부등식의 영역의 활용, 두 점 사이의 거리, 점과 직선 사이의 거리

서울대학교의 공식 해설

▶ [4-1] 부등식의 영역을 이해하고, 점과 직선 사이의 거리를 구할 수 있는지를 평가한다.

▶ [4-2] 점과 직선 사이의 거리를 구할 수 있고, 최댓값과 최솟값의 개념을 잘 이해하는지를 평가한다.

2016학년도 수학

문제 5

집합 $S=\{1,\ -1,\ i,\ -i\}$가 있다고 하자. 원탁에 n명의 학생들이 각각 한 장의 빈 종이를 들고 같은 간격으로 둘러앉아 있다. 그리고 학생들이 각자 S에서 원소 하나를 골라 자신이 가지고 있는 종이에 썼다. (단, $i=\sqrt{-1}$ 을 뜻한다.)

[5-1]

어떠한 이웃한 두 학생이 쓴 수의 합도 0이 되지 않는 경우의 수를 구하시오.

(예를 들어 $n=5$일 때, 아래 그림 (ⅰ)과 (ⅱ)는 허용되지만 그림 (ⅲ)은 허용되지 않는다.)

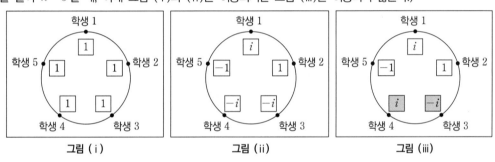

그림 (ⅰ)   그림 (ⅱ)   그림 (ⅲ)

[5-2]

학생들이 [5-1]의 조건을 만족하도록 원소들을 썼다고 하자. 각 $x\in S$에 대하여 A_x와 B_x를 다음과 같이 정의하자.

(ⅰ) 자신의 오른쪽에 있는 학생은 ix를, 자신은 x를 쓴 학생의 수는 A_x이다.

(ⅱ) 자신의 왼쪽에 있는 학생은 ix를, 자신은 x를 쓴 학생의 수는 B_x이다.

이때, 다음 관계식이 성립함을 보이시오.

$$A_1 - B_1 = A_{-1} - B_{-1} = A_i - B_i = A_{-i} - B_{-i}$$

구상지

5-1

1번 문제의 답변을 시작하겠습니다.

(설명과 계산을 시작합니다.)

풀이 1

관계식을 이용하여 풀이하겠습니다.
n명에 대하여 조건을 만족하는 경우의 수를 a_n이라 하겠습니다.

우선, n명의 학생이 이미 앉아 있기 때문에 원순열은 아닙니다.
그리고 앉아있는 학생 중 어떤 학생을 기준으로 정하여 1번 학생이라 하고,
시계 방향(또는 시계 반대 방향)으로 학생들이 선택할 수 있는 숫자의 경우의 수를 생각해 보겠습니다.

(칠판에 그림을 그립니다.)

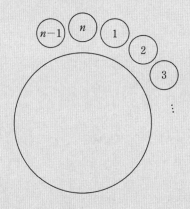

(ⅰ) 1번 학생이 선택할 수 있는 수의 경우의 수는 4가지입니다.
(ⅱ) 2번 학생이 선택할 수 있는 수의 경우의 수는
   1번 학생이 선택한 수와 합이 0이 되지 않는 수이어야 하므로 3가지입니다.
(ⅲ) 이때 k번 학생 (단, $k=2, 3, \cdots, n$)이 선택할 수 있는 수의 경우의 수도 3가지입니다.
(ⅰ), (ⅱ)에서 합이 0이 되지 않아야 한다는 조건을 고려한 전체 경우의 수는 $4 \cdot 3^{n-1}$입니다.
이때 $4 \cdot 3^{n-1}$은 다음과 같은 경우로 분류할 수 있습니다.

① n번 학생이 선택한 수가 1번 학생이 선택한 수와 같을 경우
② n번 학생이 선택한 수가 1번 학생이 선택한 수와 같지 않은 경우

여기에서
①의 경우는 n번 학생과 1번 학생을 한 사람으로 생각하고 $(n-1)$명이 문제의 조건에 맞게 수를 선택한 경우와 같으므로 a_{n-1}로 표현할 수 있습니다.

따라서
① n번 학생이 선택한 수가 1번 학생이 선택한 수와 같을 경우의 수는 a_{n-1}
② n번 학생이 선택한 수가 1번 학생이 선택한 수와 같지 않은 경우의 수는
$4 \cdot 3^{n-1} - a_{n-1}$이 됩니다.

여기에 $n+1$번 학생을 추가하면
①의 경우에는 3가지 수를 선택할 수 있고,
②의 경우에는 2가지 수를 선택할 수 있습니다.
즉, $a_{n+1} = 3 \cdot a_{n-1} + 2 \cdot \left(4 \cdot 3^{n-1} - a_{n-1}\right) = a_{n-1} + 8 \cdot 3^{n-1}$임을 알 수 있습니다.

이제 $n = 2k$인 경우와 $n = 2k-1$인 경우($k \geq 1$인 자연수)로 나누어 일반항을 구해 보겠습니다.

㉠ $n = 2k$인 경우
$a_{2(k+1)} = a_{2k} + 8 \cdot 3^{2k}$의 양변을 $3^{2(k+1)}$으로 나누면

$$\frac{a_{2(k+1)}}{3^{2(k+1)}} = \frac{1}{9} \cdot \frac{a_{2k}}{3^{2k}} + \frac{8}{9} \text{에서}$$

$$\frac{a_{2(k+1)}}{3^{2(k+1)}} - 1 = \frac{1}{9}\left(\frac{a_{2k}}{3^{2k}} - 1\right) \text{입니다.}$$

즉, 수열 $\left\{\dfrac{a_{2k}}{3^{2k}} - 1\right\}$은 공비가 $\dfrac{1}{9}$인 등비수열입니다.

$a_2 = 4 \cdot 3 = 12$이므로

$$\frac{a_{2k}}{3^{2k}} = \left(\frac{a_2}{3^2} - 1\right)\left(\frac{1}{9}\right)^{k-1} + 1 = \frac{1}{3} \cdot 3^{-2k+2} + 1 \text{에서}$$

$a_{2k} = 3^{2k} + 3$입니다.
따라서 $a_n = 3^n + 3$ (n은 짝수)이 됩니다.

ⓛ $n = 2k - 1$인 경우

$a_{2(k+1)-1} = a_{2k-1} + 8 \cdot 3^{2k-1}$의 양변을 $3^{2(k+1)-1}$로 나누면

$\dfrac{a_{2(k+1)-1}}{3^{2(k+1)-1}} = \dfrac{1}{9} \cdot \dfrac{a_{2k-1}}{3^{2k-1}} + \dfrac{8}{9}$에서

$\dfrac{a_{2(k+1)-1}}{3^{2(k+1)-1}} - 1 = \dfrac{1}{9}\left(\dfrac{a_{2k-1}}{3^{2k-1}} - 1\right)$입니다.

즉, 수열 $\left\{ \dfrac{a_{2k-1}}{3^{2k-1}} - 1 \right\}$은 공비가 $\dfrac{1}{9}$인 등비수열입니다.

$a_1 = 4$이므로

$\dfrac{a_{2k-1}}{3^{2k-1}} = \left(\dfrac{a_1}{3} - 1\right)\left(\dfrac{1}{9}\right)^{k-1} + 1 = \dfrac{1}{3} \cdot 3^{-2k+2} + 1$에서

$a_{2k-1} = 3^{2k-1} + 1$입니다.

따라서 $a_n = 3^n + 1$ (n은 홀수)이 됩니다.

ⓣ, ⓛ에 의해 $a_n = \begin{cases} 3^n + 1 & (n\text{은 홀수}) \\ 3^n + 3 & (n\text{은 짝수}) \end{cases}$ 이고 이를 하나의 식으로 나타내면

$a_n = 3^n + 2 + (-1)^n$입니다.

풀이 2

이미 학생들은 원탁에 앉아 있기 때문에 이 문제는 원순열에 관한 것이 아니고 순열에 관한 것입니다.
중요한 조건은 1과 -1, i와 $-i$는 이웃할 수 없다는 것입니다.

따라서 이웃하는 수와의 비율은 -1이 될 수 없습니다.
또한, 이웃하는 수와의 비율을 모두 곱한 값은 1임을 알 수 있습니다.

예를 들어 1을 쓴 특정 학생을 기준으로
시계 방향이든, 시계 반대 방향이든 한 방향으로 이웃 학생들이 쓴 수와의 비율들을 모두 곱했을 때, 원 형태이므로 결국 특정 학생이 쓴 1이 나오기 위해서는 그 비율의 총곱은 1이어야 합니다.

이 조건을 이용하여 학생 n명이 있을 때의 경우의 수를 구해 보겠습니다.
비율로 쓰일 수 있는 값은 1, i, $-i$입니다.
그리고 각 수가 사용된 개수를 각각 a, b, c $(a \geq 0,\ b \geq 0,\ c \geq 0)$라 하겠습니다.
그러면 다음과 같은 관계식을 얻을 수 있습니다.

$$a+b+c=n \quad \cdots \text{㉠}$$
$$1^a i^b (-i)^c = 1 \quad \cdots \text{㉡}$$

㉠의 우변이 n인 이유는 n명의 사이사이의 개수도 n이기 때문입니다.

㉡은 $(-1)^c i^{b+c} = 1$로 바꿀 수 있습니다.

이때 k, m, l을 모두 0 이상의 정수라 할 때, c의 값을 다음과 같이 분류할 수 있습니다.

(i) $c=4k$이면 $b+c=4m$이어야 하므로 $b=4l$입니다.

(ii) $c=4k+1$이면 $b+c=4m+2$이어야 하므로 $b=4l+1$입니다.

(iii) $c=4k+2$이면 $b+c=4m$이어야 하므로 $b=4l+2$입니다.

(iv) $c=4k+3$이면 $b+c=4m+2$이어야 하므로 $b=4l+3$입니다.

이것을 통해 $b-c=4p$ (p는 정수)이며 $b+c$는 짝수임을 알 수 있습니다.

예를 들어 $n=8$인 경우 가능한 순서쌍 (b, c)는 다음과 같이 분류하여 배열할 수 있습니다.

$b+c=0$: $(0, 0)$

$b+c=2$: $(1, 1)$

$b+c=4$: $(0, 4)$, $(2, 2)$, $(4, 0)$

$b+c=6$: $(1, 5)$, $(3, 3)$, $(5, 1)$

$b+c=8$: $(0, 8)$, $(2, 6)$, $(4, 4)$, $(6, 2)$, $(8, 0)$

즉, $b+c$의 값은 0, 2, $\cdots$, $2 \cdot \left(\dfrac{8}{2} \right)$까지 가능하고

각각 경우에 대해 1, i, $-i$의 순열은 다음과 같습니다.

$b+c=0$: $(0, 0)$: $_8 C_0$

$b+c=2$: $(1, 1)$: $_8 C_2 \cdot {_2 C_1} = {_8 C_2} \cdot 2^1$

$b+c=4$: $(0, 4)$, $(2, 2)$, $(4, 0)$: $_8 C_4 \cdot ({_4 C_0} + {_4 C_2} + {_4 C_4}) = {_8 C_4} \cdot 2^3$

$b+c=6$: $(1, 5)$, $(3, 3)$, $(5, 1)$: $_8 C_6 \cdot ({_6 C_1} + {_6 C_3} + {_6 C_5}) = {_8 C_6} \cdot 2^5$

$b+c=8$: $(0, 8)$, $(2, 6)$, $(4, 4)$, $(6, 2)$, $(8, 0)$: $_8 C_8 \cdot ({_8 C_0} + {_8 C_2} + {_8 C_4} + {_8 C_6} + {_8 C_8}) = {_8 C_8} \cdot 2^7$

그리고 특정 학생이 고를 수 있는 수의 종류는 4가지이므로 최종 경우의 수는 다음과 같습니다.

$$4 \cdot \left({_8 C_0} + {_8 C_2} \cdot 2^1 + {_8 C_4} \cdot 2^3 + {_8 C_6} \cdot 2^5 + {_8 C_8} \cdot 2^7 \right)$$

$$= 4 \cdot \frac{1}{2} \cdot \left({_8 C_0} \cdot 2^1 + {_8 C_2} \cdot 2^2 + {_8 C_4} \cdot 2^4 + {_8 C_6} \cdot 2^6 + {_8 C_8} \cdot 2^8 \right)$$

$$= 4 \cdot \frac{1}{2} \cdot \left({_8 C_0} \cdot 2^0 + {_8 C_2} \cdot 2^2 + {_8 C_4} \cdot 2^4 + {_8 C_6} \cdot 2^6 + {_8 C_8} \cdot 2^8 + 1 \right)$$

이항정리를 이용하면 $2 + 2 \cdot \dfrac{(1+2)^8 + (1-2)^8}{2} = 2 + 3^8 + 1 = 3^8 + 3$임을 알 수 있습니다.

이를 일반화를 하면 $b+c$의 값은 $0, \ 2, \ \cdots, \ 2 \cdot \left[\dfrac{n}{2}\right]$까지 가능하고

각각의 경우에 대해 $1, \ i, \ -i$의 순열을 표현하면 다음과 같습니다.

$b+c = 0 : \ (0, \ 0) : \ {}_n C_0$

$b+c = 2 : \ (1, \ 1) : \ {}_n C_2 \cdot {}_2 C_1 = {}_n C_2 \cdot 2^1$

$\qquad\qquad \vdots$

$b+c = 2 \cdot \left[\dfrac{n}{2}\right]$에서 $\left[\dfrac{n}{2}\right]$이 짝수이면

$\left(0, \ 2\left[\dfrac{n}{2}\right]\right), \ \left(2, \ 2\left[\dfrac{n}{2}-2\right]\right), \ \cdots, \ \left(\left[\dfrac{n}{2}\right], \ \left[\dfrac{n}{2}\right]\right), \ \cdots, \ \left(2\left[\dfrac{n}{2}\right], \ 0\right) :$

$${}_n C_{2\left[\frac{n}{2}\right]} \cdot \left({}_{2\left[\frac{n}{2}\right]} C_0 + {}_{2\left[\frac{n}{2}\right]} C_2 + \cdots + {}_{2\left[\frac{n}{2}\right]} C_{\left[\frac{n}{2}\right]} + \cdots + {}_{2\left[\frac{n}{2}\right]} C_{2\left[\frac{n}{2}\right]}\right) = {}_n C_{2\left[\frac{n}{2}\right]} \cdot 2^{2\left[\frac{n}{2}\right]-1}$$

$b+c = 2 \cdot \left[\dfrac{n}{2}\right]$에서 $\left[\dfrac{n}{2}\right]$이 홀수이면

$\left(1, \ 2\left[\dfrac{n}{2}\right]-1\right), \ \left(3, \ 2\left[\dfrac{n}{2}\right]-3\right), \ \cdots, \ \left(\left[\dfrac{n}{2}\right], \ \left[\dfrac{n}{2}\right]\right), \ \cdots, \ \left(2\left[\dfrac{n}{2}\right]-1, \ 1\right) :$

$${}_n C_{2\left[\frac{n}{2}\right]} \cdot \left({}_{2\left[\frac{n}{2}\right]} C_1 + {}_{2\left[\frac{n}{2}\right]} C_3 + \cdots + {}_{2\left[\frac{n}{2}\right]} C_{\left[\frac{n}{2}\right]} + \cdots + {}_{2\left[\frac{n}{2}\right]} C_{2\left[\frac{n}{2}\right]-1}\right) = {}_n C_{2\left[\frac{n}{2}\right]} \cdot 2^{2\left[\frac{n}{2}\right]-1}$$

즉, $\left[\dfrac{n}{2}\right]$이 짝수든 홀수든 식의 표현은 동일합니다.

특정 학생이 고를 수 있는 수의 개수는 4이므로

$$4 \cdot \left({}_n C_0 + {}_n C_2 \cdot 2^1 + \cdots + {}_n C_{2\left[\frac{n}{2}\right]} \cdot 2^{2\left[\frac{n}{2}\right]-1}\right) = 4 \cdot \dfrac{1}{2} \cdot \left({}_n C_0 \cdot 2^1 + {}_n C_2 \cdot 2^2 + \cdots + {}_n C_{2\left[\frac{n}{2}\right]} \cdot 2^{2\left[\frac{n}{2}\right]}\right)$$

$$= 2 \cdot \left({}_n C_0 \cdot 2^0 + {}_n C_2 \cdot 2^2 + \cdots + {}_n C_{2\left[\frac{n}{2}\right]} \cdot 2^{2\left[\frac{n}{2}\right]} + 1\right)$$

$$= 2 + 2 \cdot \dfrac{(1+2)^n + (1-2)^n}{2}$$

$$= 3^n + (-1)^n + 2$$

입니다.

이상으로 1번 문제의 답변을 마치겠습니다.

2번 문제의 답변을 시작하겠습니다.

(설명과 계산을 시작합니다.)

(ⅰ) $x=1$이라 하겠습니다.

조건을 만족하는 숫자 배열에서 1을 쓴 학생이 m명이라고 하고
1의 좌우에 배치될 수 있는 수의 경우의 수를 a, b로 표현해 보겠습니다.

1의 오른쪽에 1이 배치된 경우의 수: a
1의 오른쪽에 i가 배치된 경우의 수: b
1의 오른쪽에 $-i$가 배치된 경우의 수: $m-a-b$
즉, $A_1=b$라 할 수 있습니다.

또한, 1의 오른쪽에 $-i$가 배치된 경우의 수 $m-a-b$는
$x=-i$라 하였을 때 $-i$의 왼쪽에 $i(-i)=1$이 배치된 경우의 수이므로 B_{-i}와 같습니다.
따라서 $A_1=b$, $B_{-i}=m-a-b$ ··· ㉠입니다.

또한, 위의 경우에 대해서 다음의 경우를 생각해 보겠습니다.

1의 왼쪽에 1이 배치된 경우의 수: a
1의 왼쪽에 i가 배치된 경우의 수: c
1의 왼쪽에 $-i$가 배치된 경우의 수: $m-a-c$
즉, $B_1=c$라 할 수 있습니다.

또한, 1의 왼쪽에 $-i$가 배치된 경우의 수 $m-a-c$는
$x=-i$라 하였을 때 $-i$의 오른쪽에 $i(-i)=1$이 배치된 경우의 수이므로 A_{-i}와 같습니다.
따라서 $B_1=c$, $A_{-i}=m-a-c$ ··· ㉡입니다.

㉠, ㉡에서
$A_1-B_1=b-c=(m-a-c)-(m-a-b)=A_{-i}-B_{-i}$임을 알 수 있습니다.

(ii) $x = -i$라 하겠습니다.

조건을 만족하는 숫자 배열에서 $-i$를 쓴 학생이 l명이라 하고
$-i$의 좌우에 배치될 수 있는 수의 경우의 수를 p, q로 표현해 보겠습니다.

$-i$의 오른쪽에 $-i$가 배치된 경우의 수: p
$-i$의 오른쪽에 1이 배치된 경우의 수: q
$-i$의 오른쪽에 -1이 배치된 경우의 수: $l-p-q$
여기에서 q는 위의 $m-a-c$와 같습니다. 즉, $A_{-i} = q$라 할 수 있습니다.

또한, $-i$의 오른쪽에 -1이 배치된 경우의 수 $l-p-q$는 $x = -1$이라 하였을 때
-1의 왼쪽에 $i(-1) = -i$가 배치된 경우의 수이므로 B_{-1}과 같습니다.
따라서 $A_{-i} = q$, $B_{-1} = l-p-q$ $\cdots$ ©입니다.

또한, 위의 경우에 대해서 다음의 경우를 생각해 보겠습니다.

$-i$의 왼쪽에 $-i$가 배치된 경우의 수: p
$-i$의 왼쪽에 1이 배치된 경우의 수: r
$-i$의 왼쪽에 -1이 배치된 경우의 수: $l-p-r$
여기에서 r는 위의 $m-a-b$와 같습니다. 즉, $B_{-i} = r$라 할 수 있습니다.

또한, $-i$의 왼쪽에 -1이 배치된 경우의 수 $l-p-r$는 $x = -1$이라 하였을 때
-1의 오른쪽에 $i(-1) = -i$가 배치된 경우의 수이므로 A_{-1}과 같습니다.
따라서 $B_{-i} = r$, $A_{-1} = l-p-r$ $\cdots$ ②입니다.

©, ②에서
$A_{-i} - B_{-i} = q-r = (l-p-r) - (l-p-q) = A_{-1} - B_{-1}$임을 알 수 있습니다.

(iii) $x = i$인 경우에도 마찬가지 방법으로 $A_i - B_i = A_{-1} - B_{-1}$임을 알 수 있습니다.

(i), (ii), (iii)에 의해 $A_1 - B_1 = A_{-1} - B_{-1} = A_i - B_i = A_{-i} - B_{-i}$임을 알 수 있습니다.

이상으로 2번 문제의 답변을 마치겠습니다. 감사합니다!

문제 해결의 Tip

[5-1] 분류, 추론, 계산

먼저 규칙을 찾아야 합니다.

그리고 경우의 수를 일반화하기 위해 경우를 분류하면 조건을 만족하는 관계식을 구할 수 있습니다.

또는 단순한 예시로부터 확장하여 일반적인 원리를 찾을 수도 있습니다.

관계식으로부터 일반항을 구하는 방법을 알거나 이항정리를 활용하여 식을 구할 수 있어야 합니다.

매우 난도 높은 경우의 수 문제입니다.

[5-2] 분류, 계산

직접 계산을 통해 수를 구하여 일반화하기는 어렵습니다.

그래서 경우를 분류하여 문자로 표현한 수를 관찰해야 합니다.

이 문제 역시 매우 난도 높은 문제입니다.

- 자연과학대학 수리과학부, 통계학과
- 공과대학
- 사범대학 수학교육과
- 자유전공학부
- 농업생명과학대학 조경·지역시스템공학부, 바이오시스템·소재학부

주요 개념

중복순열, 계차수열

서울대학교의 공식 해설

▶ 고교 교과과정에서 배우는 경우의 수에 관한 계산 능력을 평가한다.

2016학년도 수학

문제 6

아래 그림과 같이 좌표평면 위의 곡선을 따라 개미가 집으로 가고 있다. 이 곡선은 x에 대해 미분가능한 감소함수의 그래프이며 x축과 한 점(개미집)에서 만난다. 개미는 시각 $t=0$일 때 곡선의 y좌표가 1인 점에서 집을 향해 이동하기 시작하고, 집에 도착할 때까지 멈추지 않는다. 개미의 y좌표가 h인 점에서 집까지 곡선의 길이를 $S(h)$라고 하자.

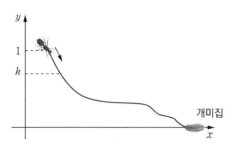

[6-1]

시각 $t>0$일 때 개미의 y좌표 $y(t)$는 미분가능하며, $s(t)=(S \circ y)(t)$라고 하자.
개미의 운동에너지를 계산한 결과, 개미가 집에 도착할 때까지 다음 등식

$$\left(\frac{ds}{dt}\right)^2 = y(t)^2 - 3y(t) + 2$$

가 성립한다는 것을 알게 되었다.

$$A(\alpha, \ \beta) = \int_\alpha^\beta S(1-y) \frac{2y+1}{\left(y^2+y\right)^{\frac{3}{2}}} \, dy$$

일 때, 개미가 $y=\dfrac{1}{3}$인 위치에서부터 집에 도착할 때까지 걸리는 시간을 $S(h)$와 $A(\alpha, \ \beta)$의 함숫값으로 나타내시오.

구상지

6-1

1번 문제의 답변을 시작하겠습니다.

(설명과 계산을 시작합니다.)

구하는 값이 시간이므로 시각 t의 도함수를 정적분해야 합니다.

정적분의 기본정리를 살펴보면 함수 $y = f(x)$가 미분가능할 때

$$f(b) - f(a) = \int_a^b f'(x)dx = \int_a^b \frac{d}{dx} f(x) dx = \int_a^b \frac{dy}{dx} dx \text{ 입니다.}$$

즉, y의 변화량을 알아야 할 때, y의 도함수를 정적분하면 됨을 알 수 있습니다.

따라서 시간, 즉 시각의 변화량은 $\int_a^b \frac{dt}{du} du$ 를 계산하면 됩니다. (단, u는 임의의 변수입니다.)

이제 주어진 조건을 분석하여 필요한 피적분함수를 찾아 보겠습니다.

우선 $y(0) = 1$이고 개미의 경로는 감소함수입니다.

$t > 0$에서 $s(t) = (S \circ y)(t) = S(y(t))$이므로

$$s'(t) = \frac{ds}{dt} = S'(y(t))y'(t) = \frac{dS}{dy} \cdot \frac{dy}{dt} \cdots \text{⊙입니다.}$$

또한, $\left(\frac{ds}{dt}\right)^2 = y(t)^2 - 3y(t) + 2$이므로

$$\frac{ds}{dt} = \pm \sqrt{y^2 - 3y + 2} \cdots \text{ⓛ입니다.}$$

부호를 결정하기 위해서 ⊙을 살펴보면

$S(y)$는 y에 대한 증가함수이므로 $\frac{dS}{dy} \geq 0$이고,

t가 커질수록 y는 작아지므로 $\frac{dy}{dt} \leq 0$입니다.

따라서 $\frac{ds}{dt} = \frac{dS}{dy} \cdot \frac{dy}{dt} \leq 0$이므로 $\frac{ds}{dt} = -\sqrt{y^2 - 3y + 2} = -\sqrt{(y-1)(y-2)}$ 입니다.

이것을 통해 $t > 0$에서 $0 \leq y < 1$이므로 $\frac{ds}{dt} < 0$이고, $\frac{dy}{dt} < 0$, $\frac{dS}{dy} > 0$임을 알 수 있습니다.

따라서 $\dfrac{dy}{dt} \cdot \dfrac{dS}{dy} = -\sqrt{y^2-3y+2}$ 이므로 구하고자 하는 피적분함수는

$\dfrac{dt}{dy} = -\dfrac{1}{\sqrt{y^2-3y+2}} \cdot \dfrac{dS}{dy} \cdots$ ㉢입니다.

$y = \dfrac{1}{3}$ 인 위치에서 집, 즉 $y=0$에 도착할 때까지 걸리는 시간은 $\displaystyle\int_{\frac{1}{3}}^{0} \dfrac{dt}{dy} dy$이므로

㉢을 이용하면 $-\displaystyle\int_{\frac{1}{3}}^{0} \dfrac{1}{(y^2-3y+2)^{\frac{1}{2}}} \cdot \dfrac{dS}{dy} dy$이고 이를 정리하면

$\displaystyle\int_{0}^{\frac{1}{3}} \dfrac{1}{(y^2-3y+2)^{\frac{1}{2}}} \cdot \dfrac{dS}{dy} dy$입니다.

이를 부분적분하면

$\displaystyle\int_{0}^{\frac{1}{3}} \dfrac{1}{(y^2-3y+2)^{\frac{1}{2}}} \cdot \dfrac{dS}{dy} dy$

$= \left[S(y) \cdot \dfrac{1}{(y^2-3y+2)^{\frac{1}{2}}} \right]_{0}^{\frac{1}{3}} + \dfrac{1}{2}\displaystyle\int_{0}^{\frac{1}{3}} S(y) \cdot \dfrac{1}{(y^2-3y+2)^{\frac{3}{2}}} dy$

$= S\left(\dfrac{1}{3}\right) \cdot \dfrac{1}{\sqrt{\dfrac{1}{9}-1+2}} - S(0) \cdot \dfrac{1}{\sqrt{2}} + \dfrac{1}{2}\displaystyle\int_{0}^{\frac{1}{3}} S(y) \cdot \dfrac{2y-3}{(y^2-3y+2)^{\frac{3}{2}}} dy$

$= S\left(\dfrac{1}{3}\right) \cdot \dfrac{3}{\sqrt{10}} + \dfrac{1}{2}\displaystyle\int_{0}^{\frac{1}{3}} S(y) \cdot \dfrac{2y-3}{(y^2-3y+2)^{\frac{3}{2}}} dy \ (\because S(0)=0)$

입니다.

$\displaystyle\int_{0}^{\frac{1}{3}} S(y) \cdot \dfrac{2y-3}{(y^2-3y+2)^{\frac{3}{2}}} dy$에서 y를 $1-t$로 치환하면 $dy = -dt$이고,

$y^2-3y+2 = (1-t)^2 - 3(1-t) + 2 = t^2 + t$, $2y-3 = 2(1-t) - 3 = -2t-1$이므로

$\displaystyle\int_{0}^{\frac{1}{3}} S(y) \cdot \dfrac{2y-3}{(y^2-3y+2)^{\frac{3}{2}}} dy = \int_{1}^{\frac{2}{3}} S(1-t) \cdot \dfrac{-2t-1}{(t^2+t)^{\frac{3}{2}}}(-dt) = -\int_{\frac{2}{3}}^{1} S(1-t) \dfrac{2t+1}{(t^2+t)^{\frac{3}{2}}} dt$

입니다.

이는 $-A\left(\dfrac{2}{3},\ 1\right)$과 같습니다.

따라서 구하는 시간은 $\dfrac{3}{\sqrt{10}}S\left(\dfrac{1}{3}\right)-\dfrac{1}{2}A\left(\dfrac{2}{3},\ 1\right)$로 나타낼 수 있습니다.

이상으로 1번 문제의 답변을 마치겠습니다. 감사합니다!

문제 해결의 Tip

[6-1] 계산

변화량은 변화율을 정적분하여 구할 수 있음을 알아야 합니다.

주어진 함수와 정의로부터 시각 t의 도함수를 구한 후 정적분을 하되

조건에 주어진 $A(\alpha, \ \beta)$를 이용해야 합니다.

합성함수의 미분과 역함수의 미분을 알아야 하고 도함수의 부호 판단을 신중히 하여 $\dfrac{dt}{dy}$를 구하면 해결할 수 있습니다.

• 자연과학대학 수리과학부, 통계학과   • 사범대학 수학교육과
• 공과대학

주요 개념

합성함수의 미분, 역함수의 미분, 곡선의 길이, 부분적분, 치환적분

서울대학교의 공식 해설

▶ 합성함수의 미분법, 역함수의 미분법, 곡선의 길이, 부분적분, 치환적분의 원리를 잘 이해하여 적용시킬 수 있는지를 평가한다.

수리 논술

2017학년도 수학 인문 오전

문제 1

좌표평면 위의 점 $P_1(a_1,\ b_1)$을 직선 $y = x$에 대하여 대칭이동한 점을 $P_2(a_2,\ b_2)$라고 하자.

점 $P_1(a_1,\ b_1)$, $P_2(a_2,\ b_2)$의 좌표를 각각 일차항의 계수와 상수항으로 갖는 두 개의 이차방정식

$$(\text{I}): x^2 + a_1 x + b_1 = 0$$

$$(\text{II}): x^2 + a_2 x + b_2 = 0$$

에 대하여 다음 물음에 답하시오.

[1-1]

좌표평면에서 $P_1(a_1,\ b_1)$이 움직임에 따라 방정식 (I), (II)는 서로 다른 두 실근을 가질 수도 있고 갖지 않을 수도 있다. 점 $P_1(a_1,\ b_1)$이 (I)과 (II) 중 어느 하나의 방정식도 서로 다른 두 실근을 갖지 않도록 하는 영역에서 움직일 때, 두 점 $P_1(a_1,\ b_1)$, $P_2(a_2,\ b_2)$ 사이의 거리의 최댓값을 구하시오.

구상지

1-1

1번 문제의 답변을 시작하겠습니다.

(설명과 계산을 시작합니다.)

점 P_1과 점 P_2는 직선 $y = x$에 대하여 대칭이므로 $a_2 = b_1$, $b_2 = a_1$입니다.
따라서 방정식 (Ⅱ)를 a_1, b_1을 이용하여 나타내면 다음과 같습니다.

(Ⅱ) $x^2 + b_1 x + a_1 = 0$

(Ⅰ)과 (Ⅱ) 중 어느 하나의 방정식도 서로 다른 두 실근을 갖지 않도록 하는 실수 a_1, b_1의 조건을 구하기
위해서는 (Ⅰ)과 (Ⅱ)의 판별식이 모두 0 이하이어야 하므로

(Ⅰ)의 판별식: $a_1^2 - 4b_1 \leq 0 \Leftrightarrow b_1 \geq \dfrac{a_1^2}{4}$ ··· ㉠

(Ⅱ)의 판별식: $b_1^2 - 4a_1 \leq 0 \Leftrightarrow a_1 \geq \dfrac{b_1^2}{4}$ ··· ㉡

입니다. ㉠, ㉡을 만족하는 점 $P_1(a_1,\ b_1)$의 자취는 다음 그림과 같습니다.

(칠판에 그래프 또는 그림을 그립니다.)

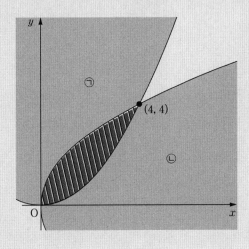

즉, 위 그림의 빗금친 영역 및 그 경계에 점 $P_1(a_1,\ b_1)$이 존재하며, 그 영역은 직선 $y = x$에 대하여 대칭입니다.

따라서 $P_1(a_1,\ b_1)$, $P_2(a_2,\ b_2)$ 사이의 거리가 최대인 경우는

$y = \dfrac{x^2}{4}\ (0 \le x \le 4)\ \left(\text{또는}\ x = \dfrac{y^2}{4}\ (0 \le y \le 4)\right)$와 직선 $y = x$의 거리가 최대인 경우입니다.

$y = \dfrac{x^2}{4}\ (0 \le x \le 4)$ 위의 점 $P_1(a_1,\ b_1)$과 직선 $y = x$ 사이의 거리는

$$\frac{|x_1 - y_1|}{\sqrt{2}} = \frac{x_1 - y_1}{\sqrt{2}} = \frac{1}{\sqrt{2}}\left(x_1 - \frac{x_1{}^2}{4}\right) = -\frac{1}{4\sqrt{2}}\left(x_1{}^2 - 4x_1\right)$$

이고 이것은 위로 볼록한 이차함수이므로 $x_1 = 2$일 때 최댓값을 가짐을 알 수 있습니다.

즉, $(x_1,\ y_1) = (2,\ 1)$일 때 거리는 최대가 됩니다.

또한, 이 점은 $y = \dfrac{x^2}{4}$의 접선이 $y = x$와 평행할 때의 접점의 좌표이기도 합니다.

따라서 구하는 $P_1(a_1,\ b_1)$, $P_2(a_2,\ b_2)$ 사이의 최대 거리는

$2 \cdot \dfrac{1}{\sqrt{2}}\left(2 - \dfrac{2^2}{4}\right) = \sqrt{2}$ 입니다.

이상으로 1번 문제의 답변을 마치겠습니다. 감사합니다!

문제 해결의 Tip

[1-1] 분류, 계산

구하고자 하는 경우를 판별식을 이용하여 파악해야 합니다.

좌표평면 위에 부등식의 영역을 나타내어 보면 직선 $y = x$에 대하여 대칭임을 알 수 있고, 문제에서 요구하는 값을 구할 수 있습니다.

- 사회과학대학 경제학부
- 경영대학
- 농업생명과학대학 농경제사회학부
- 생활과학대학 소비자아동학부 소비자학전공, 의류학과
- 자유전공학부(수학1)

주요 개념

이차방정식의 판별식, 부등식의 영역

서울대학교의 공식 해설

▶ 이차방정식의 판별식을 이해하고 부등식의 영역을 좌표평면에 나타낸 후 최대, 최소를 구할 수 있는지 평가함

▶ 부등식의 영역을 활용하여 최대, 최소 문제를 해결할 수 있는지 평가함

2017학년도 수학 인문 오전

문제 2

키가 서로 다른 3명의 학생을 9개의 좌석이 일렬로 배치되어 있는 롤러코스터에 태우려고 한다.

[2-1]

3명의 학생을 다음의 〈조건〉을 만족하도록 롤러코스터에 모두 태우는 경우의 수를 구하시오.

┌─〈조건〉─────────────────────────────────────

연이은 두 좌석에 학생이 앉은 경우에는 앞좌석에 앉은 학생의 키가 더 작다.

└──

구상지

2-1

1번 문제의 답변을 시작하겠습니다.

(설명과 계산을 시작합니다.)

이웃하는 경우에는 키에 따라 자동으로 좌석이 배치됩니다.
세 명의 학생이 앉을 좌석을 제외하면 6개의 빈 좌석이 있으며
이 6개의 빈 좌석의 가장 왼쪽과 가장 오른쪽, 그리고 좌석 사이의 총 7개의 자리에서 세 명의 학생이 앉을 위치를 정하겠습니다.

(칠판에 그림을 그립니다.)

(설명과 계산을 시작합니다.)

풀이 1

다음과 같이 경우를 분류하여 경우의 수를 구하겠습니다.
(ⅰ) 세 명의 학생이 모두 이웃하는 경우
　　이웃한 세 명의 학생이 들어갈 수 있는 자리는 7개이므로 구하는 경우의 수는 7입니다.
　　이때 세 명의 학생의 키의 크기에 따라 좌석은 결정됩니다.

(ⅱ) 두 명의 학생만 이웃하는 경우
　　세 명의 학생 중 이웃할 두 명의 학생을 선택하는 방법의 수는 $_3C_2 = 3$이고,
　　이웃한 두 명의 학생이 들어갈 수 있는 자리는 7개입니다.
　　이때 두 명의 학생의 키의 크기에 따라 좌석은 결정됩니다.
　　한편, 남은 한 명의 학생이 들어갈 수 있는 자리는 6개이므로
　　구하는 경우의 수는 $3 \cdot 7 \cdot 6 = 126$입니다.

(ⅲ) 모두 이웃하지 않는 경우
　　총 7개의 자리 중 3개의 자리를 선택하면 되므로
　　구하는 경우의 수는 $_7P_3 = 7 \cdot 6 \cdot 5 = 210$입니다.

따라서 (ⅰ), (ⅱ), (ⅲ)에 의해 구하는 전체 경우의 수는 $7 + 126 + 210 = 343$입니다.

풀이 2

세 명의 학생 중 임의의 한 명의 학생의 자리를 선택하는 경우의 수는 7입니다.
이때 세 명의 학생 중 1명을 선택하는 경우는 고려하지 않아도 됩니다.
왜냐하면 '임의의'이기 때문입니다.

마찬가지로 남은 두 명의 학생 중 임의의 한 명의 학생의 자리를 선택하는 경우의 수도 7입니다.
이때에는 이미 자리를 선택한 첫 번째 학생과 이웃할 수도 있고 이웃하지 않을 수도 있으나 이웃하는 경우에는 키의 크기에 따라 위치가 결정됩니다.
따라서 첫 번째 학생의 앞자리인지, 뒷자리인지를 구별할 필요가 없습니다.

마지막 학생이 자리를 선택하는 경우의 수도 7입니다.
이웃하는 경우에는 마찬가지로 키에 의해 첫 번째, 두 번째 학생의 위치가 결정되기 때문입니다.

따라서 구하는 경우의 수는 $7 \cdot 7 \cdot 7 = 343$입니다.

이상으로 1번 문제의 답변을 마치겠습니다. 감사합니다!

문제 해결의 Tip

[2-1] 분류, 추론, 계산

경우를 분류하여 계산할 수 있습니다.

또는 문제의 조건에 의해 위치가 자동적으로 결정됨을 이용하여 간단히 계산할 수도 있습니다.

• 사회과학대학 경제학부
• 경영대학

• 생활과학대학 소비자아동학부 소비자학전공, 의류학과
• 농업생명과학대학 농경제사회학부

주요 개념

경우의 수, 순열, 조합

서울대학교의 공식 해설

▶ 곱의 법칙을 이해하여 경우의 수를 구할 수 있는지 평가함

수리 논술

2017학년도 수학 인문 오전

문제 3

수열 $\{a_n\}$을 다음과 같이 정의하자.

$$a_n = \left(2 + \sqrt{5}\right)^n \ (n = 1,\ 2,\ 3,\ \cdots)$$

[3-1]

다음 〈조건〉을 만족하는 실수 r가 단 하나 존재함을 보이시오.

〈조건〉

모든 자연수 n에 대하여 $a_n + r^n$은 짝수인 정수이다.

구상지

3-1

1번 문제의 답변을 시작하겠습니다.

(설명과 계산을 시작합니다.)

$a_n = (2 + \sqrt{5})^n$을 이항정리를 이용하여 전개하겠습니다.

$$(2 + \sqrt{5})^n = {}_nC_0 \cdot 2^n \cdot (\sqrt{5})^0 + {}_nC_1 \cdot 2^{n-1} \cdot (\sqrt{5})^1 + \cdots + {}_nC_n \cdot 2^0 \cdot (\sqrt{5})^n$$

$a_n + r^n$은 짝수인 정수이므로 유리수입니다.

그런데 이 식에서 $(\sqrt{5})^{2k-1}$ $(k = 1, 2, \cdots)$은 무리수입니다.

따라서 r^n은 다음 항들을 포함해야 합니다.

$$- {}_nC_1 \cdot 2^{n-1} \cdot (\sqrt{5})^1 - {}_nC_3 \cdot 2^{n-3} \cdot (\sqrt{5})^3 - \cdots - {}_nC_{2k-1} \cdot 2^{n-(2k-1)} \cdot (\sqrt{5})^{2k-1}$$

여기에서 n이 홀수일 때는 $2k-1 = n$, 즉 $k = \dfrac{n+1}{2}$이고,

n이 짝수일 때는 $2k-1 = n-1$, 즉 $k = \dfrac{n}{2}$이므로

k는 $k = \left[\dfrac{n+1}{2} \right]$입니다. (단, $[x]$는 x보다 크지 않은 최대의 정수)

즉, $r^n = (2 - \sqrt{5})^n$임을 추측할 수 있습니다.

이제 수학적 귀납법을 통해서 $r^n = (2 - \sqrt{5})^n$일 때 $a_n + r^n$은 짝수인 정수임을 보이겠습니다.

이를 위해 $2 + \sqrt{5}$와 $2 - \sqrt{5}$를 두 근으로 하는 이차방정식 $x^2 - 4x - 1 = 0$을 생각해 보겠습니다.

즉, $x^2 = 4x + 1$이고 양변에 x^n을 곱하면 $x^{n+2} = 4x^{n+1} + x^n$입니다.

따라서 $a_{n+2} = 4a_n + a_{n+1}$, $r^{n+2} = 4r^{n+1} + r^n$이므로

$$a_{n+2} + r^{n+2} = 4(a_{n+1} + r^{n+1}) + (a_n + r^n) \quad \cdots \ \text{㉠}$$

입니다.

수학적 귀납법을 이용하여 모든 자연수 n에 대하여 성립함을 보이겠습니다.

(i) $n=1$일 때

$(2+\sqrt{5})+(2-\sqrt{5})=4$이므로 성립합니다.

(ii) $n=2$일 때

$(2+\sqrt{5})^2+(2-\sqrt{5})^2=8+10=18$이므로 성립합니다.

(iii) $n=k,\ n=k+1$일 때

a_k+r^k과 $a_{k+1}+r^{k+1}$이 모두 짝수인 정수라고 가정하겠습니다.

(iv) $n=k+2$일 때

㉠에 의해 $a_{k+2}+r^{k+2}=4(a_{k+1}+r^{k+1})+(a_k+r^k)$이고

이는 (iii)의 가정에 의해 $a_{k+2}+r^{k+2}$ 역시 짝수가 됩니다.

따라서 $r=2-\sqrt{5}$이면 모든 자연수 n에 대하여 a_n+r^n은 짝수인 정수입니다.

즉, 모든 자연수 n에 대하여 a_n+r^n이 짝수인 정수가 되도록 하는 r가 존재합니다.

이제 $r=2-\sqrt{5}$로 유일함을 귀류법을 이용하여 보이겠습니다.

$n=1$일 때 성립해야 하므로 $r=2k-\sqrt{5}$이어야 합니다. (단, k는 정수)

이때 $k\neq1$이라 가정하면 $n=2$일 때

$(2+\sqrt{5})^2+(2k-\sqrt{5})^2=4+4k^2+10+(4-4k)\sqrt{5}$이지만 $4-4k\neq0$이므로

a_2+r^2이 짝수인 정수가 될 수 없습니다.

따라서 $k=1$일 때만 가능합니다.

즉, $r=2-\sqrt{5}$로 유일합니다.

이상으로 1번 문제의 답변을 마치겠습니다. 감사합니다!

[3-1] 추론 및 증명, 계산

이항정리를 이용하여 a_n을 파악한 후 r^n을 추론할 수 있습니다.

그리고 실수 r가 유일함을 귀류법을 이용하여 증명해야 합니다.

낯선 해결 방법일 수 있으나 유일성을 증명하는 대표적인 방법인 귀류법은 알아 두어야 합니다.

자유전공학부(수학1)

주요 개념

이항정리, 수열의 귀납적 정의

서울대학교의 공식 해설

▶ 이항정리를 이해하는지 평가함

수리 논술

2017학년도 수학 인문 오후

문제 4

함수 $f: [0, 1] \to [0, 1]$을 다음과 같이 정의하자.

$$f(x) = 4x(1-x)$$

[4-1]

함수 $g: [0, 1] \to [0, 1]$을 합성함수 $f \circ f$라고 하자. 함수 $y = f(x)$와 $y = g(x)$의 그래프의 개형을 그리고, $f(p) \neq p$이고 $g(p) = p$가 되는 모든 p의 값을 구하시오.

구상지

4-1

1번 문제의 답변을 시작하겠습니다.

주어진 이차함수 $y = f(x)$의 그래프를 그리면 다음 그림과 같습니다.

(칠판에 그래프 또는 그림을 그립니다.)

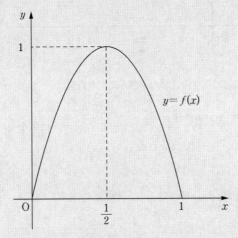

$0 \leq x \leq \dfrac{1}{2}$일 때 $f(x)$는 0에서 1까지 변하고 $\dfrac{1}{2} \leq x \leq 1$일 때 $f(x)$는 1에서 0까지 변하므로

합성함수 $y = g(x) = f(f(x))$의 그래프는 $0 \leq x \leq \dfrac{1}{2}$일 때 위로 볼록한 함수 $f(x)$의 그래프의 개형이

그려지고 $\dfrac{1}{2} \leq x \leq 1$일 때에도 마찬가지로 위로 볼록한 함수 $f(x)$의 그래프의 개형이 그려집니다.

(칠판에 그래프 또는 그림을 그립니다.)

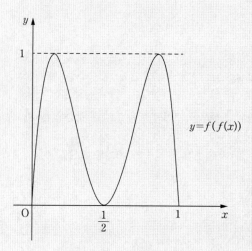

(설명과 계산을 시작합니다.)

다음은 $f(p)=p$인 p를 구해 보겠습니다.

$4p(1-p)=p$에서 $p(4p-3)=0$이므로 $p=0$ 또는 $p=\dfrac{3}{4}$입니다.

이제 $p\neq 0$, $p\neq\dfrac{3}{4}$을 만족하는 $g(p)=p$인 p를 구해 보겠습니다.

$4f(p)(1-f(p))=p$에서 $16p(1-p)(1-4p+4p^2)=p$이므로
$p\{16(1-p)(1-4p+4p^2)-1\}=0$ $\quad\cdots\ \textcircled{\small ㄱ}$
입니다.

$p\neq 0$이므로 $\textcircled{\small ㄱ}$의 양변을 p로 나누면 $16(-4p^3+8p^2-5p+1)-1=0$이고 이를 정리하면
$64p^3-128p^2+80p-15=0$입니다.

$p=\dfrac{3}{4}$일 때 위의 식은 성립하므로 조립제법과 근의 공식을 이용하여 인수분해를 하면 다음과 같습니다.

$\left(p-\dfrac{3}{4}\right)(64p^2-80p+20)=0$에서

$(4p-3)(16p^2-20p+5)=0$, $(4p-3)\left(p-\dfrac{5\pm\sqrt{5}}{8}\right)=0$입니다.

이때 $\dfrac{5\pm\sqrt{5}}{8}$는 구간 $[0,\ 1]$에 속하므로 $p=\dfrac{3}{4}$ 또는 $p=\dfrac{5\pm\sqrt{5}}{8}$입니다.

따라서 $f(p)\neq p$이고 $g(p)=p$가 되는 p의 값은 $\dfrac{5\pm\sqrt{5}}{8}$입니다.

이상으로 1번 문제의 답변을 마치겠습니다. 감사합니다!

문제 해결의 Tip

[4-1] 계산

수능 수학에서 공부한 대로 합성함수의 그래프를 그리면 됩니다.

그래프의 개형으로 대략의 값의 위치를 생각해 볼 수 있으나 정확한 값을 구하기 위해서 계산을 할 수밖에 없습니다.

조립제법, 근의 공식 등을 이용하여 고차방정식을 인수분해할 수 있으면 요구하는 값을 쉽게 구할 수 있습니다.

- 사회과학대학 경제학부

- 자유전공학부(수학1)

주요 개념

합성함수, 그래프의 개형

서울대학교의 공식 해설

▶ 함수의 합성을 이해하고, 다항식을 인수분해할 수 있는지 평가함

2017학년도 수학 인문 오후

문제 5

서로소인 양의 정수 a와 n이 주어졌다. (단, $n > 1$) 계수들이 모두 정수인 다항식

$$f(x) = \sum_{i=0}^{n} c_i x^i = (x+a)^n - (x^n + a^n)$$

에 대하여 다음 물음에 답하시오.

[5-1]

자연수 k, 소수 p, 그리고 p와 서로소인 자연수 m에 대하여 $n = p^k m$이라고 하자. (단, $k=1$이면 $m > 1$이라고 한다.) 계수 c_p를 구하고 c_p는 n으로 나누어떨어지지 않음을 보이시오.

[5-2]

n을 1보다 큰 임의의 자연수라고 하자. 이때 $f(x)$의 모든 항의 계수 c_i가 n으로 나누어떨어지면 n이 소수임을 보이시오.

구상지

5-1

1번 문제의 답변을 시작하겠습니다.

(설명과 계산을 시작합니다.)

이항정리를 이용하여 정리하면 $f(x) = \sum_{i=1}^{n-1} {}_n\mathrm{C}_i a^{n-i} x^i$ 이므로 계수 c_p 는 ${}_n\mathrm{C}_p a^{n-p}$ 입니다.

주어진 조건 $n = p^k m$ 을 적용하면 $c_p = {}_n\mathrm{C}_p a^{n-p} = {}_{p^k m}\mathrm{C}_p a^{p^k m - p}$ 입니다.

이제 $k = 1$ 을 기준으로 분류하여 보겠습니다.

(i) $k \neq 1$ 인 경우

   a 는 n 과 서로소이므로 $a^{p^k m - p}$ 은 n 으로 나누어떨어지지 않습니다.

(ii) $k = 1$ 인 경우

   $m > 1$ 이므로 $p^k m - p$ 는 0이 될 수 없고, a 는 n 과 서로소이므로 $a^{p^k m - p}$ 은 n 으로 나누어떨어지지 않습니다.

따라서 ${}_{p^k m}\mathrm{C}_p$ 가 $n = p^k m$ 의 배수가 될 수 없음을 보이면 됩니다.

$$\frac{{}_{p^k m}\mathrm{C}_p}{p^k m} = \frac{p^k m \cdot (p^k m - 1) \cdot (p^k m - 2) \cdot \cdots \cdot (p^k m - p + 1)}{p^k m \cdot p \cdot (p-1) \cdot (p-2) \cdot \cdots \cdot 1}$$
$$= \frac{(p^k m - 1) \cdot (p^k m - 2) \cdot \cdots \cdot (p^k m - p + 1)}{p \cdot (p-1) \cdot (p-2) \cdot \cdots \cdot 1} \quad \cdots \; \textcircled{\footnotesize ㄱ}$$

입니다.

귀류법을 이용하여 ${}_{p^k m}\mathrm{C}_p$ 가 $n = p^k m$ 의 배수가 된다고 가정하면

㉠의 분자는 p 의 배수가 되어야 합니다.

그런데 분자의 $(p^k m - l)$ (단, $l = 1,\ 2,\ \cdots,\ p-1$)에서 l 은 소수인 p 로 나누어떨어질 수 없으므로

${}_{p^k m}\mathrm{C}_p$ 는 n 으로 나누어떨어지지 않습니다.

따라서 c_p 는 n 으로 나누어떨어지지 않습니다.

이상으로 1번 문제의 답변을 마치겠습니다.

2번 문제의 답변을 시작하겠습니다.

(설명과 계산을 시작합니다.)

풀이 1

귀류법을 이용하여 증명하겠습니다.

n이 두 개 이상의 소수의 곱으로 표현되는 합성수라면 1번 문제의 결과로부터 c_p는 n으로 나누어떨어지지 않음을 알 수 있습니다.

그런데 이것은 c_i가 n으로 나누어떨어진다는 조건과 모순이므로 n은 합성수가 될 수 없습니다.

따라서 n은 소수입니다.

풀이 2

1번 문제에서 구한 명제의 대우를 생각하여 증명하겠습니다.

즉, c_p가 n으로 나누어떨어지면 자연수 k, 소수 p와 서로소인 자연수 m에 대하여 $n \neq p^k m$ 입니다.

여기서 $p^k m$은 합성수를 표현하는 수입니다.

따라서 n은 합성수가 아니므로 소수입니다.

이상으로 2번 문제의 답변을 마치겠습니다. 감사합니다!

문제 해결의 Tip

[5-1] 분류, 추론 및 증명, 계산

이항정리를 이용하여 계수 c_p를 구할 수 있습니다.

정의에 의해 조합을 표현한 후 귀류법을 이용해야 합니다.

매우 난도가 높은 문항입니다.

[5-2] 추론 및 증명

[5-1]에서 얻은 결론을 이용하고 귀류법을 적용해야 합니다.

또는 대우를 이용해 결론을 도출할 수도 있습니다.

직접증명하기는 어렵다는 것을 판단할 수 있어야 하며, 주어진 조건을 이용하여 간접증명하는 연습이 필요합니다.

사회과학대학 경제학부

이항정리, 서로소, 귀류법

▶ 이항정리를 사용할 수 있는지와 조합의 수를 구할 수 있는지 평가함

문제 6

실수 a에 대하여 다음의 적분을 생각하자.

$$\int_0^1 |x^3 + a|dx$$

[6-1]

위의 적분값이 최소가 되는 실수 a의 값을 구하시오.

구상지

6-1

1번 문제의 답변을 시작하겠습니다.

(설명과 계산을 시작합니다.)

방정식 $x^3 = -a$의 해는 $(-a)^{\frac{1}{3}}$ 입니다.

$(-a)^{\frac{1}{3}} = A$로 치환하고 A의 값의 범위를 분류하겠습니다.

(ⅰ) $A \leq 0$일 때, 즉 $a \geq 0$일 때

구간 $[0, 1]$에서 $x^3 + a \geq 0$이므로

$$\int_0^1 |x^3 + a| \, dx = \int_0^1 (x^3 + a) \, dx = \frac{1}{4} + a$$

입니다.

또한 최솟값은 $a = 0$일 때 $\frac{1}{4}$ 입니다.

(ⅱ) $0 \leq A \leq 1$일 때, 즉 $-1 \leq a \leq 0$일 때

구간 $[0, A]$에서 $x^3 + a \leq 0$, 구간 $[A, 1]$에서 $x^3 + a \geq 0$이므로

$$\int_0^1 |x^3 + a| \, dx = \int_0^A -(x^3 + a) \, dx + \int_A^1 (x^3 + a) \, dx$$

$$= -\frac{1}{4} A^4 - aA + \frac{1}{4} + a - \frac{1}{4} A^4 - aA$$

$$= -\frac{1}{2} A^4 - 2aA + a + \frac{1}{4} \qquad \cdots \text{㉠}$$

입니다.

$a = -A^3$이므로 이것을 ㉠에 대입하여 정리하면

$$-\frac{1}{2} A^4 - 2aA + a + \frac{1}{4} = -\frac{1}{2} A^4 + 2A^4 - A^3 + \frac{1}{4} = \frac{3}{2} A^4 - A^3 + \frac{1}{4} \text{ 입니다.}$$

이때 $A = t$로 치환하여 $f(t) = \frac{3}{2} t^4 - t^3 + \frac{1}{4}$ 이라 하고 구간 $[0, 1]$에서 최솟값을 구해 보겠습니다.

$f'(t) = 6t^3 - 3t^2 = 6t^2 \left(t - \frac{1}{2} \right)$이므로 $t = \frac{1}{2}$에서 극솟값을 갖습니다.

$f\left(\dfrac{1}{2}\right)=\dfrac{3}{32}-\dfrac{1}{8}+\dfrac{1}{4}=\dfrac{3-4+8}{32}=\dfrac{7}{32}$ 이고 구간의 양 끝값은 $f(0)=\dfrac{1}{4}$, $f(1)=\dfrac{3}{4}$ 이므로

최솟값은 $\dfrac{7}{32}$ 입니다.

이때의 A 의 값은 $\dfrac{1}{2}$ 이므로 $a=-\dfrac{1}{8}$ 입니다.

(iii) $A \geq 1$ 일 때, 즉 $a \leq -1$ 일 때

구간 $[0,\ 1]$ 에서 $x^3+a \leq 0$ 이므로

$$\int_0^1 |x^3+a|\,dx=\int_0^1 -(x^3+a)\,dx=-\dfrac{1}{4}-a$$

입니다.

또한 최솟값은 $a=-1$ 일 때 $\dfrac{3}{4}$ 입니다.

(ⅰ), (ⅱ), (ⅲ)에 의해 주어진 식의 최솟값은 $\dfrac{7}{32}$ 이고, 그 때의 실수 a 의 값은 $-\dfrac{1}{8}$ 입니다.

이상으로 1번 문제의 답변을 마치겠습니다. 감사합니다!

[6-1] 분류, 계산

$|x^3+a|$에서 절댓값 기호를 계산하기 위해 $x^3+a=0$인 실수 x의 값과 적분 구간인 $[0,\ 1]$을 고려하여 분류해야 합니다.

경우에 따라서 실수 a의 값과 최솟값이 변하는 것을 관찰하고 함수의 식으로 나타내어 최솟값을 구해야 합니다.

자유전공학부(수학1)

주요 개념

절댓값 기호가 포함된 정적분, 최대, 최소

서울대학교의 공식 해설

▶ 정적분을 활용하여 절댓값이 들어간 함수의 적분값을 구할 수 있는지 평가함

2017학년도 수학 자연 오전

문제 7

수열 $\{a_n\}$을 다음과 같이 정의하자.

$$a_n = \left(2 + \sqrt{5}\right)^n \quad (n = 1, \ 2, \ 3, \ \cdots)$$

[7-1]

다음 〈조건〉을 만족하는 실수 r가 단 하나 존재함을 보이시오.

─〈조건〉─────────────────────

모든 자연수 n에 대하여 $a_n + r^n$은 짝수인 정수이다.

[7-2]

다음 수열의 수렴, 발산을 조사하고, 수렴하는 경우 그 극한값을 구하시오.

$$\left\{\cos\left(a_n \pi + \frac{\pi}{3}\right)\right\}$$

구상지

7-1

'문제 3-1'과 동일합니다.
153쪽을 확인해 주세요.

7-2

2번 문제의 답변을 시작하겠습니다.

(설명과 계산을 시작합니다.)

1번 문제의 결과를 통해 $a_n + \left(2 - \sqrt{5}\right)^n = 2p$ (단, p는 양의 정수)임을 알았습니다.

이것을 이용하면 $a_n \pi = 2p\pi - \left(2 - \sqrt{5}\right)^n \pi$이고

이때 $-1 < 2 - \sqrt{5} < 1$이므로 $\lim\limits_{n \to \infty}\left(2 - \sqrt{5}\right)^n = 0$임을 알 수 있습니다.

따라서 구하는 극한값은

$$\lim_{n \to \infty}\cos\left(a_n \pi + \frac{\pi}{3}\right) = \lim_{n \to \infty}\cos\left(2p\pi - \left(2 - \sqrt{5}\right)^n \pi + \frac{\pi}{3}\right)$$

$$= \lim_{n \to \infty}\cos\left(\frac{\pi}{3} - \left(2 - \sqrt{5}\right)^n \pi\right)$$

$$= \cos\frac{\pi}{3} = \frac{1}{2}$$

입니다.

이상으로 2번 문제의 답변을 마치겠습니다. 감사합니다!

[7-1] 추론 및 증명, 계산

이항정리를 이용하여 a_n을 파악한 후 r^n을 추론할 수 있습니다.

그리고 실수 r가 유일함을 귀류법을 이용하여 증명해야 합니다.

낯선 해결 방법일 수 있으나 유일성을 증명하는 대표적인 방법인 귀류법은 알아 두어야 합니다.

[7-2] 계산

[7-1]의 결과와 코사인 함수의 주기성과 삼각함수의 일반각에 대한 성질을 이용하면 쉽게 계산할 수 있습니다.

- 자연과학대학 수리과학부, 통계학과
- 농업생명과학대학 조경 · 지역시스템공학부
- 공과대학
- 사범대학 수학교육과

주요 개념

이항정리, 수열의 귀납적 정의

서울대학교의 공익 해설

▶ [7-1] 이항정리를 이해하는지 평가함

▶ [7-2] 함수의 연속성을 활용하여 수열의 극한값을 구할 수 있는지 평가함

문제 8

함수 $f(x)$는 집합 $\{x|x \geq 0\}$에서 정의된 연속함수이며 $f(0)=0$을 만족한다. 0 이상의 실수 x에 대하여 함수 f의 $\{t|0 \leq t \leq x\}$에서의 최솟값을 $f_0(x)$라고 하자. 또 정의역이 $\{x|x \geq 0\}$인 함수 $g(x)$를 다음과 같이 정의하자.

$$g(x) = f(x) - f_0(x)$$

예를 들어, $f(x) = -\sin(2\pi x)$이면, $f_0\left(\dfrac{1}{2}\right) = -1$이고 $g\left(\dfrac{1}{2}\right) = 1$이다.

[8-1]

함수 $f(x) = -\sin(2\pi x)$에 대하여 곡선 $y = g(x)$와 x축 및 두 직선 $x=0$, $x=1$로 둘러싸인 부분의 넓이를 구하시오.

[8-2]

함수

$$f(x) = \begin{cases} -x+2k & (3k \leq x \leq 3k+2) \\ x-4k-4 & (3k+2 \leq x \leq 3k+3) \end{cases} \quad (k=0,\ 1,\ 2,\ \cdots)$$

에 대하여 함숫값 $g(2017)$과 정적분 $\displaystyle\int_0^{2017} g(x)\,dx$의 값을 구하시오.

[8-3]

정의역의 모든 x에 대하여 $g(x) = x$인 함수 $f(x)$를 모두 구하시오.

[8-4]

정의역의 모든 x에 대하여 $g(x) = x$인 함수 $f(x)$는 $f(x) = x$밖에 없음을 보이시오.

구상지

예시 답안

8-1

1번 문제의 답변을 시작하겠습니다.

구간 $[0, 1]$에서 함수 $f(x)=-\sin(2\pi x)$의 그래프를 그리면 다음 그림과 같습니다.

(칠판에 그래프 또는 그림을 그립니다.)

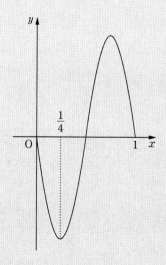

(설명과 계산을 시작합니다.)

주어진 조건에 의하여

$$f_0(x)=\begin{cases}-\sin(2\pi x) & \left(0\le x\le \dfrac{1}{4}\right)\\[2mm]-1 & \left(\dfrac{1}{4}\le x\le 1\right)\end{cases}\ \ \text{이므로}\ \ g(x)=\begin{cases}0 & \left(0\le x\le \dfrac{1}{4}\right)\\[2mm]-\sin(2\pi x)+1 & \left(\dfrac{1}{4}\le x\le 1\right)\end{cases}\ \ \text{입니다.}$$

따라서 구하는 넓이는

$$\int_0^{\frac{1}{4}}0\,dx+\int_{\frac{1}{4}}^1\{-\sin(2\pi x)+1\}\,dx=\left[\frac{1}{2\pi}\cos(2\pi x)+x\right]_{\frac{1}{4}}^1=\frac{1}{2\pi}+1-\frac{1}{4}=\frac{1}{2\pi}+\frac{3}{4}$$

입니다.

이상으로 1번 문제의 답변을 마치겠습니다.

2번 문제의 답변을 시작하겠습니다.

조건에 따라 함수 $f(x)$의 그래프와 함수 $f_0(x)$의 그래프를 그리면 다음 그림과 같습니다.

(칠판에 그래프 또는 그림을 그립니다.)

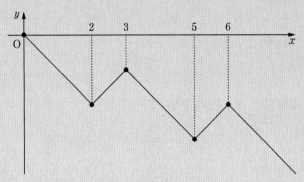

〈함수 $y = f(x)$의 그래프〉

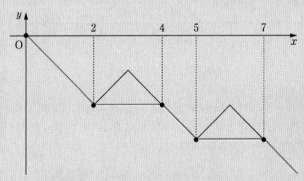

〈함수 $y = f_0(x)$의 그래프 (색선으로 표시)〉

(설명과 계산을 시작합니다.)

그래프를 근거로 정의된 함수 $f(x)$와 $f_0(x)$의 함수의 식을 표현하겠습니다. (단, $k = 0, \ 1, \ 2, \ \cdots$)

$$f(x) = \begin{cases} -x + 2k & (3k \leq x \leq 3k+2) \\ x - 4k - 4 & (3k+2 \leq x \leq 3k+3) \end{cases}$$

$$f_0(x) = \begin{cases} -x & (0 \leq x \leq 2) \\ -k-2 & (3k+2 \leq x \leq 3k+4) \\ -x + 2k + 2 & (3k+4 \leq x \leq 3k+5) \end{cases}$$

따라서 함수 $g(x)$의 그래프는 다음 그림과 같습니다.

(칠판에 그래프 또는 그림을 그립니다.)

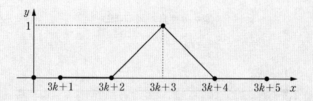

(설명과 계산을 시작합니다.)

따라서 $g(2017)$은 $2017 = 3 \cdot 671 + 4$이므로 $g(2017) = g(3k+4) = 0$입니다.

그리고 구간 $[3k+2, \ 3k+4]$에서 함수 $y = g(x)$의 그래프와 x축이 이루는 넓이는 밑변의 길이가 2이고 높이가 1인 직각삼각형의 넓이 1과 같습니다.

그러므로 $\displaystyle\int_0^{2017} g(x)\, dx$는 구간 $[0, \ 2017]$에서 생기는 직각삼각형의 개수와 같습니다.

이때 $2017 = 3 \cdot 671 + 4$이므로 $[3 \cdot 0 + 2, \ 3 \cdot 0 + 4]$, $[3 \cdot 1 + 2, \ 3 \cdot 1 + 4]$, $\cdots$, $[3 \cdot 671 + 2, \ 3 \cdot 671 + 4]$에서 672개의 직각삼각형이 생기므로

$$\int_0^{2017} g(x)\, dx = 672$$입니다.

이상으로 2번 문제의 답변을 마치겠습니다.

3번 문제와 4번 문제의 답변을 시작하겠습니다.

(설명과 계산을 시작합니다.)

함수 $f(x)$는 연속함수이므로 증가, 감소 또는 상수함수인 구간이 존재할 수 있습니다.

또한, $0 \leq t \leq x$에서 함수 $f(t)$는 최대 · 최소 정리에 의해 최댓값과 최솟값을 갖습니다.

이것을 기준으로 다음과 같이 분류하겠습니다.

(ⅰ) $f(x)$가 감소함수이거나 감소구간이 존재할 때

　　　$f(x)$가 $x \geq 0$에서 감소함수이면 $f_0(x) = f(x)$이므로 $g(x) = 0$입니다.

　　　또한, 감소구간이 존재한다면

　　　$f_0(x) = f(x)$ 또는 $f_0(x) = c$ (c는 상수, 이전 구간에서의 최솟값)

　　　이므로 $g(x) = 0$ 또는 $g(x) = f(x) - c$인 구간이 생깁니다.

　　　$g(x) = 0$이면 $g(x) \neq x$이고

　　　$g(x) = f(x) - c$이면 $f(x) - c = x$, 즉 $f(x) = x + c$인데 이것은 함수 $f(x)$가 감소하는 구간이 존재한

　　　다는 가정에 모순입니다.

　　　따라서 $g(x) \neq x$입니다.

(ⅱ) $f(x)$가 상수함수이거나 상수구간이 존재할 때

　　　$f(x) = 0$ ($\because f(0) = 0$)이면 $f_0(x) = 0$이므로 $g(x) = 0$입니다.

　　　또한, 상수구간에서는 $f_0(x) = f(x)$이거나 $f_0(x) = 0$입니다.

　　　$f_0(x) = f(x)$이면 $g(x) = 0$인 구간이 생기므로 $g(x) \neq x$이고,

　　　$f_0(x) = 0$이면 $g(x) = f(x) = x$이어야 합니다.

　　　그러나 이것은 함수 $f(x)$가 상수구간이 존재한다는 가정에 모순입니다.

　　　따라서 $g(x) \neq x$입니다.

(ⅲ) $f(x)$가 증가함수이거나 증가구간이 존재할 때

　　　$f(x)$가 $x \geq 0$에서 증가함수이면 $f_0(x) = f(0) = 0$이므로 $f(x) - f_0(x) = f(x)$입니다.

　　　따라서 $g(x) = f(x)$이고 $f(x) = x$이면 $g(x) = x$가 됩니다.

　　　또한, 증가구간이 존재한다면 $f_0(x) = c$ (c는 상수, 이전 구간에서의 최솟값)이므로

　　　$g(x) = f(x) - c$인 구간이 생깁니다.

　　　이 구간에서도 $g(x) = x$이기 위해서는 $f(x) = x + c$이어야 합니다.

　　　이때, 이전 구간이 증가구간이 아니면 감소구간 또는 상수구간인데

　　　이것은 (ⅱ), (ⅲ)에 의하여 $g(x) = x$가 될 수 없습니다.

따라서 이전 구간 역시 모두 증가구간이어야 하므로 $c = 0$이고 $f(x) = x$가 됩니다.

즉, $x \geq 0$에서 증가함수이면서 최솟값이 0이고 일부 구간에서 $f(x) = x$인 연속함수 $f(x)$는 $x \geq 0$에서 $f(x) = x$일 때에만 가능합니다.

(i), (ii), (iii)에 의해 $g(x) = x$인 $f(x)$는 $f(x) = x$가 유일합니다.

이상으로 3번 문제와 4번 문제의 답변을 마치겠습니다. 감사합니다!

문제 해결의 Tip

[8-1] 계산

정의에 의하여 $f_0(x)$와 $g(x)$의 함수의 식을 구하고 그래프를 그리면 쉽게 계산할 수 있습니다.

[8-2] 계산

$f_k(x)$와 $f_{k+1}(x)$의 함수의 식과 그래프를 비교하면 두 함수의 그래프가 평행이동한 관계임을 알 수 있습니다. 또한, 정의에 의해 함수 $g(x)$의 그래프의 개형을 쉽게 그릴 수 있고, 정적분의 값을 구할 수 있습니다.

[8-3] 추론

최솟값과의 차이가 항상 x인 함수를 찾아야 합니다.
그렇다면 최솟값은 변하지 않고, $f(x)$의 값이 $(x+$최솟값$)$인 함수를 찾으면 됩니다.

[8-4] 추론 및 증명

함수 $f(x)$가 연속함수라는 것과 [8-3]의 추론을 바탕으로 분류를 해야 합니다.
함수가 감소, 증가 또는 상수함수일 때를 기준으로 확인하면
$g(x)=x$인 $f(x)$는 $f(x)=x$가 유일함을 알 수 있습니다.

- 자연과학대학 수리과학부, 통계학과
- 공과대학
- 사범대학 수학교육과
- 농업생명과학대학 조경·지역시스템공학부

주요 개념

여러 가지 함수, 정적분

서울대학교의 공식 해설

▶ 함수를 이해하고 그래프를 그릴 수 있으며, 정적분을 이용하여 영역의 넓이를 구할 수 있는지 평가함

▶ [8-1] 정적분을 활용하여 곡선으로 둘러싸인 도형의 넓이를 구할 수 있는지 평가함

▶ [8-2] 함수를 이해하고 정적분의 뜻을 아는지 평가함

▶ [8-3] 연속함수의 최대·최소 정리를 응용할 수 있는지 평가함

▶ [8-4] 연속함수의 최대·최소 정리를 응용할 수 있는지 평가함

수리 논술

2017학년도 수학 자연 오전

문제 9

다음의 경우의 수를 구하시오.

[9-1]

9개의 좌석이 일렬로 배치되어 있는 롤러코스터에 3명의 학생을 다음 〈조건〉을 만족하도록 태우는 경우의 수를 구하시오.

〈조건〉

연이은 두 좌석에 학생이 앉은 경우에는 앞좌석에 앉은 학생의 키가 더 작다.
(단, 3명이 모두 탑승하며, 어느 두 명의 학생도 키가 같지 않다고 가정한다.)

[9-2]

m이 n보다 큰 자연수일 때, m개의 좌석이 일렬로 배치되어 있는 롤러코스터에 n명의 학생을 문제 [9-1]에서의 〈조건〉을 만족하도록 태우는 경우의 수를 구하시오. (단, n명이 모두 탑승하며, 어느 두 명의 학생도 키가 같지 않다고 가정한다.)

[9-3]

시계 방향으로 도는 회전목마가 있고, 이 회전목마에는 20개의 목마가 회전 방향으로 머리를 향하고 있다. 각 목마에는 시계 방향으로 1번부터 20번까지의 번호가 매겨져 있다. 다섯 쌍의 부부가 아래의 〈조건〉을 만족하면서 회전목마에 타는 경우의 수를 구하시오. (단, 열 명 모두가 탑승하며, 한 목마에는 한 명씩만 탄다.)

〈조건〉

(가) 부부인 남녀가 탄 목마 번호의 합은 21이다.
(나) 연이은 목마에 탄 두 명의 성별이 다른 경우, 여자의 앞에 남자가 탄다.
(다) 연이은 목마에 탄 두 명이 남자인 경우, 키 큰 사람이 탄 목마 앞에 키 작은 사람이 탄다.
　　(단, 어느 두 남자의 키도 같지 않다고 가정한다.)

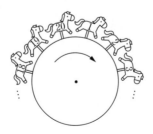

구상지

예시 답안

9-1

'문제 2-1'과 동일합니다.
147쪽을 확인해 주세요.

9-2

2번 문제의 답변을 시작하겠습니다.

(설명과 계산을 시작합니다.)

1번 문제의 '풀이 2'를 일반화시키면 다음과 같습니다.

전체 m개의 좌석에서 n명의 학생이 앉을 자리를 제외하면 $(m-n)$개의 빈 좌석이 있으며 n명의 학생이 들어갈 수 있는 자리는 빈 좌석의 맨 앞쪽과 맨 뒤쪽, 그리고 좌석 사이의 총 $(m-n+1)$개가 됩니다.

학생들끼리 이웃하게 되면 키에 의해서 좌석은 결정되므로
각 학생들의 좌석이 들어갈 수 있는 자리를 선택하는 경우의 수는 모두 $(m-n+1)$입니다.
따라서 구하는 경우의 수는 $(m-n+1)^n$입니다.

이상으로 2번 문제의 답변을 마치겠습니다.

3번 문제의 답변을 시작하겠습니다.

(설명과 계산을 시작합니다.)

풀이 1

1번 문제와 2번 문제의 풀이에서와 같이 5쌍의 부부와 5쌍의 빈 좌석을 배열하는 방법을 생각해 보겠습니다.
회전목마를 주어진 조건에 맞도록 다음과 같은 그림으로 표현하겠습니다.

(칠판에 그림을 그립니다.)

회전방향 →

1	2	3	4	5	6	7	8	9	10
20	19	18	17	16	15	14	13	12	11

회전방향 ←

(설명과 계산을 시작합니다.)

또한, 주어진 조건을 정리하면 다음과 같습니다.

㉠ $(k,\ 21-k)$ (단, $k=1,\ 2,\ \cdots,\ 10$)에 (남, 여) 또는 (여, 남)으로 탑승할 수 있으므로
  한 쌍의 부부가 타는 경우의 수는 2입니다.
㉡ 색칠한 부분에 부부가 타는 경우에는 남, 여의 위치가 정해져 있습니다.
  $(1,\ 20)$에는 (남, 여), $(10,\ 11)$에는 (여, 남)으로만 탑승할 수 있습니다.
㉢ 연속한 숫자의 자리에 성별이 다르거나, 같을 때에도 위치는 자동으로 결정됩니다.

10쌍의 좌석 중 5쌍의 부부의 좌석을 제외하면 5쌍의 빈 좌석이 남게 됩니다.
즉, 5쌍의 빈 좌석들 사이의 자리 4개와 양 끝의 자리 2개, 총 6개의 자리에 5쌍의 부부가 위치하면 됩니다.
그러나 ㉡에 의해 맨 왼쪽 자리는 (남, 여), 맨 오른쪽 자리는 (여, 남)만 가능합니다.
따라서 자리는 총 6개가 아닌 5개와 같습니다.
그 후에 위의 표와 같이 좌석 번호를 부여하면 배열이 완성됩니다.

예를 들어보겠습니다.

(칠판에 그림을 그립니다.)

회전방향 →

여		남	남		여			여	
남		여	여		남			남	

회전방향 ←

5쌍의 부부를 모두 배열한 상태입니다.
하지만 이와 같은 배열은 조건에 어긋납니다.
왜냐하면 (1, 20)의 자리에는 (남, 여)만 가능하기 때문입니다.
따라서 현재 (1, 20)의 자리에 위치한 부부는 여자의 앞에 남자가 타도록 (10, 11)의 자리로 옮기면 됩니다.

회전방향 →

		남	남		여			여	여
		여	여		남			남	남

회전방향 ←

옮긴 후에는 (9, 11)의 자리에 위치한 부부와 남자들의 키에 의해서 자동으로 재배열이 됩니다.

즉, 5쌍의 빈 좌석을 제외하고 한 쌍의 부부가 선택할 수 있는 자리는 5개인 상황과 같습니다.
(여, 남)으로는 맨 왼쪽에 위치하는 것이 조건을 만족하지 않으므로 맨 오른쪽에 위치해야 하고,
(남, 여)로는 맨 오른쪽에 위치하는 것이 조건을 만족하지 않으므로 맨 왼쪽에 위치해야 하기 때문입니다.

따라서 한 쌍의 부부가 (남, 여) 또는 (여, 남)으로 배열되는 경우의 수는 2이고,
1번 문제와 2번 문제의 풀이와 같이 5쌍의 부부를 4개의 빈 좌석 사이와 1개의 바깥쪽에 배열하는 경우의
수는 5^5이므로 구하는 경우의 수는 $2^5 \cdot 5^5 = 10^5$입니다.

풀이 2

조건 (가)를 고려하여 회전목마의 자리와 방향을 다음 그림과 같이 표현하겠습니다.

(칠판에 그림을 그립니다.)

회전방향 →

1	2	3	4	5	6	7	8	9	10
20	19	18	17	16	15	14	13	12	11

회전방향 ←

(설명과 계산을 시작합니다.)

조건 (나)에 의해 위 그림의 어두운 부분인 (1, 20)과 (10, 11)의 자리에 부부가 탈 때에는 각각 (남, 여), (여, 남)으로 타야 합니다. … ①

조건 (다)는 1번 문제와 2번 문제에서처럼 남자들끼리 이웃하여 탈 때에는 좌석이 자동으로 배열됩니다.

이제 문제의 경우를 다음과 같이 분류하겠습니다.

(i) ①을 고려하지 않은 전체 경우의 수를 A
(ii) (1, 20)의 자리에 부부가 (여, 남)으로 타는 경우의 수를 B
(iii) (10, 11)의 자리에 부부가 (남, 여)로 타는 경우의 수를 C
(iv) (1, 20), (10, 11)의 자리에 모두 부부가 각각 (여, 남), (남, 여)로 타는 경우의 수를 D로 놓으면 구하는 경우의 수는 $\{A-(B+C-D)\}$입니다.

이제 각 경우의 수를 구해 보겠습니다.
(i) 총 10쌍의 자리 중 부부가 탈 5쌍의 자리를 제외한 남아있는 좌석의 자리는 5쌍입니다.
남아있는 5쌍의 빈 좌석들 사이의 자리 4개와 양끝의 자리 2개, 총 6개이므로
2번 문제의 결과를 이용하면 A는 $A = 2^5 \cdot 6^5 = 12^5$입니다.

(ii), (iii), (iv)의 계산을 위하여 부부가 이웃할 때 가능한 경우의 수를 미리 구해 보겠습니다.

① 1쌍만 있는 경우

$$\begin{array}{cc} \rightarrow & \rightarrow \\ 여 & 남 \\ 남 & 여 \\ \leftarrow & , \quad \leftarrow \end{array}$$

그림에서 보듯이 남, 여의 위치를 바꾸는 경우만 있으므로 2가지입니다.

② 2쌍만 있고 2쌍이 이웃하는 경우

$$\begin{array}{ccc} \rightarrow & \rightarrow & \rightarrow \\ 여\ 여 & 여\ 남 & 남\ 남 \\ 남\ 남 & 남\ 여 & 여\ 여 \\ \leftarrow & ,\quad \leftarrow & ,\quad \leftarrow \end{array}$$

여기에서 첫 번째, 세 번째 경우에는 남자의 키에 의해 자동으로 배열되어 1가지로 결정되지만 두 번째 경우에는 남자의 키에 영향을 받지 않으므로 경우가 2가지입니다.
따라서 $1+2 \cdot 1+1 = 4 = 2^2$ (가지)입니다.

③ 3쌍만 있고 3쌍이 모두 이웃하는 경우

$$\begin{array}{cccc} \rightarrow & \rightarrow & \rightarrow & \rightarrow \\ 여\ 여\ 여 & 여\ 여\ 남 & 여\ 남\ 남 & 남\ 남\ 남 \\ 남\ 남\ 남 & 남\ 남\ 여 & 남\ 여\ 여 & 여\ 여\ 여 \\ \leftarrow & ,\quad \leftarrow & ,\quad \leftarrow & ,\quad \leftarrow \end{array}$$

마찬가지로 이웃하는 좌석의 성별이 다른 경우는 남자의 키에 영향을 받지 않으므로 세 커플 중 한 커플을 선택하는 경우의 수 3을 곱하면 됩니다.
따라서 $1+3 \cdot 1+3 \cdot 1+1 = 8 = 2^3$ (가지)입니다.

④ 4쌍만 있고 4쌍이 모두 이웃하는 경우

$$\begin{array}{ccccc} \rightarrow & \rightarrow & \rightarrow & \rightarrow & \rightarrow \\ 여\ 여\ 여\ 여 & 여\ 여\ 여\ 남 & 여\ 여\ 남\ 남 & 여\ 남\ 남\ 남 & 남\ 남\ 남\ 남 \\ 남\ 남\ 남\ 남 & 남\ 남\ 남\ 여 & 남\ 남\ 여\ 여 & 남\ 여\ 여\ 여 & 여\ 여\ 여\ 여 \\ \leftarrow & ,\quad \leftarrow & ,\quad \leftarrow & ,\quad \leftarrow & ,\quad \leftarrow \end{array}$$

마찬가지로 그림의 순서대로 계산하면 $1+{}_4C_1 \cdot 1+{}_4C_2 \cdot 1+{}_4C_3 \cdot 1+1 = 2^4$ (가지)입니다.

⑤ 5쌍이 있고 5쌍이 모두 이웃하는 경우

$$\begin{matrix} \rightarrow \\ 여\ 여\ 여\ 여\ 여 \\ 남\ 남\ 남\ 남\ 남 \\ \leftarrow \end{matrix}, \begin{matrix} \rightarrow \\ 여\ 여\ 여\ 여\ 남 \\ 남\ 남\ 남\ 남\ 여 \\ \leftarrow \end{matrix}, \begin{matrix} \rightarrow \\ 여\ 여\ 여\ 남\ 남 \\ 남\ 남\ 남\ 여\ 여 \\ \leftarrow \end{matrix}, \begin{matrix} \rightarrow \\ 여\ 여\ 남\ 남\ 남 \\ 남\ 남\ 여\ 여\ 여 \\ \leftarrow \end{matrix},$$

$$\begin{matrix} \rightarrow \\ 여\ 남\ 남\ 남\ 남 \\ 남\ 여\ 여\ 여\ 여 \\ \leftarrow \end{matrix}, \begin{matrix} \rightarrow \\ 남\ 남\ 남\ 남\ 남 \\ 여\ 여\ 여\ 여\ 여 \\ \leftarrow \end{matrix}$$

마찬가지로 그림의 순서대로 계산하면

$1 + {}_5C_1 \cdot 1 + {}_5C_2 \cdot 1 + {}_5C_3 \cdot 1 + {}_5C_4 \cdot 1 + 1 = 2^5$ (가지)입니다.

이제 위의 결과를 이용하여 경우의 수를 계산하겠습니다.

(ii) $(1, 20)$의 자리에 부부가 (여, 남)으로 타는 경우이고, $(1, 20)$의 자리를 포함하여 a쌍의 부부가 이웃할 때를 구하면 됩니다. (단, $a = 1, 2, 3, 4, 5$)

⊙ $a = 1$일 때

1쌍의 부부가 타는 경우이며 (남, 여)는 불가능하므로 $2^1 - 1 = 1$ (가지)입니다.

그리고 나머지 부부를 배열하는 경우의 수는 $(2, 19)$의 자리를 제외하고

나머지 자리에 태우는 경우이므로 $2^4 \cdot (8 - 4 + 1)^4 = 10^4$ (가지)입니다.

여기에서 한 부부가 (남, 여) 또는 (여, 남)을 선택하는 경우의 수가 2이고

4쌍의 부부가 있으므로 2^4을 곱했습니다.

따라서 전체 경우의 수는 ${}_5C_1 \cdot (2^1 - 1) \cdot 10^4 = {}_5C_1 \cdot 2^1 \cdot 10^4 - {}_5C_1 \cdot 10^4$ (가지)입니다.

⊙ $a = 2$일 때

마찬가지로 $(1, 20)$의 자리에 (남, 여)는 불가능하므로 $2^2 - 1$ (가지)입니다.

그리고 나머지 부부를 배열하는 경우의 수는 $(3, 18)$의 자리를 제외하고

나머지 자리에 태우는 경우이므로 $2^3 \cdot (7 - 3 + 1)^3 = 10^3$ (가지)입니다.

즉, ${}_5C_2 \cdot (2^2 - 1) \cdot 10^3 = {}_5C_2 \cdot 2^2 \cdot 10^3 - {}_5C_2 \cdot 10^3$ (가지)입니다.

⊙ $a = 3$일 때

마찬가지로 $(1, 20)$의 자리에 (남, 여)는 불가능하므로 $2^3 - 1$ (가지)입니다.

그리고 나머지 부부를 배열하는 경우의 수는 $(4, 17)$의 자리를 제외하고

나머지 자리에 태우는 경우이므로 $2^2 \cdot (6 - 2 + 1)^2 = 10^2$ (가지)입니다.

즉, ${}_5C_3 \cdot (2^3 - 1) \cdot 10^2 = {}_5C_3 \cdot 2^3 \cdot 10^2 - {}_5C_3 \cdot 10^2$ (가지)입니다.

㉣ $a=4$일 때

마찬가지로 $(1, 20)$의 자리에 (남, 여)는 불가능하므로 2^4-1 (가지)입니다.

그리고 나머지 부부를 배열하는 경우의 수는 $(5, 16)$의 자리를 제외하고

나머지 자리에 태우는 경우이므로 $2^1 \cdot (5-1+1)^1 = 10^1$ (가지)입니다.

즉, $_5C_4 \cdot (2^4-1) \cdot 10^1 = {}_5C_4 \cdot 2^4 \cdot 10^1 - {}_5C_4 \cdot 10^1$ (가지)입니다.

㉤ $a=5$일 때

마찬가지로 $(1, 20)$의 자리에 (남, 여)는 불가능하므로 2^5-1 (가지)입니다.

따라서 $_5C_5 \cdot (2^5-1) \cdot 10^0 = {}_5C_5 \cdot 2^5 \cdot 10^0 - {}_5C_5 \cdot 10^0$ (가지)입니다.

㉠~㉤에 의해 $B = \sum_{a=1}^{5} ({}_5C_a \cdot 2^a \cdot 10^{5-a} - {}_5C_a \cdot 10^{5-a})$ 입니다.

이때 $a=0$인 경우는 $_5C_a \cdot 2^a \cdot 10^{5-a} - {}_5C_a \cdot 10^{5-a} = 0$이므로 식을 변형하면

$$B = \sum_{a=0}^{5} ({}_5C_a \cdot 2^a \cdot 10^{5-a} - {}_5C_a \cdot 10^{5-a}) = \sum_{a=0}^{5} {}_5C_a \cdot 2^a \cdot 10^{5-a} - \sum_{a=0}^{5} {}_5C_a \cdot 10^{5-a}$$

이고 이항정리에 의하여 $B = (2+10)^5 - (1+10)^5 = 12^5 - 11^5$입니다.

(iii) $(10, 11)$의 자리에 부부가 (남, 여)로 타는 경우는 (ii)와 대칭인 경우이므로
$C = B = 12^5 - 11^5$입니다.

(iv) $(1, 20)$, $(10, 11)$의 자리에 부부가 모두 타는 경우의 수는

$(1, 20)$의 자리에 a쌍의 부부가 이웃하고, $(10, 11)$의 자리에 b쌍의 부부가 이웃하고,
남은 c쌍의 부부가 배열되는 경우의 수를 구하면 됩니다.

㉠ $(1, 20)$의 자리에 a쌍의 부부가 이웃하는 경우의 수: $_5C_a \cdot (2^a-1)$

㉡ $(10, 11)$의 자리에 b쌍의 부부가 이웃하는 경우의 수: $_{5-a}C_b \cdot (2^b-1)$

㉢ 남은 c쌍의 부부를 배열하는 경우의 수: $2^c \cdot (10-a-b-2-c+1)^c = 2^c \cdot 4^c = 8^c$

따라서 이것을 식으로 표현하면

$$_5C_a \cdot (2^a-1) \cdot {}_{5-a}C_b \cdot (2^b-1) \cdot 8^c = \frac{5!}{a!b!c!}(2^a-1)(2^b-1)8^c$$

$$= \frac{5!}{a!b!c!}(2^a2^b8^c - 2^a8^c - 2^b8^c + 8^c) \text{ (단, } a+b+c=5)$$

즉, 구하는 D는 $D = \sum_{a+b+c=5} \frac{5!}{a!b!c!}(2^a \cdot 2^b \cdot 8^c - 2^a \cdot 1^b \cdot 8^c - 1^a \cdot 2^b \cdot 8^c + 1^a \cdot 1^b \cdot 8^c)$이고

이것은 $(x+y+z)^n$의 일반항이 $\frac{n!}{p!q!r!}x^ay^bz^c$ (단, $a+b+c=n$)임을 이용하면

$D = (2+2+8)^5 - (2+1+8)^5 - (1+2+8)^5 + (1+1+8)^5 = 12^5 - 11^5 - 11^5 + 10^5$
임을 알 수 있습니다.

따라서 구하는 $A-(B+C-D)$는

$$12^5 - \{(12^5-11^5)+(12^5-11^5)-(12^5-11^5-11^5+10^5)\}=10^5$$

입니다.

이상으로 3번 문제의 답변을 마치겠습니다. 감사합니다!

문제 해결의 Tip

[9-1] 분류, 추론, 계산

경우를 분류하여 계산할 수 있습니다.
또는 문제의 조건에 의해 위치가 자동적으로 결정됨을 이용하여 간단히 계산할 수도 있습니다.

[9-2] 추론, 계산

[9-1]에서 분류하여 계산하기에는 어려움이 있습니다.
따라서 자동으로 배열됨을 이용하여 계산해야 합니다.

[9-3] 단순화 및 분류, 계산, 추론

회전목마의 상황을 단순화하고 인원수를 분류하여 확인하는 방법이 있습니다.
풀이에서와 같이 상당히 많은 관찰과 계산 과정이 필요합니다.
하지만 [9-2]의 풀이에서와 같이 자동으로 배열됨을 이용하되,
맨 앞과 맨 끝은 자리를 바꾸는 것이 제한되어 위치가 자동으로 결정됨을 파악하면 보다 쉽게 접근할 수 있습니다.
난도 높은 문제입니다.

- 자연과학대학 수리과학부, 통계학과
- 공과대학

- 농업생명과학대학 조경 · 지역시스템공학부
- 사범대학 수학교육과

주요 개념

경우의 수, 순열, 조합

서울대학교의 공식 해설

▶ 경우의 수를 구할 수 있는지를 평가한다.

▶ [9-1] 곱의 법칙을 이해하는지를 평가한다.

▶ [9-2] 곱의 법칙을 이해하는지를 평가한다.

▶ [9-3] 합의 법칙과 곱의 법칙을 이해하는지를 평가한다.

수리 논술

2017학년도 수학 자연 오전

문제 10

좌표평면 위의 점 $P_1(a_1, b_1)$을 직선 $y = x$에 대하여 대칭이동한 점을 $P_2(a_2, b_2)$,

점 $P_1(a_1, b_1)$을 x축의 방향으로 실수 k만큼 평행이동한 점을 $P_3(a_3, b_3)$이라고 하자.

점 $P_1(a_1, b_1)$, $P_2(a_2, b_2)$, $P_3(a_3, b_3)$의 좌표를 각각 일차항의 계수와 상수항으로 갖는 세 개의 이차방정식

$$(\text{I}):\ x^2 + a_1 x + b_1 = 0$$
$$(\text{II}):\ x^2 + a_2 x + b_2 = 0$$
$$(\text{III}):\ x^2 + a_3 x + b_3 = 0$$

에 대하여 다음 물음에 답하시오.

[10-1]

좌표평면에서 $P_1(a_1, b_1)$이 움직임에 따라 방정식 (I), (II)는 서로 다른 두 실근을 가질 수도 있고 갖지 않을 수도 있다. 점 $P_1(a_1, b_1)$이 (I)과 (II) 중 어느 하나의 방정식도 서로 다른 두 실근을 갖지 않도록 하는 영역에서 움직일 때, 두 점 $P_1(a_1, b_1)$, $P_2(a_2, b_2)$ 사이의 거리의 최댓값을 구하시오.

[10-2]

좌표평면 위의 모든 점 $P_1(a_1, b_1)$에 대하여 (I), (II), (III) 중 적어도 하나의 방정식은 실근을 갖기 위한 k의 값의 범위를 구하시오.

구상지

예시 답안

10-1

'문제 1-1'과 동일합니다.
141쪽을 확인해 주세요.

10-2

2번 문제의 답변을 시작하겠습니다.

(설명과 계산을 시작합니다.)

주어진 조건에 의해 $(a_3,\ b_3) = (a_1 + k,\ b_1)$이므로 이차방정식 (Ⅲ)은 다음과 같이 표현됩니다.

(Ⅲ) $x^2 + (a_1 + k)x + b_1 = 0$

세 개의 이차방정식 중 적어도 한 개의 이차방정식이 실근을 갖기 위한 k의 값의 범위는
$R - \{k \,|\, k$는 세 개의 이차방정식이 모두 실근을 갖지 않도록 하는 실수이다.$\}$

(단, R는 실수 전체 집합)

입니다.

따라서 세 개의 이차방정식의 판별식이 모두 0보다 작을 때의 k의 값의 범위를 구하여 실수 전체에서 제외하면 됩니다.

이차방정식 (Ⅰ)의 판별식 D_1에 대하여 $D_1 = a_1^2 - 4b_1 < 0$이어야 하므로

$b_1 > \dfrac{a_1^2}{4}$ $\cdots$ ㉠

이차방정식 (Ⅱ)의 판별식 D_2에 대하여 $D_2 = b_1^2 - 4a_1 < 0$이어야 하므로

$a_1 > \dfrac{b_1^2}{4}$ $\cdots$ ㉡

이차방정식 (Ⅲ)의 판별식 D_3에 대하여 $D_3 = (a_1 + k)^2 - 4b_1 < 0$이어야 하므로

$b_1 > \dfrac{(a_1 + k)^2}{4}$ $\cdots$ ㉢

㉠, ㉡을 만족하는 점 $(a_1,\ b_1)$의 자취는 다음과 같습니다.

(칠판에 그래프 또는 그림을 그립니다.)

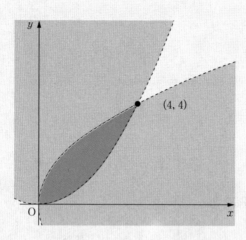

(설명과 계산을 시작합니다.)

그림에서 색이 진한 영역(경계선 제외)과 ㉢이 나타내는 영역이 공통 영역을 갖도록 하는 k의 값의 범위를 찾으면 집합 $\{k \mid k$는 세 개의 이차방정식이 모두 실근을 갖지 않도록 하는 실수이다.$\}$를 구할 수 있습니다.

따라서 공통 영역이 생길 때의 k의 값을 찾으면 됩니다.

(i) $y = \dfrac{(x+k)^2}{4}$이 $y = \dfrac{x^2}{4}$과 $x = \dfrac{y^2}{4}$의 교점을 지나는 경우

$y = \dfrac{x^2}{4}$과 $x = \dfrac{y^2}{4}$의 교점은 $y = \dfrac{x^2}{4}$과 $y = x$의 교점이므로 점 $(0,\ 0)$, 점 $(4,\ 4)$입니다.

따라서 $4 = \dfrac{(4+k)^2}{4}$이고 이것을 정리하면 $k = 0$ 또는 $k = -8$입니다.

$k = 0$인 경우는 $y = \dfrac{x^2}{4}$과 일치하고,

$k = -8$인 경우는 꼭짓점의 x좌표가 8입니다.

(ii) $y = \dfrac{(x+k)^2}{4}$ 이 $x = \dfrac{y^2}{4}$ 에 접하는 경우

이때는 두 곡선이 공통 접선을 갖는 경우입니다.

교점과 그 교점에서의 기울기가 서로 같으므로 교점의 x좌표를 t라 하면 다음의 두 식이 성립합니다.

$$\frac{(t+k)^2}{4} = 2\sqrt{t} \quad \cdots \; ㉣$$

$$\frac{t+k}{2} = \frac{1}{\sqrt{t}} \quad \cdots \; ㉤$$

㉤에서 $t+k = \dfrac{2}{\sqrt{t}}$ 이므로 이것을 ㉣에 대입하면 $\dfrac{1}{t} = 2\sqrt{t}$ 입니다.

이것은 $t^3 = \dfrac{1}{4}$ 이므로 $t = 2^{-\frac{2}{3}}$ 입니다.

따라서 $t = 2^{-\frac{2}{3}}$ 을 ㉤에 대입하여 정리하면 $k = \dfrac{2}{2^{-\frac{1}{3}}} - 2^{-\frac{2}{3}} = 2^{\frac{4}{3}} - 2^{-\frac{2}{3}}$ 입니다.

(ⅰ), (ⅱ)에 의해 세 개의 이차방정식이 모두 실근을 갖지 않도록 하는 k의 값의 범위는

$-8 < k < 2^{\frac{4}{3}} - 2^{-\frac{2}{3}}$ 입니다.

따라서 $R - \{k \mid k$는 세 개의 이차방정식이 모두 실근을 갖지 않도록 하는 실수이다.$\}$를 만족하는 k의 값의 범위는

$k \leq -8$ 또는 $k \geq 2^{\frac{4}{3}} - 2^{-\frac{2}{3}}$
입니다.

이상으로 2번 문제의 답변을 마치겠습니다. 감사합니다!

문제 해결의 Tip

[10-1] 분류, 계산

구하는 경우를 이차방정식의 판별식을 이용하여 파악해야 합니다.

좌표평면 위에 부등식의 영역을 나타내어 보면 직선 $y = x$에 대하여 대칭임을 알 수 있고, 문제에서 요구하는 값을 구할 수 있습니다.

[10-2] 분류, 계산

적어도 한 개의 이차방정식은 실근을 갖는다는 조건의 진리집합은 세 개의 이차방정식이 모두 실근을 갖지 않는다의 조건의 진리집합의 여집합임을 이용해야 합니다.

그리고 그래프를 그려 조건을 만족하는 k의 값의 범위를 구하면 됩니다.

농업생명과학대학 바이오시스템·소재학부

주요 개념

이차방정식의 판별식, 부등식의 영역

서울대학교의 공식 해설

▶ 이차방정식의 판별식을 이해하고 부등식의 영역을 좌표평면 위에 나타낸 후 최대, 최소를 구할 수 있는지를 평가한다.

▶ [10-1] 부등식의 영역을 활용하여 최대, 최소 문제를 해결할 수 있는지를 평가한다.

▶ [10-2] 도함수를 활용하여 함수의 최대, 최소를 구할 수 있는지를 평가한다.

2017학년도 수학 자연 오전

수리
논술

문제 11

함수 $f(x)$는 집합 $\{x|x \geq 0\}$에서 정의된 연속함수이며 $f(0)=0$을 만족한다. 0 이상의 실수 x에 대하여 함수 f의 $\{t|0 \leq t \leq x\}$에서의 최솟값을 $f_0(x)$라고 하자. 또 정의역이 $\{x|x \geq 0\}$인 함수 $g(x)$를 다음과 같이 정의하자.

$$g(x) = f(x) - f_0(x)$$

예를 들어, $f(x) = -\sin(2\pi x)$이면, $f_0\left(\dfrac{1}{2}\right) = -1$이고 $g\left(\dfrac{1}{2}\right) = 1$이다.

[11-1]

함수 $f(x) = -\sin(2\pi x)$에 대하여 곡선 $y = g(x)$와 x축 및 두 직선 $x = 0$, $x = 1$로 둘러싸인 부분의 넓이를 구하시오.

[11-2]

함수

$$f(x) = \begin{cases} -x + 2k & (3k \leq x \leq 3k+2) \\ x - 4k - 4 & (3k+2 \leq x \leq 3k+3) \end{cases} \quad (k = 0,\ 1,\ 2,\ \cdots)$$

에 대하여 함숫값 $g(2017)$과 정적분 $\displaystyle\int_0^{2017} g(x)\,dx$의 값을 구하시오.

구상지

예시 답안

11-1

'문제 8-1'과 동일합니다.
182쪽을 확인해 주세요.

11-2

'문제 8-2'와 동일합니다.
183쪽을 확인해 주세요.

문제 해결의 Tip

[11-1] 계산

정의에 의하여 $f_0(x)$와 $g(x)$의 함수의 식을 구하고 그래프를 그리면 쉽게 계산할 수 있습니다.

[11-2] 계산

$f_k(x)$와 $f_{k+1}(x)$의 함수의 식과 그래프를 비교하면 두 함수의 그래프가 평행이동한 관계임을 알 수 있습니다. 또한, 정의에 의해 함수 $g(x)$의 그래프의 개형을 쉽게 그릴 수 있고, 정적분의 값을 구할 수 있습니다.

• 농업생명과학대학 바이오시스템·소재학부　　　　• 자유전공학부

주요 개념

여러 가지 함수, 정적분

서울대학교의 공식 해설

▶ 함수를 이해하고 그래프를 그릴 수 있으며, 정적분을 이용하여 영역의 넓이를 구할 수 있는지를 평가한다.

▶ [11-1] 정적분을 활용하여 곡선으로 둘러싸인 도형의 넓이를 구할 수 있는지를 평가한다.

▶ [11-2] 함수를 이해하고 정적분의 뜻을 아는지를 평가한다.

문제 1

두 실수 a, $b\,(0 < a < b)$에 대하여 곡선 $y = x^3 + 16$ 위의 점 $(t,\ t^3 + 16)\,(a \le t \le b)$에서 접선 l을 그리자. 이때 접선 l과 곡선 $y = x^3 + 16$ 및 두 직선 $x = a$, $x = b$로 둘러싸인 도형을 S라고 하자.

[1-1]

접선 l의 방정식이 $y = cx + d$일 때, $x \ge 0$이면 $cx + d \le x^3 + 16$임을 보이시오.

[1-2]

도형 S의 넓이가 최소가 되는 t의 값을 구하고 $b = 2a$인 경우 S의 넓이의 최솟값을 a를 사용하여 나타내시오.

[1-3]

문제 [1-2]에서 최소 넓이를 이루는 접선, x축 및 두 직선 $x = a$, $x = b$로 둘러싸인 부분의 넓이를 $T(a, b)$라고 할 때, 다음 급수의 합을 구하시오.

$$\sum_{k=0}^{\infty} T\left(2^{-k},\ 2^{-k+1}\right)$$

구상지

1-1

1번 문제의 답변을 시작하겠습니다.

(설명과 계산을 시작합니다.)

우선 $0 < a \le t \le b$이고, 접선 l의 방정식을 t로 나타내면
$$y = 3t^2(x-t) + t^3 + 16 = 3t^2x - 2t^3 + 16$$
입니다.

주어진 부등식이 성립하는지 확인하기 위해 $f(x) = x^3 + 16 - (3t^2x - 2t^3 + 16)$이라 하면
$f(x) = x^3 + 16 - (3t^2x - 2t^3 + 16) = x^3 - 3t^2x + 2t^3$이고
$f'(x) = 3x^2 - 3t^2 = 3(x-t)(x+t)$입니다.

즉, $x \ge 0$이므로 $x = t$에서 함수 $f(x)$는 극소이자 최솟값 $f(t) = 0$을 갖습니다.

따라서 $x \ge 0$에서 $f(x) \ge 0$이므로 $3t^2x - 2t^3 + 16 \le x^3 + 16$입니다.
그러므로 접선의 방정식이 $y = cx + d$일 때, $cx + d \le x^3 + 16$이 성립합니다.

이상으로 1번 문제의 답변을 마치겠습니다.

2번 문제의 답변을 시작하겠습니다.

(설명과 계산을 시작합니다.)

1번 문제의 결과에 의해 구하는 도형 S의 넓이는 $\int_a^b f(x)dx$ 입니다.

이 식을 정리하면

$$\int_a^b f(x)dx = \int_a^b (x^3 - 3t^2 x + 2t^3)dx$$

$$= \left[\frac{1}{4}x^4 - \frac{3t^2}{2}x^2 + 2t^3 x \right]_a^b$$

$$= \frac{1}{4}(b^4 - a^4) - \frac{3t^2}{2}(b^2 - a^2) + 2t^3(b-a)$$

$$= 2(b-a)t^3 - \frac{3}{2}(b^2 - a^2)t^2 + \frac{1}{4}(b^4 - a^4)$$

입니다. $S(t) = 2(b-a)t^3 - \frac{3}{2}(b^2 - a^2)t^2 + \frac{1}{4}(b^4 - a^4)$ 이라 하면

$$S'(t) = 6(b-a)t^2 - 3(b^2 - a^2)t = 6(b-a)t\left(t - \frac{b+a}{2}\right)$$ 입니다.

즉, 함수 $S(t)$는 $t > 0$이고 $t = \frac{b+a}{2}$에서 극소이자 최소가 됩니다.

따라서 $b = 2a$인 경우 넓이의 최솟값은 $S\left(\frac{3}{2}a\right)$ 입니다.

이것을 정리하여 나타내면

$$S\left(\frac{3}{2}a\right) = 2(2a-a) \cdot \left(\frac{3}{2}a\right)^3 - \frac{3}{2}(4a^2 - a^2) \cdot \left(\frac{3}{2}a\right)^2 + \frac{1}{4}(16a^4 - a^4)$$

$$= \frac{27}{4}a^4 - \frac{81}{8}a^4 + \frac{15}{4}a^4$$

$$= \frac{84}{8}a^4 - \frac{81}{8}a^4 = \frac{3}{8}a^4$$

입니다.

즉, $b = 2a$인 경우 S의 넓이의 최솟값은 $\frac{3}{8}a^4$ 입니다.

이상으로 2번 문제의 답변을 마치겠습니다.

3번 문제의 답변을 시작하겠습니다.

(설명과 계산을 시작합니다.)

1, 2번 문제에서 $x=t$에서의 접선의 방정식은 $y=3t^2x-2t^3+16$이고 $t=\dfrac{a+b}{2}$에서 넓이가 최소이므로 이때의 접선의 방정식은

$$y=3\left(\frac{a+b}{2}\right)^2x-2\left(\frac{a+b}{2}\right)^3+16$$

입니다.

$T(a,\ b)$는 사다리꼴의 넓이이므로

$$T(a,\ b)=\frac{1}{2}\left\{3\left(\frac{a+b}{2}\right)^2a-2\left(\frac{a+b}{2}\right)^3+16+3\left(\frac{a+b}{2}\right)^2b-2\left(\frac{a+b}{2}\right)^3+16\right\}(b-a)$$

$$=\frac{1}{2}\left\{\frac{3}{4}(b+a)^3-\frac{1}{2}(b+a)^3+32\right\}(b-a)$$

$$=\frac{1}{8}(b+a)^3(b-a)+16(b-a)$$

입니다.

따라서 $T\left(2^{-k},\ 2^{-k+1}\right)=\dfrac{1}{8}\left(\dfrac{3}{2^k}\right)^3\left(\dfrac{1}{2^k}\right)+16\left(\dfrac{1}{2^k}\right)=\dfrac{27}{8}\left(\dfrac{1}{16}\right)^k+16\left(\dfrac{1}{2}\right)^k$이므로

$\displaystyle\sum_{k=0}^{\infty}T\left(2^{-k},\ 2^{-k+1}\right)$은 수렴하는 등비급수입니다.

그러므로 $\displaystyle\sum_{k=0}^{\infty}T\left(2^{-k},\ 2^{-k+1}\right)=\dfrac{\dfrac{27}{8}}{1-\dfrac{1}{16}}+\dfrac{16}{1-\dfrac{1}{2}}=\dfrac{27\cdot16}{15\cdot8}+32=\dfrac{178}{5}$ 입니다.

이상으로 3번 문제의 답변을 마치겠습니다. 감사합니다!

문제 해결의 Tip

[1-1] 계산

부등식이 성립함을 보이는 데 미분을 활용할 수 있습니다.
x의 값이 속한 구간에서 부등식을 변형한 식의 최솟값이 0 이상임을 보이면 됩니다.

[1-2] 계산

적분을 이용하여 넓이를 구한 후, 미분을 이용하여 최솟값을 구하면 됩니다.

[1-3] 계산

그림을 그려보지 않더라도 구하는 $T(a, b)$는 사다리꼴임을 알 수 있습니다.
사다리꼴의 넓이를 식으로 나타내면 등비수열임을 알 수 있습니다.
따라서 등비급수의 극한값을 계산하면 됩니다.

- 사회과학대학 경제학부
- 경영대학
- 생활과학대학 소비자아동학부 소비자학전공, 의류학과
- 농업생명과학대학 농경제사회학부

주요 개념

미분, 접선, 부등식, 최솟값, 정적분, 넓이, 등비급수

서울대학교의 공익 해설

▶ 미분법과 적분법은 인간이 자연현상을 정량화하고 이해하는 데 필수적인 도구로, 건축, 토목으로부터 기계, 항공, 우주 등 첨단 산업 및 과학 등의 분야에서도 중요한 역할을 한다.

▶ 본 문항은 미적분 I의 다항함수의 미분법, 정적분 및 정적분의 활용과 관련이 있다.

▶ 본 문항은 접선의 방정식을 구하고 도함수를 부등식에 활용할 수 있는지, 곡선으로 둘러싸인 도형의 넓이를 정적분을 활용하여 구할 수 있는지, 함수의 증가, 감소 및 극대, 극소를 판정할 수 있는지를 평가한다.

문제 2

집합 $A = \{\sqrt{3}, -\sqrt{3}\}$, $B = \{b \mid b$는 $-5 \leq b \leq 5$인 정수$\}$에 대하여 좌표평면 위의 직선들이 아래와 같이 주어져 있다.

$$ax + y + b = 0 \ (a \in A, \ b \in B)$$

[2-1]

위의 직선들은 평면을 몇 개의 영역으로 나누는가?

[2-2]

두 점 $P(x_1, y_1)$, $Q(x_2, y_2)$에 대하여 부등식

$$(ax_1 + y_1 + b)(ax_2 + y_2 + b) < 0$$

을 만족하는 순서쌍 (a, b)의 개수를 $n(P, Q)$라고 하자. (단, $a \in A$, $b \in B$) 원점 $O(0, 0)$에 대하여

$$n(P, O) \leq 1$$

을 만족하는 점 P의 집합을 좌표평면 위에 묘사하고, 그 넓이를 구하시오.

구상지

2-1

1번 문제의 답변을 시작하겠습니다.

(설명과 계산을 시작합니다.)

기울기가 $\sqrt{3}$ 인 11개의 평행한 직선과 기울기가 $-\sqrt{3}$ 인 11개의 평행한 직선으로 분할된 영역의 개수는 $12 \cdot 12 = 144$입니다.

그 이유는 기울기가 $\sqrt{3}$ 인 11개의 평행한 직선에 기울기가 $-\sqrt{3}$ 인 직선 1개를 그으면 분할된 영역의 개수는 $(12 \cdot 2)$가 됩니다.

따라서 기울기가 $-\sqrt{3}$ 인 직선의 개수를 1개씩 늘릴 때마다 영역의 개수는 12개씩 늘어나기 때문입니다.

(칠판에 그림을 그립니다.)

이상으로 1번 문제의 답변을 마치겠습니다.

2번 문제의 답변을 시작하겠습니다.

(설명과 계산을 시작합니다.)

주어진 조건 $n(P, O) \leq 1$은 원점과 점 P사이의 경계선의 개수가 1 이하임을 뜻합니다.
따라서 $n(P, O) = 0$인 경우와 $n(P, O) = 1$인 경우로 분류하여 점 P의 위치를 찾겠습니다.

(ⅰ) $n(P, O) = 0$인 경우

(칠판에 그림을 그립니다.)

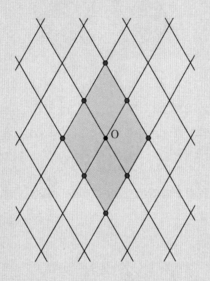

위의 그림에서 어두운 영역과 그 경계선에 있는 점들은 원점과의 경계선 개수가 0인 영역입니다.

(ii) $n(\mathrm{P, ~O})=1$인 경우

(칠판에 그림을 그립니다.)

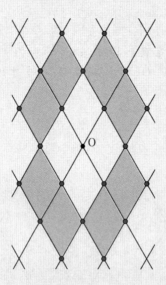

위의 그림에서 어두운 영역과 그 경계선에 있는 점들은 원점과의 경계선 개수가 1인 영역입니다. (단, (i)과 겹치는 경계선은 제외)

(i), (ii)에 의해 조건을 만족하는 점 P의 집합은 다음 그림에서 어두운 영역과 그 경계선에 있는 점들입니다.

(칠판에 그림을 그립니다.)

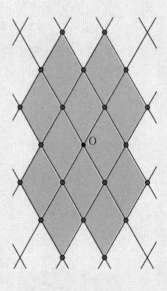

구하는 영역의 넓이는 합동인 평행사변형 12개의 넓이의 합과 같습니다.

평행사변형의 두 대각선 중 긴 것의 길이는 1이고,

두 변은 기울기가 각각 $\sqrt{3}$, $-\sqrt{3}$ 인 직선의 일부이므로

두 대각선 중 짧은 것의 길이는 높이가 $\frac{1}{2}$ 인 정삼각형의 한 변의 길이 $\frac{\sqrt{3}}{3}$ 과 같습니다.

따라서 평행사변형 1개의 넓이는 한 변의 길이가 $\frac{\sqrt{3}}{3}$ 인 정삼각형 2개의 넓이와 같으므로

$2 \cdot \frac{\sqrt{3}}{4} \left(\frac{\sqrt{3}}{3} \right)^2 = \frac{\sqrt{3}}{6}$ 입니다.

그러므로 구하는 영역의 넓이는 $12 \cdot \frac{\sqrt{3}}{6} = 2\sqrt{3}$ 입니다.

이상으로 2번 문제의 답변을 마치겠습니다. 감사합니다!

문제 해결의 Tip

[2-1] 계산

그림을 그려보면 쉽게 파악할 수 있습니다.

[2-2] 추론, 계산

주어진 부등식의 의미와 $n(\mathrm{P},\ \mathrm{Q})$의 의미를 파악해야 합니다.

[2-1]의 그림에서 꼼꼼하게 세어 보면 조건을 만족하는 영역을 파악할 수 있고, 그 영역의 넓이를 구할 수 있습니다.

자유전공학부(인문)

주요 개념

직선의 방정식, 부등식의 영역

서울대학교의 공식 해설

▶ 직선은 평면 및 공간의 성질을 이해하는 데 필요한 가장 기본적인 도형이고, 다양한 함수들의 성질을 이해하는 데 필요한 가장 기본적인 함수인 일차함수의 그래프로 나타난다.

▶ 본 문항에서는 좌표평면 위의 직선을 방정식으로 표현하고 직선들의 위치 관계를 이해하고 있는지, 직선들을 이용한 부등식의 영역의 의미를 이해하고 있는지, 풀이 과정을 논리적이고 창의적으로 전개할 수 있는지를 평가한다.

2018학년도 수학 인문 오후

문제 3

양의 실수로 이루어진 수열 $\{a_k\}$에 대하여 아래 그림과 같이 좌표평면 위에

$$\overline{OP_1} = a_1, \quad \overline{P_1P_2} = a_2, \quad \cdots, \quad \overline{P_{k-1}P_k} = a_k, \quad \cdots$$

가 되도록 점 P_1, P_2, P_3, $\cdots$을 만든다. 여기서 $P_0 = O$는 원점이고, $P_1(a_1,\ 0)$은 x축 위의 점이라고 하자. 이때 아래 그림과 같이 선분 $P_{k-1}P_k$의 연장선에서 선분 P_kP_{k+1}까지 시계 방향 또는 시계 반대 방향으로 잰 각의 크기를 θ_k라고 하자. (단, $0° \leq \theta_k \leq 180°$)

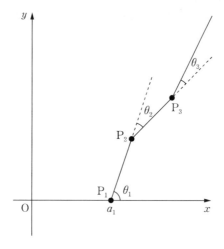

위 그림은 점 P_1에서 시계 반대 방향으로 θ_1만큼, 점 P_2에서 시계 방향으로 θ_2만큼, 점 P_3에서 시계 반대 방향으로 θ_3만큼 회전한 경우이다.

[3-1]

구간 $(0,\ 1)$에 있는 실수 r가 주어져 있다. 모든 k에 대하여 $a_k = r^k$이라고 하자. 이때 홀수 번째 P_1, P_3, $\cdots$에서는 시계 반대 방향으로 $90°$ 회전하고, 짝수 번째 P_2, P_4, $\cdots$에서는 시계 방향으로 $90°$ 회전한 경우, k가 커짐에 따라 점 P_k가 한없이 가까워지는 점을 구하시오.

[3-2]

처음 세 개의 선분의 길이 a_1, a_2, a_3과 각 θ_1, θ_2가 각각

$$a_1 = 3,\ a_2 = \sqrt{3},\ a_3 = 1,$$
$$\theta_1 \le 90°,\ \theta_2 \ge 90°$$

를 만족한다. (단, 회전은 시계 방향 또는 시계 반대 방향 모두 가능하다.)
이때 점 P_3이 나타날 수 있는 영역을 찾고, 그 영역의 경계의 길이를 구하시오.

[3-3]

처음 네 개의 선분의 길이 a_1, a_2, a_3, a_4와 각 θ_1, θ_2, θ_3이 각각

$$a_1 = 3,\ a_2 = \sqrt{3},\ a_3 = 1,\ a_4 = 1$$
$$\theta_1 \le 90°,\ \theta_2 \ge 90°,\ \theta_3 \le 90°$$

를 만족한다. (단, 회전은 시계 방향 또는 시계 반대 방향 모두 가능하다.)
이때 $\overline{OP_4}$의 최댓값을 구하고, 최댓값이 될 때의 점 P_2의 좌표를 모두 구하시오.

구상지

3-1

1번 문제의 답변을 시작하겠습니다.

(칠판에 그래프 또는 그림을 그립니다.)

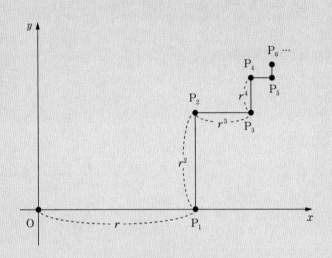

(설명과 계산을 시작합니다.)

조건에 맞게 점과 각 선분의 길이를 표시하면 점 P_k의 x좌표와 y좌표는 위의 그림과 같이 변합니다.

자연수 n에 대하여

(i) $k=2n-1$일 때

$P_1(r,\ 0)$, $P_3(r+r^3,\ r^2)$, $P_5(r+r^3+r^5,\ r^2+r^4)$, $\cdots$이므로

점 P_k의 x좌표는 $r+r^3+r^5+\cdots+r^{2n-1}$이고 y좌표는 $0+r^2+r^4+\cdots+r^{2n-2}$입니다.

이때 $0<r<1$이므로 x좌표와 y좌표가 모두 수렴하는 등비급수입니다.

즉, 점 P_k가 한없이 가까워지는 점은 $\left(\dfrac{r}{1-r^2},\ \dfrac{r^2}{1-r^2}\right)$입니다.

(ii) $k=2n$일 때

$P_2(r,\ r^2)$, $P_4(r+r^3,\ r^2+r^4)$, $P_6(r+r^3+r^5,\ r^2+r^4+r^6)$, $\cdots$이므로

점 P_k의 x좌표는 $r+r^3+r^5+\cdots+r^{2n-1}$이고 y좌표는 $r^2+r^4+\cdots+r^{2n}$입니다.

이때 $0<r<1$이므로 x좌표와 y좌표가 모두 수렴하는 등비급수입니다.

즉, 점 P_k가 한없이 가까워지는 점은 $\left(\dfrac{r}{1-r^2},\ \dfrac{r^2}{1-r^2}\right)$입니다.

(i), (ii)에서 k가 커짐에 따라 점 P_k가 한없이 가까워지는 점은 $\left(\dfrac{r}{1-r^2},\ \dfrac{r^2}{1-r^2}\right)$입니다.

이상으로 1번 문제의 답변을 마치겠습니다.

2번 문제의 답변을 시작하겠습니다.

우선 시계 방향 또는 시계 반대 방향으로 회전하되 $\theta \leq 90°$ 인 경우는 [그림 1]과 같고,
시계 방향 또는 시계 반대 방향으로 회전하되 $\theta \geq 90°$ 인 경우는 [그림 2]와 같습니다.

(칠판에 그림을 그립니다.)

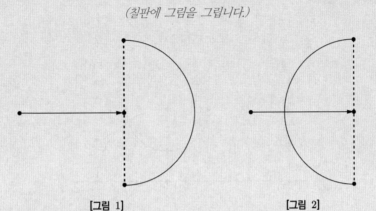

[그림 1]　　　　　　　　　**[그림 2]**

[그림 1]에서 선분의 진행 방향의 바깥쪽 반원이 점 P_k의 자취이고
[그림 2]에서 선분의 진행 방향의 안쪽 반원이 점 P_k의 자취입니다.
이것을 이용하여 점 P_2의 자취를 그리면 아래 그림과 같이 실선으로 나타낸 부분, 즉 점 $P_1(3, 0)$을 중심
으로 하고 반지름의 길이가 $\sqrt{3}$ 인 바깥쪽 반원입니다.

(칠판에 그래프 또는 그림을 그립니다.)

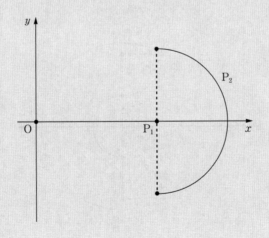

(설명과 계산을 시작합니다.)

점 P_3의 자취는 반지름의 길이가 $\sqrt{3}$ 인 반원 위의 한 점을 중심으로 하고 반지름의 길이가 1인 안쪽 반원입니다.

점 P_2의 자취 중 $(3, \sqrt{3})$, $(3+\sqrt{3}, 0)$, $(3, -\sqrt{3})$을 중심으로 반지름의 길이가 1인 안쪽 반원을 나타내면 다음 그림과 같습니다.

(칠판에 그래프 또는 그림을 그립니다.)

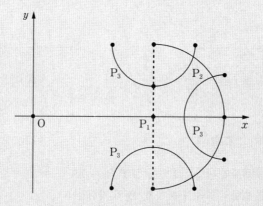

이러한 안쪽 반원을 점 P_2의 자취를 따라 그리면 점 P_3의 자취는 영역이 되며 다음 그림과 같습니다.

(칠판에 그래프 또는 그림을 그립니다.)

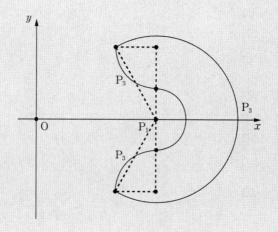

(설명과 계산을 시작합니다.)

점 P_3이 나타날 수 있는 영역은

(i) 점 P_2의 자취의 끝점 $(3,\ \pm\sqrt{3})$을 중심으로 하고 반지름의 길이가 1이고 중심각의 크기가 $\dfrac{\pi}{2}$인 호 2개

(ii) 점 $P_1(3,\ 0)$을 중심으로 하고 반지름의 길이가 $\sqrt{3}-1$이고 중심각의 크기가 π인 호 1개

(iii) 점 $P_1(3,\ 0)$을 중심으로 하고 반지름의 길이가 2이고 중심각의 크기가 $\left(\pi+\dfrac{\pi}{6}+\dfrac{\pi}{6}\right)$인 호 1개

로 둘러싸여 있습니다.

따라서 구하는 자취의 길이는
$$1 \cdot \frac{\pi}{2} \cdot 2 + (\sqrt{3}-1)\pi + 2 \cdot \frac{4\pi}{3} = \left(\frac{8}{3}+\sqrt{3}\right)\pi$$
입니다.

이상으로 2번 문제의 답변을 마치겠습니다.

3번 문제의 답변을 시작하겠습니다.

(설명과 계산을 시작합니다.)

$\overline{P_3P_4} = a_4 = 1$이므로 $\overline{OP_4}$가 최대이기 위해서는 $\overline{OP_3} + a_4$가 최대이면 됩니다.

삼각부등식을 이용하면 $\overline{OP_3} \le \overline{OP_2} + \overline{P_2P_3}$ 또는 $\overline{OP_3} \le \overline{OP_1} + \overline{P_1P_3}$입니다.

(단, 등호는 세 점이 일직선 위에 있을 때 성립합니다.)

2번 문제의 그림으로부터 $\overline{OP_3} = \overline{OP_2} + \overline{P_2P_3}$인 경우는 세 점이 일직선 위에 있을 수 없지만, $\overline{OP_3} = \overline{OP_1} + \overline{P_1P_3}$인 경우, 즉 $\overline{OP_3} = \overline{OP_1} + \overline{P_1P_3} = 3 + 2 = 5$인 경우가 존재합니다.

이때 점 P_3의 좌표는 $(5, 0)$으로 한 개만 존재합니다.

따라서 $\overline{OP_4} = \overline{OP_3} + 1 = 6$이 되므로 $P_4(6, 0)$일 때 $\overline{OP_4}$는 최댓값 6이 됩니다.

점 P_3의 좌표가 $(5, 0)$일 때의 점 P_3의 자취와 점 P_2의 위치는 다음 그림과 같습니다.

(칠판에 그림을 그립니다.)

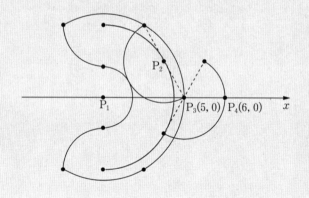

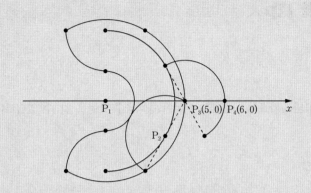

(설명과 계산을 시작합니다.)

이때 $\angle P_1P_2P_3 = \dfrac{\pi}{2}$ 이고 $\overline{P_1P_2} = \sqrt{3}$, $\overline{P_2P_3} = 1$ 이므로 $\angle P_2P_1P_3 = \dfrac{\pi}{6}$ 입니다.

따라서 점 P_2의 좌표는 $\left(3 + \dfrac{3}{2}, \pm\dfrac{\sqrt{3}}{2}\right)$, 즉 $\left(\dfrac{9}{2}, \pm\dfrac{\sqrt{3}}{2}\right)$ 이 됩니다.

이상으로 3번 문제의 답변을 마치겠습니다. 감사합니다!

문제 해결의 Tip

[3-1] 추론, 계산

주어진 규칙에서 x좌표와 y좌표를 구한 후, 이것이 등비급수가 됨을 알 수 있습니다.

[3-2] 추론, 계산

$\theta \leq 90\,^\circ$ 인 경우와 $\theta \geq 90\,^\circ$ 인 경우에서 구하고자 하는 자취가 어떻게 다른지 파악해야 합니다.
그리고 그림을 그려보면 점의 자취가 나타날 수 있는 영역을 구할 수 있습니다.

[3-3] 추론, 계산

[3-2]와 마찬가지로 그림을 자세히 관찰하여 파악할 수 있습니다.

• 사회과학대학 경제학부 • 자유전공학부(인문)

주요 개념

등비급수, 수열의 귀납적 정의, 평면좌표, 원의 방정식, 두 점 사이의 거리

서울대학교의 공식 해설

▶ 수열 영역은 사회 및 자연의 수학적 현상에서 파악된 문제에 대하여 수학적 추론 및 합리적이고 창의적인 문제 해결 능력을 키우는 데 널리 활용된다.

▶ 본 문항의 핵심적인 내용은 수학 I의 수열 단원에서 다루어진다. 따라서 본 문항은 학생들이 등비급수의 뜻을 알고 그 합을 구할 수 있는지, 수열의 귀납적 정의를 이해하고 평면좌표와 원의 방정식, 두 점 사이의 거리를 이해하는지를 평가한다.

수리 논술

2018학년도 수학 자연 오전

문제 1

집합 $A = \{\sqrt{3}, -\sqrt{3}\}$, $B = \{b \mid b$는 $-5 \leq b \leq 5$인 정수$\}$에 대하여 좌표평면 위의 직선들이 아래와 같이 주어져 있다.

$$ax + y + b = 0 \ (a \in A, \ b \in B)$$

[1-1]

위의 직선들은 평면을 몇 개의 영역으로 나누는가?

[1-2]

두 점 $P(x_1, x_2)$, $Q(x_2, y_2)$에 대하여 부등식

$$(ax_1 + y_1 + b)(ax_2 + y_2 + b) < 0$$

을 만족하는 순서쌍 (a, b)의 개수를 $n(P, Q)$라고 하자. (단, $a \in A$, $b \in B$)
원점 $O(0, 0)$에 대하여

$$n(P, O) \leq 1$$

을 만족하는 점 P의 집합을 좌표평면 위에 묘사하고, 그 넓이를 구하시오.

[1-3]

원점 O에서 거리가 r인 적어도 하나의 점 P에 대하여

$$n(P, O) \geq 3$$

이 성립하기 위한 r의 범위를 구하시오.

구상지

예시 답안

1-1

'수학(인문)_오전 문제 2-1'과 동일합니다.
222쪽을 확인해 주세요.

1-2

'수학(인문)_오전 문제 2-2'와 동일합니다.
223쪽을 확인해 주세요.

3번 문제의 답변을 시작하겠습니다.

(설명과 계산을 시작합니다.)

원점에서 떨어진 거리가 클수록 $n(P, O)$의 값이 커지므로 주어진 조건을 만족하는 r의 값의 범위는 $n(P, O)=2$와 $n(P, O)=3$의 경계선에서 원점으로부터 거리가 최소인 점까지의 거리보다 크면 됩니다. 1번, 2번 문제의 결과를 참고하여 $n(P, O)=2$를 만족하는 영역을 찾으면 다음 그림과 같습니다.

(칠판에 그래프 또는 그림을 그립니다.)

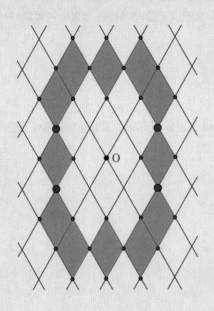

(설명과 계산을 시작합니다.)

그림에서 $n(P, O)=2$와 $n(P, O)=3$의 경계가 되는 원점으로부터 거리가 최소인 점을 총 4개 표시하였습니다.

점의 좌표는 $\left(-\dfrac{\sqrt{3}}{2},\ \dfrac{1}{2}\right)$, $\left(-\dfrac{\sqrt{3}}{2},\ -\dfrac{1}{2}\right)$, $\left(\dfrac{\sqrt{3}}{2},\ \dfrac{1}{2}\right)$, $\left(\dfrac{\sqrt{3}}{2},\ -\dfrac{1}{2}\right)$입니다.

따라서 원점으로부터의 거리는 1이므로
구하는 r의 값의 범위가 $r>1$이면 조건 $n(P, Q) \geq 3$을 만족하는 점 P가 존재합니다.

이상으로 3번 문제의 답변을 마치겠습니다. 감사합니다!

문제 해결의 Tip

[1-1] 계산

그림을 그려보면 쉽게 파악할 수 있습니다.

[1-2] 추론, 계산

주어진 부등식의 의미와 $n(\mathrm{P},\ \mathrm{Q})$의 의미를 파악해야 합니다.

[1-1]의 그림에서 꼼꼼하게 세어 보면 조건을 만족하는 영역을 파악할 수 있고, 그 영역의 넓이를 구할 수 있습니다.

[1-3] 추론, 계산

[1-2]와 마찬가지 방법을 이용하여 조건을 만족하는 그림의 영역에서 꼼꼼하게 세어 보면 문제를 해결할 수 있습니다.

• 자연과학대학 수리과학부, 통계학과
• 농업생명과학대학 조경 · 지역시스템공학부
• 공과대학
• 사범대학 수학교육과

주요 개념

직선의 방정식, 부등식의 영역, 두 점 사이의 거리

서울대학교의 공식 해설

▶ 직선은 평면 및 공간의 성질을 이해하는 데 필요한 가장 기본적인 도형이고, 다양한 함수들의 성질을 이해하는 데 필요한 가장 기본적인 함수인 일차함수의 그래프로 나타난다.

본 문항에서는 좌표평면 위의 직선을 방정식으로 표현하고 직선들의 위치 관계를 이해하고 있는지, 직선들을 이용한 부등식의 영역의 의미를 이해하고 있는지, 점과 직선과의 거리를 구할 수 있는지, 풀이 과정을 논리적이고 창의적으로 전개할 수 있는지를 평가한다.

2018학년도 수학 자연 오전

문제 2

동전을 n번 던지는 시행을 통해, 정의역이 $[0,\ n]$인 함수 f를 다음과 같이 정의한다.

> I. $f(0)=0$
> II. $k=1,\ 2,\ \cdots,\ n$일 때, 구간 $(k-1,\ k]$에서
>
> $$f(x)=\begin{cases} x-k+1+f(k-1) & (k\text{번째 시행에서 앞면이 나오는 경우}) \\ f(k-1) & (k\text{번째 시행에서 뒷면이 나오는 경우}) \end{cases}$$

함수 f의 정적분 $\displaystyle\int_0^n f(x)dx$의 값을 확률변수 X라고 할 때, 다음 물음에 답하시오.

[2-1]

$n=6$일 때, 동전이 앞면, 뒷면, 앞면, 뒷면, 앞면, 앞면의 순서로 나온 경우 확률변수 X의 값을 구하시오.

[2-2]

확률변수 X가 가질 수 있는 값의 집합을 S_n이라고 할 때, S_n과 S_{n+1} 사이에 다음 관계

$$S_{n+1}=S_n\cup\left\{ s+\frac{2n+1}{2} \ \middle|\ s\in S_n\right\}$$

가 성립함을 보이고, S_6의 원소의 개수를 구하시오.

[2-3]

확률변수 X의 기댓값을 E_n이라고 할 때 E_{11}의 값을 구하시오.

구상지

2-1

1번 문제의 답변을 시작하겠습니다.

(설명과 계산을 시작합니다.)

1번째 시행이 앞면이므로 구간 $(0, 1]$에서 $f(x)=x-1+1+f(0)=x$
2번째 시행이 뒷면이므로 구간 $(1, 2]$에서 $f(x)=f(2-1)=f(1)=1$
3번째 시행이 앞면이므로 구간 $(2, 3]$에서 $f(x)=x-3+1+f(2)=x-2+1=x-1$
4번째 시행이 뒷면이므로 구간 $(3, 4]$에서 $f(x)=f(4-1)=f(3)=3-1=2$
5번째 시행이 앞면이므로 구간 $(4, 5]$에서 $f(x)=x-5+1+f(4)=x-4+2=x-2$
6번째 시행이 앞면이므로 구간 $(5, 6]$에서 $f(x)=x-6+1+f(5)=x-5+3=x-2$
입니다.

즉, 앞면이 나오면 기울기가 1인 선분을 그리고, 뒷면이 나오면 기울기가 0인 선분을 연결하여 그린 그래프가 됩니다.
이를 좌표평면 위에 나타내면 다음 그림과 같습니다.

(칠판에 그래프 또는 그림을 그립니다.)

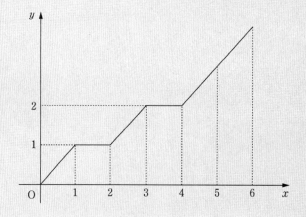

따라서 $X = \displaystyle\int_{0}^{6} f(x)dx$ 는

한 변의 길이가 1인 정사각형 9개와 빗변의 길이가 $\sqrt{2}$ 인 직각이등변삼각형 4개의 넓이의 합이므로

$1 \cdot 1 \cdot 9 + \dfrac{1}{2} \cdot 1 \cdot 1 \cdot 4 = 11$ 이 됩니다.

이상으로 1번 문제의 답변을 마치겠습니다.

2번 문제의 답변을 시작하겠습니다.

$S_{n+1} = S_n \cup \left\{ s + \dfrac{2n+1}{2} \ \middle| \ s \in S_n \right\}$ 임을 직접 증명하겠습니다.

(칠판에 그림을 그립니다.)

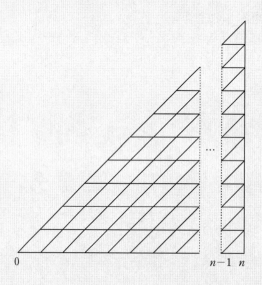

(설명과 계산을 시작합니다.)

n회 시행에서 주어진 함수 $f(x)$는 $0 \leq x_1 < x_2 \leq n$에서 $f(x_1) \leq f(x_2)$를 만족합니다.

따라서 함수 $y = f(x)$의 그래프는 기울기가 0 또는 1인 선분을 연결한 선들이 됩니다.

이때 s는 $0 \leq s \leq \dfrac{n^2}{2}$입니다.

여기에 한 번의 시행을 추가하여 함수 $y = f(x)$의 그래프를 생각하면 되는데 추가하는 시행을 첫 번째 시행으로 하면 1회 시행이 앞면일 때 또는 1회 시행이 뒷면일 때로 분류할 수 있습니다.

(i) 1회 시행이 뒷면일 때

(칠판에 그림을 그립니다.)

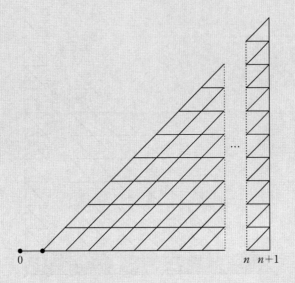

(설명과 계산을 시작합니다.)

이때 추가되는 넓이가 없으므로 S_n의 원소는 S_{n+1}의 원소가 됩니다.

(ii) 1회 시행이 앞면일 때

(칠판에 그림을 그립니다.)

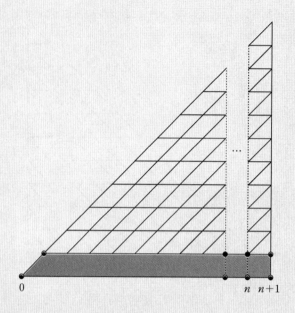

(설명과 계산을 시작합니다.)

이때에는 S_n의 원소 s에 색칠한 영역의 넓이를 더한 값이 S_{n+1}의 원소가 됩니다.

색칠한 영역의 넓이는 $\dfrac{1}{2}+n=\dfrac{2n+1}{2}$ 이므로 $s+\dfrac{2n+1}{2}\in S_{n+1}$ 입니다.

(i), (ii)에 의해 $S_{n+1}=S_n\cup\left\{s+\dfrac{2n+1}{2}\;\middle|\;s\in S_n\right\}$이 성립합니다.

이제 S_6의 원소의 개수를 위의 결과를 이용하여 구해 보겠습니다.

표현의 편의를 위하여 분모는 모두 2이므로 '집합 : 원소의 분자'로 표현하면 다음과 같습니다.

$\qquad S_1$: 0, 1

(+3) S_2 : 0, 1, 3, 4

(+5) S_3 : 0, 1, 3, 4, 5, 6, 8, 9

(+7) S_4 : 0, 1, 3, 4, 5, 6, 8, 9, 7, 8, 10, 11, 12, 13, 15, 16

입니다.

여기에서 8이 중복됩니다. 이를 제외하면

$$S_4 : 0,\ 1,\ 3,\ 4,\ 5,\ 6,\ 7,\ 8,\ 9,\ 10,\ 11,\ 12,\ 13,\ 15,\ 16$$

입니다.

중복이 발생하므로 S_5, S_6 에서도 중복을 제외하고 써보면

$(+9)$ S_5 : 0, 1, 3, 4, 5, 6, 7, 8, 9, 10, 11, 12, 13, 15, 16,

14,　　 17, 18, 19, 20, 21, 22, 24, 25

$(+11)$ S_6 : 0, 1, 3, 4, 5, 6, 7, 8, 9, 10, 11, 12, 13, 15, 16,

23, 26, 27,

14,　　 17, 18, 19, 20, 21, 22, 24, 25,

28, 29, 30, 31, 32, 33, 35, 36

입니다.

따라서 S_6의 원소의 개수는 35입니다.

이상으로 2번 문제의 답변을 마치겠습니다.

3번 문제의 답변을 시작하겠습니다.

(설명과 계산을 시작합니다.)

$n = 11$일 때 모든 X를 구하고 각각의 확률을 계산하기는 어렵습니다.
그래서 관찰을 하여 규칙을 찾도록 해 보겠습니다.

$n = 1$일 때
앞면이 나오는 경우 $f(x) = x$ $(0 \leq x \leq 1)$
뒷면이 나오는 경우 $f(x) = 0$ $(0 \leq x \leq 1)$
이므로 두 경우의 함수 $f(x)$를 합한 함수를 $g(x)$라 하면 $g(x) = x$ $(0 \leq x \leq 1)$가 됩니다.

$n = 2$일 때
앞면, 앞면이 나오는 경우 $f(x) = x$ $(0 \leq x \leq 2)$
뒷면, 뒷면이 나오는 경우 $f(x) = 0$ $(0 \leq x \leq 2)$
이므로 역시 $g(x) = x$ $(0 \leq x \leq 2)$가 됩니다.

앞면, 뒷면이 나오는 경우 $f(x) = \begin{cases} x & (0 \leq x \leq 1) \\ 1 & (1 < x \leq 2) \end{cases}$

뒷면, 앞면이 나오는 경우 $f(x) = \begin{cases} 0 & (0 \leq x \leq 1) \\ x - 1 & (1 < x \leq 2) \end{cases}$

이므로 역시 $g(x) = x$ $(0 \leq x \leq 2)$가 됩니다.

이때 각 시행에서 서로 반대의 사건이 일어난 두 사건을
'대칭사건에 대한 두 함수 $f_H(x)$, $f_T(x)$'
라 하겠습니다.

위의 관찰을 통해
'n번의 시행에서 두 대칭사건에 대한 두 함수 $f_H(x)$, $f_T(x)$의 합 $g(x)$는 $g(x) = x$이다.' $\cdots$ (*)
라 가정하고 이를 수학적 귀납법으로 증명하겠습니다.

（ⅰ） $n=1$일 때

　관찰의 결과를 통해 이미 성립함을 알 수 있습니다.

（ⅱ） $n=k$일 때

　k번의 시행에서 두 대칭사건에 대한 두 함수 $f_H(x)$, $f_T(x)$의 합 $g(x)$가 $g(x)=x$라고 가정하겠습니다.

（ⅲ） $n=k+1$일 때

　$x=k$일 때 두 대칭사건에 대한 두 함수의 함숫값 $f_H(k)$, $f_T(k)$는 가정에 의해

　$f_H(k)+f_T(k)=k$입니다.

　구간 $(k,\ k+1]$에서 $k+1$번째 시행이

　앞면인 $f(x)$는 $f(x)=x-k+f_H(k)$ 또는 $f(x)=x-k+f_T(k)$이고

　뒷면인 $f(x)$는 $f(x)=f_T(k)$ 또는 $f(x)=f_H(k)$입니다.

　따라서 구간 $(k,\ k+1]$에서 두 대칭함수의 합 $g(x)$는

　$g(x)=x-k+f_H(k)+f_T(k)=x-k+k=x$

　가 됩니다.

（ⅰ）~（ⅲ）에 의해 구간 $[0,\ k+1]$에서 $g(x)=x$이므로 가정 $(*)$는 성립합니다.

이는 n번의 시행에서 두 대칭사건에 대한 두 확률변수의 값은 그 합이 항상

한 변의 길이가 n인 직각이등변삼각형의 넓이 $\dfrac{n^2}{2}$이 됨을 뜻합니다.

2번 문제의 S_n의 원소들을 확인하여도 이 사실을 알 수 있습니다.

특별히 S_n의 원소들이 홀수인 경우에는 중앙값이 $\dfrac{n^2}{4}$입니다.

또한, 두 대칭사건의 확률은 같기 때문에 확률분포표 역시 대칭이 됩니다.

따라서 두 대칭사건에 대한 확률변수를 각각 H_k, T_k라 하고 그 확률을 p_k라 하면

$H_k+T_k=\dfrac{n^2}{2}$이고 기댓값 E_n은 다음과 같이 분류할 수 있습니다.

（ⅰ） S_n의 원소의 개수가 짝수 $(2m,\ $단 m은 자연수$)$인 경우

　$\displaystyle\sum_{k=1}^{m} 2p_k=1$이므로 $E_n=\displaystyle\sum_{k=1}^{m}(H_k+T_k)p_k=\sum_{k=1}^{m}\dfrac{n^2}{2}p_k=\dfrac{n^2}{2}\sum_{k=1}^{m}p_k=\dfrac{n^2}{4}$입니다.

(ii) S_n의 원소의 개수가 홀수 ($2m-1$, 단 m은 자연수)인 경우

확률변수를 크기 순으로 나열할 때 m번째 값은 $\dfrac{n^2}{4}$이고, 그 확률을 p_m이라 하면

$$\sum_{k-1}^{m-1} 2p_k + p_m = 1$$이므로 $E_n = \sum_{k=1}^{m-1}(H_k + T_k)p_k + \dfrac{n^2}{4}p_m = \dfrac{n^2}{4}\left\{\sum_{k-1}^{m-1} 2p_k + p_m\right\} = \dfrac{n^2}{4}$ 입니다.

(i), (ii)에 의해 $E_n = \dfrac{n^2}{4}$이므로 $E_{11} = \dfrac{11^2}{4} = \dfrac{121}{4}$ 입니다.

이상으로 3번 문제의 답변을 마치겠습니다. 감사합니다!

문제 해결의 Tip

[2-1] 계산

주어진 함수 $f(x)$의 정의에 따라 동전의 시행 결과를 대입하여 함수를 구한 후,
그래프를 그리면 쉽게 구할 수 있습니다.

[2-2] 추론 및 증명, 계산

직접 증명하기는 어렵습니다.
따라서 시행이 한 번 추가된 경우에 그래프의 개형이 어떻게 변하는지 확인하고, 경우를 분류하여 파악해야
합니다.
또한, 원소를 직접 구하는 것은 꼼꼼하게 계산해야 합니다.
난도 높은 문제입니다.

[2-3] 추론 및 증명, 계산

정확한 계산을 위하여 귀납적 추론을 하고 증명을 해야 합니다.
관찰해 보면 규칙을 파악할 수 있으며 이를 검증할 수 있습니다.
또한, 확률과 통계 과목에서 배운 확률분포표에서 확률변수와 확률값이 좌우대칭인 경우 중앙값이 평균과 같
음을 미리 알고 있으면 보다 쉽게 해결할 수 있으나, 직접 계산을 통해서도 구할 수도 있습니다.
이 문제 역시 난도 높은 문제입니다.

- 자연과학대학 수리과학부, 통계학과
- 사범대학 수학교육과

주요 개념

확률변수, 수학적 귀납법, 수열의 귀납적 정의, 이산확률변수의 기댓값

서울대학교의 공식 해설

▶ 확률과 통계는 현대 사회의 다양한 현상을 이해하는 데 필수적이며, 사회 문제에 대한 주요 정책 결정 및 금융 경제 관련 문제에 중요하게 활용되고 있다.

▶ 본 문항은 확률과 통계를 다루고 있다.

▶ 본 문항에서는 시행, 사건, 확률변수의 뜻을 이해하는지, 수학적 귀납법의 원리를 이해하고 있는지, 수열의 귀납적 정의를 이해하고 이산확률변수의 기댓값을 구할 수 있는지를 평가한다.

**수리
논술**

2018학년도 수학 자연 오전

문제 3

좌표평면 상의 점 P(a, b)에서 정의역이 $\{x \mid x > 0\}$인 함수 $y = \dfrac{1}{x}$의 그래프에 접선을 그리자.

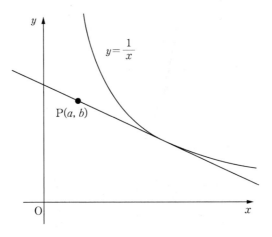

[3-1]

두 개의 접선을 그릴 수 있는 점 P의 집합에 대해 설명하시오.

[3-2]

점 P에서 두 개의 접선을 그릴 수 있다고 할 때 두 접점을 각각 $S\left(s, \dfrac{1}{s}\right)$, $T\left(t, \dfrac{1}{t}\right)$라고 하자. 점 P를 지나면서 x축에 평행한 직선과 각 접점을 지나면서 y축에 평행한 직선이 만나는 점을 각각 A, B라 할 때, 삼각형 SAP의 넓이와 삼각형 PBT의 넓이의 차를 구하시오.

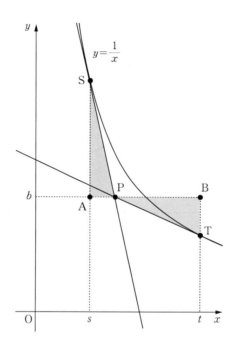

[3-3]

문제 [3-2]에서 그린 두 접선과 함수 $y = \dfrac{1}{x}$의 그래프로 둘러싸인 부분의 넓이를 $I(\mathrm{P})$라고 하자.

이때 $I(\mathrm{P}) = \displaystyle\int_{s}^{t} \left(\dfrac{1}{x} - C\right) dx$를 만족하는 상수 C를 a, b를 사용하여 나타내시오.

[3-4]

두 양수 a, b가 $ab = \dfrac{3}{4}$을 만족할 때, $I(\mathrm{P})$의 값을 구하시오.

구상지

3-1

1번 문제의 답변을 시작하겠습니다.

(설명과 계산을 시작합니다.)

$y' = -\dfrac{1}{x^2}$ 이므로 접점의 좌표를 $\left(t, \dfrac{1}{t}\right)$ (단, $t > 0$)이라 하면

접선의 방정식은 $y = -\dfrac{1}{t^2}(x-t) + \dfrac{1}{t} = -\dfrac{1}{t^2}x + \dfrac{2}{t}$ 입니다.

이 접선은 점 $P(a, b)$를 지나므로 $b = -\dfrac{a}{t^2} + \dfrac{2}{t}$ 를 만족합니다.

이 식을 정리하면 t에 대한 이차방정식 $bt^2 - 2t + a = 0$ $\cdots$ ㉠이 됩니다.
두 개의 접선이 존재하기 위해서는 이차방정식 ㉠이 서로 다른 두 개의 양의 실근을 가져야 하므로 다음을 만족해야 합니다.

(ⅰ) 이차방정식 ㉠의 판별식을 D라 할 때, $\dfrac{D}{4} = 1 - ab > 0$

(ⅱ) 두 근의 합은 양수이므로 $\dfrac{2}{b} > 0$

(ⅲ) 두 근의 곱은 양수이므로 $\dfrac{a}{b} > 0$

따라서 $ab < 1$, $b > 0$, $a > 0$이므로 정리하면 $0 < ab < 1$, $a > 0$입니다.
즉, 두 개의 접선을 그릴 수 있는 점 $P(a, b)$의 집합은 $\{(a, b) | 0 < ab < 1, a > 0\}$입니다.

이상으로 1번 문제의 답변을 마치겠습니다.

2번 문제의 답변을 시작하겠습니다.

(설명과 계산을 시작합니다.)

두 접점의 x좌표가 각각 s, t이므로 이것은 1번 문제에서 구한 방정식 $bx^2 - 2x + a = 0$의 두 근이 됩니다.

따라서 이차방정식의 근과 계수와의 관계에 의하여 $s + t = \dfrac{2}{b}$, $st = \dfrac{a}{b}$ 입니다.

삼각형 SAP의 넓이는 $\dfrac{1}{2}(a-s)\left(\dfrac{1}{s}-b\right) = \dfrac{1}{2}\left(\dfrac{a}{s}-1-ab+bs\right)$ 이고

삼각형 PBT의 넓이는 $\dfrac{1}{2}(t-a)\left(b-\dfrac{1}{t}\right) = \dfrac{1}{2}\left(bt-1-ab+\dfrac{a}{t}\right)$ 입니다.

따라서 두 삼각형의 넓이의 차는

$$\left| \frac{1}{2}\left(\frac{a}{s}-1-ab+bs\right) - \frac{1}{2}\left(bt-1-ab+\frac{a}{t}\right) \right| = \frac{1}{2}\left| a\left(\frac{1}{s}-\frac{1}{t}\right) + b(s-t) \right|$$

$$= \frac{1}{2}\left| \frac{a}{st}(t-s) - b(t-s) \right|$$

$$= \frac{1}{2}\left| (t-s)\left(\frac{a}{st}-b\right) \right|$$

$$= 0 \quad \left(\because \ \frac{a}{st} = \frac{a}{\dfrac{a}{b}} = b \right)$$

입니다.

이상으로 2번 문제의 답변을 마치겠습니다.

3번의 문제의 답변을 시작하겠습니다.

(칠판에 그래프 또는 그림을 그립니다.)

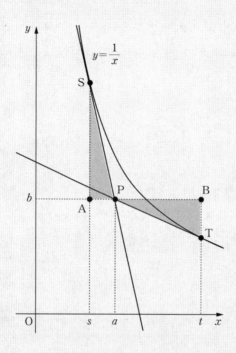

(설명과 계산을 시작합니다.)

점 $(s,\ 0)$을 C, 점 $(t,\ 0)$을 D라 하면 구하는 영역의 넓이는

$\int_{s}^{t} \dfrac{1}{x} dx$에서 삼각형 SAP의 넓이와 오각형 APTDC의 넓이를 뺀 것과 같습니다.

즉, $I(P) = \displaystyle\int_{s}^{t} \dfrac{1}{x} dx - \{($삼각형 SAP의 넓이$) + ($오각형 APTDC의 넓이$)\}$인데

2번 문제의 결과에 의하여 (삼각형 SAP의 넓이)=(삼각형 PBT의 넓이)이므로
$\{($삼각형 SAP의 넓이$) + ($오각형 APTDC의 넓이$)\}$
$= \{($삼각형 PBT의 넓이$) + ($오각형 APTDC의 넓이$)\}$
$= ($사각형 ABDC의 넓이$)$
$= (t-s)b = \displaystyle\int_{s}^{t} b\, dx$

가 됩니다.

따라서 $I(P) = \int_s^t \frac{1}{x} dx - \int_s^t b\,dx = \int_s^t \left(\frac{1}{x} - b \right) dx$ 이므로 상수 C는 $C = b$로 나타낼 수 있습니다.

이상으로 3번 문제의 답변을 마치겠습니다.

4번 문제의 답변을 시작하겠습니다.

(설명과 계산을 시작합니다.)

3번 문제의 결과에 의해 $I(P) = \ln\dfrac{t}{s} - b(t-s)$ 입니다.

이때 $t,\ s$는 2번 문제의 이차방정식 $bx^2 - 2x + a = 0$의 두 근이므로

이차방정식의 근의 공식에 의해 $x = \dfrac{1 \pm \sqrt{1-ab}}{b}$ 입니다.

$t > s$이고 $ab = \dfrac{3}{4}$이므로 $t = \dfrac{1+\dfrac{1}{2}}{b} = \dfrac{3}{2b}$, $s = \dfrac{1-\dfrac{1}{2}}{b} = \dfrac{1}{2b}$ 입니다.

따라서 $\dfrac{t}{s} = 3$, $t - s = \dfrac{2}{2b} = \dfrac{1}{b}$이므로 $I(P) = \ln 3 - 1$이 됩니다.

이상으로 4번 문제의 답변을 마치겠습니다. 감사합니다!

문제 해결의 Tip

[3-1] 계산

이 문제에서는 접선의 개수가 접점의 개수와 같음을 이해하고,
이차방정식의 판별식과 이차방정식의 근과 계수의 관계를 이용하여 방정식의 해가 두 개의 양의 실수를 가질
수 있도록 하는 실수 a, b의 값의 범위를 구해야 합니다.

[3-2] 계산

삼각형의 넓이 공식을 이용하여 나타낸 후
[3-1]에서 구한 방정식에서 근과 계수와의 관계를 이용하면 됩니다.

[3-3] 계산

직접 정적분을 하여도 구할 수 있습니다.
하지만 [3-2]에서 구한 결론을 이용하여 나타내면 보다 쉽게 해결할 수 있습니다.

[3-4] 계산

이차방정식의 근의 공식과 [3-3]의 결과를 이용하면 정답을 쉽게 구할 수 있습니다.

- 공과대학
- 자유전공학부
- 농업생명과학대학 조경·지역시스템공학부

주요 개념

접선, 이차방정식, 정적분, 넓이

서울대학교의 공식 해설

▶ 본 문제의 핵심은 곡선에 접하는 접선의 방정식을 미분을 이용하여 구할 수 있고 근과 계수와의 관계를 이용하여 좌표평면 상에 주어진 도형 사이의 관계를 계산할 수 있는가이다.

특히, 함수 $y = \dfrac{1}{x}$의 그래프의 접선의 방정식을 구할 수 있고, 이차방정식의 근과 계수와의 관계를 이해하고 있는지를 평가한다.

또한, 정적분의 정의를 이해하고 곡선으로 둘러싸인 도형의 넓이를 구할 수 있는지를 평가한다.

이를 위하여 여러 가지 함수의 정적분을 구할 수 있는지 평가한다.

2019학년도 수학 인문 오전

문제 1

좌표평면 위의 영역

$$\left\{(x,\ y)\,|-2 \le x \le 2,\ 0 \le y \le \sqrt{3}\,(|x|-1)^2 + \frac{\sqrt{3}}{2}\right\}$$

이 있다.

[1-1]

제시된 영역에 속하고 한 변이 x축 위에 있는 정삼각형이 가질 수 있는 한 변의 길이의 최댓값을 구하시오.

구상지

1-1

1번 문제의 답변을 시작하겠습니다.

주어진 영역을 좌표평면 위에 그리면 다음과 같습니다.

(칠판에 그래프 또는 그림을 그립니다.)

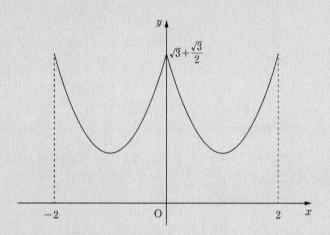

(설명과 계산을 시작합니다.)

조건을 만족하는 정삼각형 중 한 변의 길이가 최대가 되려면
정삼각형과 주어진 영역의 경계선이 교점을 가져야 하고 정삼각형의 높이가 가장 클 때이므로
정삼각형을 주어진 영역에 표시하면 다음과 같습니다.

(칠판에 그래프 또는 그림을 그립니다.)

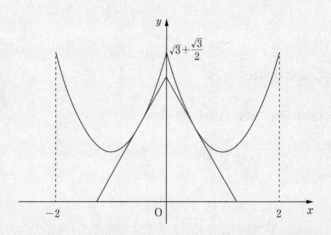

(설명과 계산을 시작합니다.)

이때 $x > 0$에서 정삼각형의 한 변은 $y = \sqrt{3}\,(x-1)^2 + \dfrac{\sqrt{3}}{2}$에 접하는 직선의 일부이고,

주어진 영역과 정삼각형 모두 y축 대칭이므로 접선의 y절편이 곧 정삼각형의 높이가 됩니다.

정삼각형의 한 내각의 크기는 $60°$이므로 접선의 기울기는 $-\sqrt{3}$ 입니다.

접선의 방정식을 $y = -\sqrt{3}\,x + k$라 하면

이차방정식 $\sqrt{3}\,(x-1)^2 + \dfrac{\sqrt{3}}{2} = -\sqrt{3}\,x + k$는 중근을 가져야 합니다.

위의 식을 정리하면 $3x^2 - 3x + \dfrac{9}{2} - \sqrt{3}\,k = 0$이고, 이 이차방정식의 판별식을 D라 할 때 중근을 가져야

하므로 $D = 0$이어야 합니다.

즉, $D = 3^2 - 4 \cdot 3 \cdot \left(\dfrac{9}{2} - \sqrt{3}\,k \right) = -45 + 12\sqrt{3}\,k = 0$에서 $k = \dfrac{5\sqrt{3}}{4}$ 입니다.

따라서 정삼각형이 가질 수 있는 한 변의 길이의 최댓값을 a라 하면 $\dfrac{\sqrt{3}}{2}\,a = \dfrac{5\sqrt{3}}{4}$이므로

구하는 a의 값은 $\dfrac{5}{2}$ 입니다.

이상으로 1번 문제의 답변을 마치겠습니다. 감사합니다!

문제 해결의 Tip

[1-1] 계산

부등식의 영역을 나타내면 쉽게 파악할 수 있습니다.

부등식의 영역은 현재 교과 과정에서 제외되었으나 이해하는 데에 있어서는 어려움이 없습니다.

- 사회과학대학 경제학부
- 경영대학
- 농업생명과학대학 농경제사회학부

- 생활과학대학 소비자아동학부 소비자학전공, 의류학과
- 자유전공학부(인문)

주요 개념

부등식의 영역, 접선의 방정식

서울대학교의 공식 해설

▶ 부등식의 영역은 제한된 조건을 수학적으로 표현하는 법을 배우는 단원이고, 많은 경우에 최댓값을 구하는 문제는 미분을 활용해서 해결한다.

본 문항은 제약 조건을 부등식의 영역을 통해 그리고 그 안에서의 최댓값을 찾는 방법을 다루고 있다.

본 문항에서는 부등식의 영역을 표현할 수 있는지와 접선의 방정식을 그릴 수 있는지, 그리고 그를 활용하여 최댓값 문제를 해결할 수 있는지 평가한다.

문제 2

수직선 위의 원점에 있는 점 A에 대하여 다음과 같이 시행을 반복한다.

n번째 시행에서, 점 A는 현재 위치에 그대로 있거나

양의 방향으로 $1+\left(\dfrac{1}{3}\right)^n$ 만큼 움직이거나,

음의 방향으로 $1+\left(\dfrac{1}{3}\right)^n$ 만큼 움직인다.

이때, 각 경우가 일어날 확률은 $\dfrac{1}{3}$ 로 모두 같다. (단, $n \geq 1$)

[2-1]

3번째 시행을 한 후에 점 A가 정수에 놓일 확률을 구하시오.

[2-2]

100번째 시행을 한 후에 점 A가 원점에 있을 확률을 구하시오.

[2-3]

100번째 시행을 한 후에 점 A가 양의 실수에 놓일 확률을 구하시오.

[2-4]

좌표평면 위의 원점에 있는 점 B에 대하여 다음과 같이 시행을 반복한다.

n번째 시행에서, 점 B는 현재 위치에 그대로 있거나

동서남북 중 한 방향으로 $1+\left(\dfrac{1}{3}\right)^n$ 만큼 움직인다.

이때, 각 경우가 일어날 확률은 $\dfrac{1}{5}$ 로 모두 같다. (단, $n \geq 1$)

100번째 시행을 한 후에 점 B가 제1사분면 위에 있을 확률을 구하시오.

구상지

2-1

1번 문제의 답변을 시작하겠습니다.

(설명과 계산을 시작합니다.)

세 번의 이동 방법은 다음과 같이 분류할 수 있습니다.

(i) 세 번 모두 그대로 있는 경우
(ii) 그대로 있거나 한 번 이상 양의 방향으로만 이동하는 경우
(iii) 그대로 있거나 한 번 이상 음의 방향으로만 이동하는 경우
(iv) 그대로 있거나 한 번 이상씩 양의 방향과 음의 방향으로 이동하는 경우

(i)의 경우

위치가 0이므로 그 확률은 $\left(\dfrac{1}{3}\right)^3$ 입니다.

(ii)의 경우

$\left(\dfrac{1}{3}\right)^n$ 또는 $\left(\dfrac{1}{3}\right)^n$ 의 합이 존재하므로 이는 정수가 될 수 없습니다.

(iii)의 경우

$-\left(\dfrac{1}{3}\right)^n$ 또는 $-\left(\dfrac{1}{3}\right)^n$ 의 합이 존재하므로 이는 정수가 될 수 없습니다.

(iv)의 경우

$\left(\dfrac{1}{3}\right)^{n_1} - \left(\dfrac{1}{3}\right)^{n_2}$ 이 존재합니다. (단, n_1, n_2는 1 이상 3 이하의 정수이고 $n_1 \neq n_2$입니다.)

$\left(\dfrac{1}{3}\right)^{n_1} - \left(\dfrac{1}{3}\right)^{n_2}$ 이 정수가 되려면 $n_1 = n_2$이어야 하지만 $n_1 \neq n_2$이므로 정수가 될 수 없습니다.

또한, 세 집합 $\left\{\dfrac{1}{3}, -\left(\dfrac{1}{3}\right)\right\}$, $\left\{\left(\dfrac{1}{3}\right)^2, -\left(\dfrac{1}{3}\right)^2\right\}$, $\left\{\left(\dfrac{1}{3}\right)^3, -\left(\dfrac{1}{3}\right)^3\right\}$에서 원소를 하나씩 선택하여 계

산을 하더라도 $\dfrac{1}{3} > \left(\dfrac{1}{3}\right)^2 > \left(\dfrac{1}{3}\right)^3$이고 $\dfrac{1}{3} > \left(\dfrac{1}{3}\right)^2 + \left(\dfrac{1}{3}\right)^3$이므로

$\dfrac{1}{3} - \left(\dfrac{1}{3}\right)^2 - \left(\dfrac{1}{3}\right)^3$ 또는 $-\dfrac{1}{3} + \left(\dfrac{1}{3}\right)^2 + \left(\dfrac{1}{3}\right)^3$ 은 정수가 될 수 없습니다.

(i), (ii), (iii), (iv)에서 3번째 시행 후 정수에 놓일 확률은

(i)의 경우 밖에 없으므로 그 확률은 $\left(\dfrac{1}{3}\right)^2 = \dfrac{1}{27}$ 입니다.

이상으로 1번 문제의 답변을 마치겠습니다.

2-2

2번 문제의 답변을 시작하겠습니다.

(설명과 계산을 시작합니다.)

점 A가 n번째 시행에서의 위치는 x이고, 그 이후 m번째 시행(단, m은 $m \geq n+1$인 정수)에서 다시 이동을 시작할 때 다음의 경우로 분류해서 살펴보겠습니다.

(ⅰ) $1 + \left(\dfrac{1}{3}\right)^m$ 만큼 이동한 경우

위치가 다시 x가 되려면 음의 방향으로 이동을 해야 합니다.

이때 정수 부분인 1을 제외하고서 $\left(\dfrac{1}{3}\right)^m$ 의 이동만을 고려하더라도

$$\left(\frac{1}{3}\right)^m > \left(\frac{1}{3}\right)^{m+1} + \left(\frac{1}{3}\right)^{m+2} + \cdots = \frac{\left(\dfrac{1}{3}\right)^{m+1}}{1 - \dfrac{1}{3}} = \frac{1}{2}\left(\frac{1}{3}\right)^m$$

이므로 양의 방향과 음의 방향의 이동의 합이 절대로 0이 될 수 없습니다.
따라서 점이 이동을 하게 되면 절대로 n번째 위치 x로 다시 돌아올 수 없습니다.

(ⅱ) $-1 - \left(\dfrac{1}{3}\right)^m$ 만큼 이동한 경우

(ⅰ)과 마찬가지로 점이 이동을 하게 되면 절대로 n번째 위치 x로 돌아올 수 없습니다.

(ⅰ), (ⅱ)에 의해 n번 시행을 한 후에 처음 위치인 원점에 있으려면 n번 시행 모두 원점에 그대로 있어야 합니다.

따라서 $n = 100$일 때 구하는 확률은 $\left(\dfrac{1}{3}\right)^{100}$ 입니다.

이상으로 2번 문제의 답변을 마치겠습니다.

3번 문제의 답변을 시작하겠습니다.

(설명과 계산을 시작합니다.)

2번 문제의 결과와 여사건의 확률을 이용하면

100번째 시행에서 점 A가 양의 실수 또는 음의 실수에 놓일 확률은 $1 - \left(\dfrac{1}{3}\right)^{100}$ 입니다.

그리고 각 시행에서 양의 방향으로 이동할 확률과 음의 방향으로 이동할 확률은 각각 $\dfrac{1}{3}$로 같으므로 100번째 시행에서 점 A가 양의 실수에 놓일 확률과 음의 실수에 놓일 확률은 같습니다.

예를 들어, 점 A가 100번 이동하여 $x\,(x > 0)$에 놓이게 되는 이동 경로가
그대로 있는 것이 k번, →(양의 방향)은 l번, ←(음의 방향)은 m번으로 구성되어 있다고 가정합니다.
(단, $l > m$이고, $k + l + m = 100$)
이때 →을 ←으로 바꾸고 ←을 →으로 바꾼 이동 경로인
그대로 있는 것이 k번, ←은 l번, →은 m번으로 구성된 이동 경로의 도착 지점은 $-x$가 됩니다.

따라서 양의 실수에 놓일 확률과 음의 실수에 놓일 확률은 같습니다.

그러므로 구하는 확률은 $\dfrac{1}{2}\left\{1 - \left(\dfrac{1}{3}\right)^{100}\right\}$ 입니다.

이상으로 3번 문제의 답변을 마치겠습니다.

4번 문제의 답변을 시작하겠습니다.

(설명과 계산을 시작합니다.)

100번째 시행에서, 점 B의 위치는 다음과 같이 분류할 수 있습니다.

(ⅰ) 원점에 있는 경우
(ⅱ) x축 위에 있는 경우
(ⅲ) y축 위에 있는 경우
(ⅳ) 제1사분면에 있는 경우
(ⅴ) 제2사분면에 있는 경우
(ⅵ) 제3사분면에 있는 경우
(ⅶ) 제4사분면에 있는 경우

(ⅰ)의 경우

확률은 $\left(\dfrac{1}{5}\right)^{100}$ 입니다.

(ⅱ)의 경우

그대로 있거나 동 또는 서의 방향으로 이동하는 경우만 가능합니다.

따라서 그 확률은 $\left(\dfrac{1}{5}+\dfrac{1}{5}+\dfrac{1}{5}\right)^{100}=\left(\dfrac{3}{5}\right)^{100}$ 입니다.

(ⅲ)의 경우

그대로 있거나 남 또는 북의 방향으로 이동하는 경우만 가능합니다.

따라서 그 확률은 $\left(\dfrac{1}{5}+\dfrac{1}{5}+\dfrac{1}{5}\right)^{100}=\left(\dfrac{3}{5}\right)^{100}$ 입니다.

한편, (ⅰ)의 경우는 (ⅱ)와 (ⅲ)의 경우의 교집합입니다.

따라서 (ⅳ), (ⅴ), (ⅵ), (ⅶ)의 경우의 확률의 합은

$1-\left\{\left(\dfrac{3}{5}\right)^{100}+\left(\dfrac{3}{5}\right)^{100}-\left(\dfrac{1}{5}\right)^{100}\right\}=1-\left\{2\left(\dfrac{3}{5}\right)^{100}-\left(\dfrac{1}{5}\right)^{100}\right\}$ … ㉠입니다.

그리고 각 시행에서 각 방향으로 이동할 때 일어나는 확률은 모두 $\frac{1}{5}$로 같으므로 100번째 시행에서 점 B가 제1사분면에 놓일 확률은 각 사분면에 놓일 확률과 같습니다.

예를 들어, 점 B가 100번 이동하여 제1사분면에 놓이게 되는 이동 경로를 그대로 있는 것이 a번, →은 b번, ←은 c번, ↑은 d번, ↓은 e번으로 구성되어 있다고 할 때 이것을 순서쌍으로 나타내면 $(a,\ b,\ c,\ d,\ e)$입니다. (단, $b > c$, $d > e$이고, $a+b+c+d+e = 100$)

b와 c의 자리를 바꾼 순서쌍 $(a,\ c,\ b,\ d,\ e)$의 구성은 제2사분면에 놓이게 되는 이동 경로입니다. d와 e의 자리를 바꾼 순서쌍 $(a,\ b,\ c,\ e,\ d)$의 구성은 제4사분면에 놓이게 되는 이동 경로입니다. b와 c의 자리, d와 e의 자리를 모두 바꾼 순서쌍 $(a,\ c,\ b,\ e,\ d)$의 구성은 제3사분면에 놓이게 되는 이동 경로입니다.

따라서 각 사분면에 놓일 확률은 서로 같으므로 구하는 확률은 ㉠을 4로 나눈 $\frac{1}{4}\left[1 - \left\{2\left(\frac{3}{5}\right)^{100} - \left(\frac{1}{5}\right)^{100}\right\}\right]$입니다.

이상으로 4번 문제의 답변을 마치겠습니다. 감사합니다!

문제 해결의 Tip

[2-1] 추론 및 증명

이 문제를 통하여 $\left(\dfrac{1}{3}\right)^n$ 의 합 또는 차가 정수가 될 수 없음을 파악해야 합니다.

답을 구하기는 쉬우나 위의 내용을 논리적으로 설명할 수 있어야 다음 문제들을 풀이할 수 있습니다.

[2-2] 추론 및 증명

[2-1]에서 밝힌 내용을 이용하면 쉽게 구할 수 있습니다.

[2-3] 계산, 추론 및 증명

점 A가 놓일 수 있는 경우를 세 가지로 분류하고 음의 실수에 놓일 확률과 양의 실수에 놓일 확률이 같다는 것을 예를 들어 밝혀 봅니다.

그리고 나서 여사건의 확률을 이용하여 해결하면 됩니다.

[2-4] 계산

[2-3]과 마찬가지로 점 B가 놓일 수 있는 경우를 분류하고 여사건의 확률을 이용하여 해결합니다.

- 사회과학대학 경제학부
- 경영대학
- 농업생명과학대학 농경제사회학부

- 생활과학대학 소비자아동학부 소비자학전공, 의류학과
- 자유전공학부(인문)

주요 개념

확률의 덧셈정리, 등비수열의 합, 등비급수

서울대학교의 공식 해설

▶ 확률과 통계는 현대 사회의 다양한 현상을 이해하는 데 필수적이며, 사회 문제에 대한 주요 정책 결정 및 금융 경제 관련 문제에 중요하게 활용되고 있다. 본 문항은 확률과 통계를 다루고 있다.

▶ [2-1] 문항에서는 확률을 구하기 위해 특정한 경우의 수와 전체 경우의 수를 올바르게 구하고, 그 둘의 비율이 확률이라는 것을 이해하는지 평가한다.

▶ [2-2] 문항에서는 확률의 의미와 등비급수의 합을 이해하고 이를 확률 문제를 해결하는 데 잘 적용하는지 평가한다.

▶ [2-3] 문항에서는 확률의 의미를 이해하고 이를 확률 문제를 해결하는 데 잘 적용하는지 평가한다.

▶ [2-4] 문항에서는 확률의 의미와 확률의 덧셈정리 그리고 등비수열의 합을 이해하고 이를 보다 복잡한 확률 문제를 해결하는 데 잘 적용하는지 평가한다.

2019학년도 수학 인문 오전

문제 3

다음 물음에 답하시오.

[3-1]

좌표평면에서 중심이 점 $(-3, 0)$이고 반지름의 길이가 1인 원 C_1 위에서 움직이는 점 A와 좌표평면 위의 고정된 점 $B(b_1, b_2)$가 있을 때, 두 점 A와 B의 중점 $P(x, y)$가 그리는 도형의 방정식을 구하시오.

[3-2]

좌표평면에서 두 원 C_1과 C_2는 각각 중심이 점 $(-3, 0)$, 점 $(3, 0)$이고 반지름의 길이가 모두 1이라고 하자. 원 C_1 위의 점 A와 원 C_2 위의 점 B가 각각 점 $(-3, 1)$, 점 $(3, 1)$에 위치해 있다. 이제 두 점 A와 B가 각각 원 C_1과 원 C_2 위를 같은 빠르기로 시계 방향으로 움직일 때, 점 A와 점 B의 중점 $P(x, y)$가 그리는 도형의 방정식을 구하시오.

[3-3]

문제 [3-2]에서와 같은 원 C_1 위의 각 점 S와 원 C_2 위의 각 점 T의 중점 $P(x, y)$가 그리는 도형의 넓이를 구하시오.

구상지

예시 답안

3-1

1번 문제의 답변을 시작하겠습니다.

(설명과 계산을 시작합니다.)

원 C_1의 방정식은 $(x+3)^2+y^2=1$이고, 점 A의 좌표를 $A(a_1,\ a_2)$라 하면
점 A는 원 C_1 위에 있으므로 $(a_1+3)^2+a_2^2=1$ $\cdots$ ㉠을 만족합니다.

두 점 A와 B의 중점 P는 $x=\dfrac{a_1+b_1}{2}$, $y=\dfrac{a_2+b_2}{2}$입니다.

이것을 정리하면 $a_1=2x-b_1,\ a_2=2y-b_2$이고
점 A는 원 C_1 위의 점이므로 ㉠에 대입하면
$(2x-b_1+3)^2+(2y-b_2)^2=1$입니다.

따라서 점 P가 그리는 도형의 방정식은 $\left(x-\dfrac{b_1-3}{2}\right)^2+\left(y-\dfrac{b_2}{2}\right)^2=\dfrac{1}{4}$ 입니다.

이상으로 1번 문제의 답변을 마치겠습니다.

2번 문제의 답변을 시작하겠습니다.

(설명과 계산을 시작합니다.)

원 C_1의 방정식은 $(x+3)^2+y^2=1$이고 원 C_2의 방정식은 $(x-3)^2+y^2=1$입니다.
원 C_2는 원 C_1을 x축의 방향으로 6만큼 평행이동한 도형입니다.
따라서 점 A의 좌표를 $A(a_1,\ a_2)$라 하면 점 B의 좌표는 $B(a_1+6,\ a_2)$라 할 수 있습니다.

두 점 A와 B의 중점 P는 $x=\dfrac{a_1+a_1+6}{2}=a_1+3,\ y=\dfrac{a_2+a_2}{2}=a_2$입니다.

이것을 정리하면 $a_1=x-3,\ a_2=y$이고 점 A는 원 C_1 위의 점이므로 원 C_1의 방정식 $(x+3)^2+y^2=1$에 대입하면 $(x-3+3)^2+y^2=1$입니다.

따라서 점 P가 그리는 도형의 방정식은 $x^2+y^2=1$입니다.

이상으로 2번 문제의 답변을 마치겠습니다.

3번 문제의 답변을 시작하겠습니다.

(설명과 계산을 시작합니다.)

점 T의 좌표를 $T(t_1, t_2)$라 하면 점 T는 원 C_2 위의 점이므로

$(t_1 - 3)^2 + t_2^2 = 1 \cdots \textcircled{\tiny ㄱ}$

을 만족합니다.

또한, 1번 문제의 결과에 의해서 중점 P의 자취는 $\left(x - \dfrac{t_1 - 3}{2}\right)^2 + \left(y - \dfrac{t_2}{2}\right)^2 = \dfrac{1}{4}$이 됩니다.

즉, 중심이 $\left(\dfrac{t_1 - 3}{2}, \dfrac{t_2}{2}\right)$이고 반지름의 길이가 $\dfrac{1}{2}$인 원입니다.

이 중심은 원점으로부터의 거리가 $\sqrt{\left(\dfrac{t_1 - 3}{2}\right)^2 + \left(\dfrac{t_2}{2}\right)^2} = \dfrac{1}{2}\sqrt{(t_1 - 3)^2 + t_2^2} = \dfrac{1}{2} \; (\because \textcircled{\tiny ㄱ})$이 됩니다.

이것은 원 $x^2 + y^2 = 1$과 점 P의 자취인 원 $\left(x - \dfrac{t_1 - 3}{2}\right)^2 + \left(y - \dfrac{t_2}{2}\right)^2 = \dfrac{1}{4}$의 위치 관계가 내접함을 의미합니다.

따라서 구하는 중점 P의 자취는

원 $x^2 + y^2 = 1$에 내접하는 반지름의 길이가 $\dfrac{1}{2}$인 무수히 많은 원의 둘레가 되므로

원 $x^2 + y^2 = 1$을 꽉 채우게 됩니다.

그러므로 점 $P(x, y)$가 그리는 도형의 넓이는 π입니다.

이상으로 3번 문제의 답변을 마치겠습니다. 감사합니다!

문제 해결의 Tip

[3-1] 계산

자취방정식을 구하는 문제입니다.
점 P의 x좌표와 y좌표의 관계식을 구하면 됩니다.

[3-2] 계산

[3-1]과 같이 자취방정식을 구하면 됩니다.

[3-3] 추론, 계산

점 T의 자취방정식을 구하고 원 C_1과의 위치 관계를 파악해야 합니다.
그러면 자취가 그리는 도형을 쉽게 구할 수 있습니다.

• 사회과학대학 경제학부　　　　　　　　　• 자유전공학부(인문)

주요 개념

도형의 방정식, 도형의 이동

서울대학교의 공식 해설

▶ 자료의 양이 기하급수적으로 늘어나는 현대 사회에서는 주어진 많은 자료 사이의 관계를 알아내는 것이 필수적인 능력이다. 그런 관계는 보통 방정식을 통해 나타나는데, 수학 I '도형의 방정식'(현 고등학교 수학)에서 이를 학습한다.

▶ [3-1] 주어진 원의 방정식과 다른 한 점의 중점을 택하여 역으로 그들이 만족하는 도형의 방정식을 찾을 수 있는지를 평가한다.

▶ [3-2] 주어진 두 원의 방정식을 통해 새로운 도형의 방정식을 알아낼 수 있는지를 평가한다.

▶ [3-3] 이전 두 문제를 활용하여 주어진 두 원의 방정식을 통해 만든 새로운 도형의 둘레를 방정식으로 나타내고, 그 넓이를 구할 수 있는지를 평가한다.

2019학년도 수학 인문 오후

문제 4

로봇 청소기가 좌표평면 위의 정사각형 $\{(x,\ y)\,|\,0 \le x \le 1,\ 0 \le y \le 1\}$ 모양의 방 내부를 청소하고 있다. 이 청소기는 경계를 만나기 전에는 직선으로 이동하고, 경계를 만나는 순간 정사각형 내부를 향하도록 $90°$ 회전한 후 다시 직선을 따라 이동한다. (단, 로봇 청소기는 점으로 간주한다.)

[4-1]

$0 < x < 1$인 실수 x에 대하여 점 $(x,\ 0)$에서 오른쪽 위 $30°$ 방향으로 출발한 로봇 청소기가 x축으로 처음 돌아온 점을 $(f(x),\ 0)$으로 정의하자. 이때, 함수 f를 구하시오.

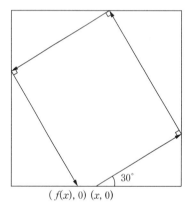

$(f(x),0)\ (x,0)$

[4-2]

문제 [4-1]에서 구한 함수 f에 대하여, $(f \circ f \circ f)(x) = x$를 만족하는 실수 x를 모두 구하시오.

[4-3]

구간 $\left[\dfrac{1}{3},\ \dfrac{2}{3}\right]$에서 함수 f의 최솟값과 최댓값을 각각 $a_1,\ b_1$이라고 하자. 마찬가지로 n이 자연수일 때, 구간 $[a_n,\ b_n]$에서 함수 f의 최솟값과 최댓값을 각각 $a_{n+1},\ b_{n+1}$이라고 하자.

이때 $\displaystyle\sum_{n=1}^{\infty} (b_n - a_n)$의 값을 구하시오.

구상지

4-1

1번 문제의 답변을 시작하겠습니다.

주어진 그림에서 정사각형 안쪽의 네 개의 직각삼각형은 모두 한 내각의 크기가 $30°$인 직각삼각형입니다. 최초의 직각삼각형의 한 변의 길이는 $(1-x)$이므로 삼각비를 이용하여 직각삼각형들의 빗변이 아닌 변들의 길이를 나타내면 다음 그림과 같습니다.

(칠판에 그래프 또는 그림을 그립니다.)

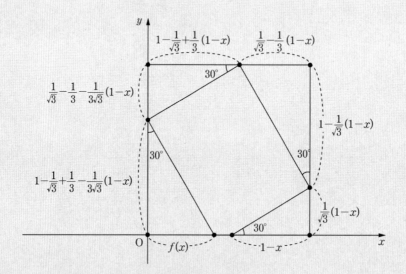

(설명과 계산을 시작합니다.)

따라서 구하는 $f(x)$는 다음과 같이 정리할 수 있습니다.

$$f(x) = \frac{1}{\sqrt{3}} \left\{ 1 - \frac{1}{\sqrt{3}} + \frac{1}{3} - \frac{1}{3\sqrt{3}}(1-x) \right\} = \frac{4}{3\sqrt{3}} - \frac{1}{3} - \frac{1}{9}(1-x) = \frac{1}{9}x + \frac{4\sqrt{3}-4}{9}$$

이상으로 1번 문제의 답변을 마치겠습니다.

2번 문제의 답변을 시작하겠습니다.

(설명과 계산을 시작합니다.)

1번 문제에서 구한 $f(x)$를 차례로 합성하겠습니다.

$$f(f(x)) = \frac{1}{9}f(x) + \frac{4\sqrt{3}-4}{9} = \frac{1}{9}\left(\frac{1}{9}x + \frac{4\sqrt{3}-4}{9}\right) + \frac{4\sqrt{3}-4}{9} = \frac{1}{9^2}x + \frac{4\sqrt{3}-4}{9^2} + \frac{4\sqrt{3}-4}{9}$$

이므로 문제의 주어진 식의 좌변 $(f \circ f \circ f)(x)$, 즉 $f(f(f(x)))$는

$$f(f(f(x))) = \frac{1}{9}f(f(x)) + \frac{4\sqrt{3}-4}{9} = \frac{1}{9^3}x + \frac{4\sqrt{3}-4}{9^3} + \frac{4\sqrt{3}-4}{9^2} + \frac{4\sqrt{3}-4}{9}$$

$$= \frac{1}{9^3}x + \frac{4}{9}\left(\sqrt{3}-1\right)\left(\frac{1}{9^2} + \frac{1}{9} + 1\right)$$

$$= \frac{1}{9^3}x + \frac{4}{9}\left(\sqrt{3}-1\right)\frac{1-\dfrac{1}{9^3}}{1-\dfrac{1}{9}}$$

$$= \frac{1}{9^3}x + \frac{1}{2}\left(\sqrt{3}-1\right)\left(1 - \frac{1}{9^3}\right)$$

입니다.

따라서 방정식 $(f \circ f \circ f)(x) = x$, 즉 $f(f(f(x))) = x$는 $\frac{1}{9^3}x + \frac{1}{2}\left(\sqrt{3}-1\right)\left(1-\frac{1}{9^3}\right) = x$이므로

구하는 실수 x의 값은 $\dfrac{\sqrt{3}-1}{2}$뿐입니다.

이상으로 2번 문제의 답변을 마치겠습니다.

3번 문제의 답변을 시작하겠습니다.

(설명과 계산을 시작합니다.)

함수 $f(x)$의 기울기는 양수이므로 증가함수입니다.
따라서 구간 $[a_n,\ b_n]$에서 함수 f의 최솟값 a_{n+1}과 최댓값 b_{n+1}은 다음과 같습니다.

$$a_{n+1} = f(a_n) = \frac{1}{9}a_n + \frac{4\sqrt{3}-4}{9} \quad \cdots \ \text{㉠}$$

$$b_{n+1} = f(b_n) = \frac{1}{9}b_n + \frac{4\sqrt{3}-4}{9} \quad \cdots \ \text{㉡}$$

구하는 급수의 일반항은 $(b_n - a_n)$이므로 ㉡에서 ㉠을 빼면

$b_{n+1} - a_{n+1} = \frac{1}{9}(b_n - a_n)$이므로 수열 $\{b_n - a_n\}$은 공비가 $\frac{1}{9}$인 등비수열입니다.

따라서 $b_n - a_n = (b_1 - a_1)\left(\frac{1}{9}\right)^{n-1}$ 입니다.

여기에서 $a_1 = f\left(\frac{1}{3}\right)$, $b_1 = f\left(\frac{2}{3}\right)$이고 $b_1 - a_1 = \frac{1}{9}\left(\frac{2}{3} - \frac{1}{3}\right) = \frac{1}{9} \cdot \frac{1}{3}$이므로

$b_n - a_n = \frac{1}{3}\left(\frac{1}{9}\right)^n$ 입니다.

그러므로 $\displaystyle\sum_{n=1}^{\infty}(b_n - a_n)$은 첫째항이 $\frac{1}{27}$, 공비가 $\frac{1}{9}$인 등비급수이고 그 값은 $\dfrac{\frac{1}{27}}{1-\frac{1}{9}} = \dfrac{1}{24}$ 입니다.

이상으로 3번 문제의 답변을 마치겠습니다. 감사합니다!

문제 해결의 Tip

[4-1] 계산

직각삼각형에서 삼각비를 이용하여 변의 길이를 구합니다.
식이 복잡하기는 하지만 순서대로 대입하면 쉽게 $f(x)$를 구할 수 있습니다.

[4-2] 계산, 추론 및 증명

합성함수의 식을 직접 구하여 방정식을 풀이하거나 $f(x)=t$로 치환한 후 풀이할 수도 있습니다.
단, 후자의 경우는 $f(x)=t$가 아닌 경우는 될 수 없음을 언급해야 합니다.
또는 $c_{n+1}=f(c_n)$이라 하여 관계식을 이용하여 풀이할 수도 있습니다.

[4-3] 계산

점화식을 만들어 풀이할 수 있습니다.
이때에는 간단한 연립점화식으로부터 일반항을 찾을 수 있어야 합니다.

- 사회과학대학 경제학부
- 자유전공학부(인문)

주요 개념

함수, 합성함수, 등비수열, 등비급수

서울대학교의 공익 해설

▶ 어떤 원인으로부터 인과적으로 결과가 특정되는 현상을 수학에서는 함수를 통해 분석한다. 따라서 여러 자연적인, 혹은 공학적인 문제 등을 해결하는 것에 있어서 주어진 상황을 함수를 통해 묘사하는 것은 항상 필수적이다.

▶ [4-1] 로봇 청소기의 예시를 들어 함수를 실생활에 적용하여 문제를 해결할 수 있는지 평가한다.
사회 현상을 분석하는 과정에서 함수의 합성을 이용하여 복잡한 과정을 간단한 여러 개의 과정으로 분리해 살펴볼 수 있다.

▶ [4-2] 주어진 함수를 여러 번 합성하여 문제를 해결할 수 있는지 평가한다.

▶ [4-3] 주어진 수열이 등비수열인지 파악하고 등비급수의 합을 이용하여 문제를 해결하는지 평가한다.

2019학년도 수학 자연 오전

문제 1

다음 물음에 답하시오.

[1-1]

좌표평면 위의 두 점 A와 B의 좌표는 각각 $(-10, 2)$와 $(10, 2)$이며, 점 C와 점 D는 x축 위를 움직이고 있다. $\overline{AC}+\overline{CD}+\overline{DB}$가 최소가 되게 하는 점 C와 점 D의 좌표를 구하시오.

[1-2]

문제 [1-1]과 같은 상황에서, $0 < k \leq 1$인 상수 k에 대하여 점 A에서 출발하여 점 C와 점 D를 거쳐 점 B에 도달했을 때의 비용을 $\overline{AC}+k\overline{CD}+\overline{DB}$라고 하자.

이때 비용이 최소가 되게 하는 점 C와 점 D는 항상 원점에 대하여 대칭임을 설명하시오.

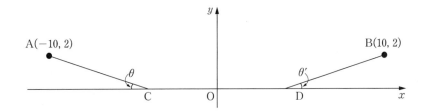

[1-3]

문제 [1-2]와 같은 상황에서, 상수 k를 1부터 줄여나가면 비용이 최소가 되게 하는 점 C와 점 D는 처음에는 움직이지 않다가 어느 순간부터 움직이기 시작한다. 움직이기 시작했을 때의 k의 값을 구하시오.

구상지

1-1

1번 문제의 답변을 시작하겠습니다.

점 C와 점 D의 좌표를 각각 C$(c, 0)$, D$(d, 0)$라 하겠습니다.
이때 점 C와 점 D의 위치를 다음과 같이 분류해 보겠습니다.

(i) $c < d$

(칠판에 그래프 또는 그림을 그립니다.)

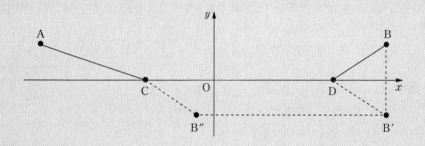

(설명과 계산을 시작합니다.)

점 B를 x축으로 대칭이동한 점을 B′, 이를 다시 x축의 음의 방향으로 선분 CD의 길이만큼 평행이동한 점을 B″이라 하겠습니다.
사각형 CDB′B″은 평행사변형이므로 $\overline{CD} = \overline{B''B'}$, $\overline{DB'} = \overline{CB''}$입니다.

즉, $\overline{AC} + \overline{CD} + \overline{DB} = \overline{AC} + \overline{CD} + \overline{DB'} = \overline{AC} + \overline{CB''} + \overline{B''B'}$이고,
$\overline{AC} + \overline{CB''}$의 최솟값은 $\overline{AB''}$입니다.
이때 점 B″의 좌표는 $(10 - \overline{CD}, -2)$입니다.

따라서 $\overline{AC} + \overline{CD} + \overline{DB}$의 최솟값은 $\overline{AB''} + \overline{B''B'}$입니다.
또한, 이는 $\overline{B''B'} = \overline{CD}$가 작을수록 작아집니다.

(ii) $c > d$

(칠판에 그래프 또는 그림을 그립니다.)

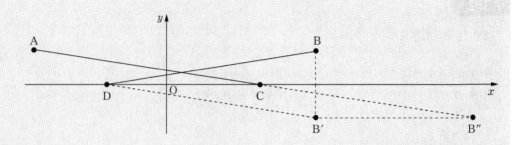

(설명과 계산을 시작합니다.)

점 B를 x축으로 대칭이동한 점을 B′, 이를 다시 x축의 양의 방향으로 선분 DC의 길이만큼 평행이동한 점을 B″이라 하겠습니다.
사각형 DCB″B′은 평행사변형이므로 $\overline{DC} = \overline{B′B″}$, $\overline{DB′} = \overline{CB″}$ 입니다.

즉, $\overline{AC} + \overline{CD} + \overline{DB} = \overline{AC} + \overline{CD} + \overline{DB′} = \overline{AC} + \overline{CB″} + \overline{B′B″}$ 이고,
$\overline{AC} + \overline{CB″}$ 의 최솟값은 $\overline{AB″}$ 입니다.
이때 점 B″의 좌표는 $(10 + \overline{DC},\ -2)$ 입니다.

따라서 $\overline{AC} + \overline{CD} + \overline{DB}$ 의 최솟값은 $\overline{AB″} + \overline{B′B″}$ 입니다.
또한, 이는 $\overline{B′B″} = \overline{DC}$ 가 작을수록 작아집니다.
그런데 (i)에서의 점 B″의 좌표는 $(10 - \overline{CD},\ -2)$ 이므로 (i)에서의 $\overline{AB″}$ 가 (ii)에서의 $\overline{AB″}$ 보다 더 작습니다.

(iii) $c = d$

(칠판에 그래프 또는 그림을 그립니다.)

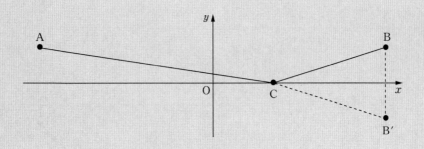

(설명과 계산을 시작합니다.)

점 C와 점 D가 같으므로 $\overline{AC} + \overline{CD} + \overline{DB} = \overline{AC} + \overline{CB}$ 입니다.

점 B를 x축으로 대칭이동한 점을 B′이라 하면, $\overline{AC} + \overline{CB} = \overline{AC} + \overline{CB'}$ 이고 최솟값은 $\overline{AB'}$ 이므로

두 점 $(-10, \ 2)$와 $(10, \ -2)$ 사이의 거리인 $\sqrt{\{10 - (-10)\}^2 + (-2 - 2)^2} = 4\sqrt{26}$ 입니다.

따라서 $\overline{AB''} + \overline{B''B'}$ 은 삼각부등식에 의해 $\overline{AB''} + \overline{B''B'} \geq \overline{AB'}$ 입니다.

(i), (ii), (iii)에 의해 최소인 경우는 $c = d$인 경우이며 최솟값은 $4\sqrt{26}$ 입니다.

이상으로 1번 문제의 답변을 마치겠습니다.

2번 문제의 답변을 시작하겠습니다.

1번 문제와 마찬가지로 $c < d$인 경우와 $c = d$인 경우로 분류하여 살펴보겠습니다.

（ⅰ） $c < d$인 경우

(칠판에 그래프 또는 그림을 그립니다.)

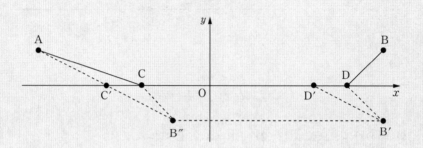

(설명과 계산을 시작합니다.)

$\overline{AC} + k\overline{CD} + \overline{DB}$ 의 최소일 때, $\overline{AC} + \overline{DB}$ 가 최소이어야 합니다.

1번 문제의 （ⅰ）의 경우와 같이 $\overline{AC} + \overline{DB}$ 의 최솟값은 $\overline{AB''}$ 입니다.

이때 $\overline{AB''}$ 과 x축의 교점을 C'이라 하고, 점 C'을 선분 CD의 길이만큼 평행이동한 점을 D'이라 하면 $\overline{AC} + \overline{DB} \geq \overline{AB''} = \overline{AC'} + \overline{D'B}$ 가 됩니다.

사각형 $C'B''B'D'$은 평행사변형이므로

$\overline{AC'}$ 과 x축이 이루는 각은 $\overline{B'D'}$ 과 x축이 이루는 각, 즉 $\overline{BD'}$ 과 x축이 이루는 각과 같습니다. 이 각을 θ라 하겠습니다.

따라서 $\overline{AC} + k\overline{CD} + \overline{DB}$ 가 최소가 될 때의 점 C와 점 D의 위치는 다음 그래프와 같습니다.

(칠판에 그래프 또는 그림을 그립니다.)

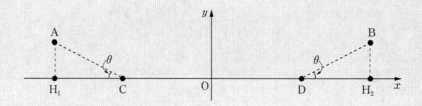

$H_1(-10, 0)$, $H_2(10, 0)$이라 하면 삼각형 AH_1C와 삼각형 BH_2D는 ASA 합동이므로 점 C와 점 D는 원점에 대하여 대칭이 됩니다.

(ii) $c = d$인 경우

1번 문제의 (iii)의 경우와 같이 점 C와 점 D는 모두 원점일 때, $\overline{AC} + k\overline{CD} + \overline{DB}$는 최소가 됩니다. 따라서 이때에도 점 C와 점 D는 원점에 대하여 대칭이 됩니다.

(i), (ii)에 의해 비용이 최소가 되게 하는 점 C와 점 D는 항상 원점에 대해 대칭입니다.

이상으로 2번 문제의 답변을 마치겠습니다.

3번 문제의 답변을 시작하겠습니다.

(설명과 계산을 시작합니다.)

점 C와 점 D가 원점에 대하여 대칭이 되므로 점 D의 좌표를 $(x,\ 0)\ (0 \le x < 10)$이라 하면 비용인 $\overline{AC} + k\overline{CD} + \overline{DB}$ 는

$$\overline{AC} + k\overline{CD} + \overline{DB} = 2\{k\overline{OD} + \overline{DB}\} = 2\left(kx + \sqrt{(10-x)^2 + 4}\right)$$

입니다.

$f(x) = kx + \sqrt{(10-x)^2 + 4}\ (x \ge 0)$라 하면

$f'(x) = k - \dfrac{10-x}{\sqrt{(10-x)^2 + 4}} = \dfrac{k\sqrt{(10-x)^2 + 4} - (10-x)}{\sqrt{(10-x)^2 + 4}}$ 입니다.

위의 식의 분자 $k\sqrt{(10-x)^2 + 4} - (10-x) = 0$을 정리하여 양변을 각각 제곱하면

$k^2\{(10-x)^2 + 4\} = (10-x)^2$, 즉 $k^2 = \dfrac{(10-x)^2}{(10-x)^2 + 4} = 1 - \dfrac{4}{(10-x)^2 + 4}$ 입니다.

우변의 식 $1 - \dfrac{4}{(10-x)^2 + 4}$ 를 $g(x)$라 하면

함수 $g(x)$는 $(10-x)^2$의 값이 최대일 때 최대이고, $(10-x)^2$의 값이 최소일 때 최소가 됩니다.

즉, $x = 0$일 때 최댓값은 $g(0) = 1 - \dfrac{4}{(10-0)^2 + 4} = \dfrac{100}{104} = \dfrac{25}{26}$ 이고

$x = 10$일 때 최솟값은 $g(10) = 1 - \dfrac{4}{(10-0)^2 + 4} = 0$입니다.

(칠판에 그래프 또는 그림을 그립니다.)

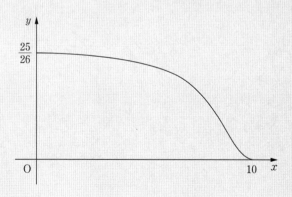

(설명과 계산을 시작합니다.)

따라서 k^2이 $\dfrac{25}{26} \leq k^2 \leq 1$일 때에는

$k^2 \geq \dfrac{(10-x)^2}{(10-x)^2+4} = 1 - \dfrac{4}{(10-x)^2+4}$ 이므로 $f'(x) \geq 0$입니다.

즉, 함수 $f(x)$는 증가함수가 되어 $f(0)$일 때 최소가 됩니다.

그러므로 $\dfrac{25}{26} \leq k^2 \leq 1$일 때에는 점 D의 좌표는 $(0,\, 0)$에서 움직이지 않습니다.

한편, $0 < k^2 < \dfrac{25}{26}$일 때에는 $k^2 - \dfrac{(10-x)^2}{(10-x)^2+4}$의 부호가 음에서 양으로 바뀌므로

$k^2 = \dfrac{(10-x)^2}{(10-x)^2+4}$을 만족하는 x의 값이 점 D의 x좌표일 때,

비용 $\overline{AC} + k\overline{CD} + \overline{DB}$가 극솟값이자 최솟값이 됩니다.

따라서 점 C와 점 D가 움직이기 시작할 때의 k의 값은 $\sqrt{\dfrac{25}{26}} = \dfrac{5\sqrt{26}}{26}$ 입니다.

이상으로 3번 문제의 답변을 마치겠습니다. 감사합니다!

문제 해결의 Tip

[1-1] 분류, 계산

점 C와 점 D의 위치를 분류한 후 점의 대칭이동과 삼각부등식을 이용하면 해결할 수 있습니다.

[1-2] 계산

[1-1]과 마찬가지로 점의 대칭이동과 삼각부등식을 이용한 후 합동인 두 삼각형을 확인하여 해결할 수 있습니다.

[1-3] 계산

점 C와 점 D가 움직이기 시작한다는 의미를 파악해야 합니다.
즉, 최솟값이 변하지 않다가 어느 순간부터 변하는지 알아내면 됩니다.
이때, 함수를 만들어 그래프의 개형을 추측하고 미분을 이용하여 실수 k의 값의 범위를 찾으면 됩니다.

• 자연과학대학 수리과학부, 통계학과　　　　　　　• 사범대학 수학교육과

주요 개념

도형의 이동, 미분, 도함수, 최대, 최소

서울대학교의 공식 해설

▶ 점은 평면 및 공간의 성질을 이해하는 데 필요한 가장 기본적인 단위이고, 좌표평면에서 여러 이동을 통해 점들 사이의 위치 관계를 파악하며 실생활에 다양한 적용이 가능하다.

▶ [1-1] 좌표평면 위의 한 점을 대칭이동을 할 수 있는지, 이를 통해 x축을 움직이는 점들과의 거리의 최단 거리가 대칭 이동한 점과의 선분의 길이임을 알고 있는지 평가한다.

▶ [1-2] 좌표평면 위의 한 점을 대칭이동 및 평행이동을 할 수 있는지, 이를 통해 주어진 선분의 길이의 합을 최소화하기 위한 풀이 과정을 논리적이고 창의적으로 전개할 수 있는지 평가한다.
　　　　미분법은 인간이 자연현상을 정량화하고 이해하는 데 필수적인 도구로, 다양한 실생활에 응용되어 효율을 극대화 하거나 비용을 최소화하는 문제를 해결하는 중추적인 역할을 한다.

▶ [1-3] 좌표평면 위의 두 점 사이의 거리를 함수로 표현하여 도함수를 구할 수 있는지, 이를 통해 함수의 증가, 감소 및 극대, 극소를 판정할 수 있는지 평가한다.

문제 2

좌표평면 위에 다음과 같은 영역 S, T가 있다.

$$S = \{(x, y) \mid |y| > x^2\}$$
$$T = \{(x, y) \mid 0 < |y| < |x|\}$$

그리고 주어진 점 (x, y)에 대하여 다음 시행 (P)와 시행 (Q)를 생각해 보자.

시행 (P): (ⅰ) 0이 아닌 정수 m을 하나 선택한다.
　　　　　(ⅱ) (x, y)를 $(x^2 + 2my, y)$로 바꾼다.

시행 (Q): (ⅰ) 0이 아닌 정수 n을 하나 선택한다.
　　　　　(ⅱ) (x, y)를 $(\sqrt{|x|}, y + 2nx)$로 바꾼다.

[2-1]

영역 S에 속하는 점 (x, y)에 대하여 시행 (P)를 행하여 얻어지는 점은 항상 영역 T에 속하게 됨을 보이시오.

[2-2]

점 (x, y)에서 시작하여 시행 (Q)와 시행 (P)를 번갈아가면서 적용하되 반드시 첫 번째 시행은 (Q)이도록 한다. 만약 한 번 이상의 시행 이후 다시 시작점 (x, y)로 돌아올 수 있으면 점 (x, y)를 '되돌이점'이라고 부르자.

예 1: 점 $(0, 0)$은 되돌이점이다.

$$(0, 0) \rightarrow (0, 0) \quad (n = 1을 \text{ 선택하여 시행 } (Q)를 \text{ 행한다.})$$

예 2: 점 $(1, 2)$는 되돌이점이다.

$$(1, 2) \rightarrow (1, 0) \quad (n = -1을 \text{ 선택하여 시행 } (Q)를 \text{ 행한다.})$$
$$\rightarrow (1, 0) \quad (m = 1을 \text{ 선택하여 시행 } (P)를 \text{ 행한다.})$$
$$\rightarrow (1, 2) \quad (n = 1을 \text{ 선택하여 시행 } (Q)를 \text{ 행한다.})$$

점 $(1, 0)$은 되돌이점인지 판정하고, 그 이유를 설명하시오.

구상지

2-1

1번 문제의 답변을 시작하겠습니다.

(설명과 계산을 시작합니다.)

영역 S에 속하는 점 $(x,\ y)$는 $|y| > x^2$을 만족합니다.
따라서 시행 (P)를 행한 점 $(x^2 + 2my,\ y)$가 영역 T의 조건인 $0 < |y| < |x|$을 만족하는지 확인하면 됩니다.
즉, $0 < |y| < |x^2 + 2my|$임을 보이면 됩니다.

절대부등식 $|a+b| \geq |a| - |b|$에 의해
$|x^2 + 2my| = |2my + x^2| \geq |2my| - |x^2|$입니다.

영역 S에 속하는 점은 $|y| > x^2$이므로 $-|y| < -|x^2|$입니다.
즉, $|x^2 + 2my| = |2my + x^2| \geq |2my| - |x^2| > |2my| - |y| = (|2m| - 1)|y|$입니다.

m이 0이 아닌 정수이므로 $|2m| - 1 \geq 1$입니다.
따라서 $(|2m| - 1)|y| \geq |y|$이고 $|x^2 + 2my| > |y|$입니다.

또한, $|y| > x^2 \geq 0$이므로 $0 < |y| < |x^2 + 2my|$이 성립합니다.

그러므로 점 $(x,\ y)$는 영역 T에 속하게 됩니다.

이상으로 1번 문제의 답변을 마치겠습니다.

2번 문제의 답변을 시작하겠습니다.

(설명과 계산을 시작합니다.)

점 $(1,\ 0)$에 시행 (Q)를 적용하면 $(1,\ 2n)$이 됩니다.
점 $(1,\ 2n)$은 $|y| > x^2$을 만족하므로 영역 S에 속한 점입니다.
그리고 시행 (P)를 적용하면 1번 문제의 결과와 같이 영역 T에 속하게 됩니다.

영역 T에 속하는 점 $(x,\ y)$에 대하여 시행 (Q)를 적용하여 얻어지는 점에 대해서 1번 문제와 같은 관찰을 해 보겠습니다.

점 $(x,\ y)$는 $0 < |y| < |x|$를 만족합니다.
시행 (Q)를 적용하면 $(\sqrt{|x|},\ y + 2nx)$이고
이 점이 영역 S 또는 영역 T 또는 그 외 영역에 속하는지 확인해 보겠습니다.

1번 문제와 같이 절대부등식 $|a+b| \geq |a| - |b|$를 이용하면
$|y + 2nx| = |2nx + y| \geq |2nx| - |y|$입니다.
$0 < |y| < |x|$를 만족하므로 $|2nx| - |y| > |2n||x| - |x| = (|2n| - 1)|x| \geq |x|$에서
$|y + 2nx| > |x| = (\sqrt{|x|})^2$을 만족합니다.
즉, 영역 T에 속하는 점 $(x,\ y)$에 대하여 시행 (Q)를 적용하면 영역 S에 속하게 됩니다.

따라서 다음과 같은 규칙을 확인할 수 있습니다.

$$(1,\ 0) \xrightarrow[\text{시행}(Q)]{} T \xrightarrow[\text{시행}(P)]{} S \xrightarrow[\text{시행}(Q)]{} T \cdots$$

이때 점 $(1,\ 0)$은 영역 S에도 영역 T에도 속해 있지 않으므로 주어진 시행을 적용한 후
점 $(1,\ 0)$으로 돌아올 수 없습니다.

그러므로 점 $(1,\ 0)$은 되돌이점이 아닙니다.

이상으로 2번 문제의 답변을 마치겠습니다. 감사합니다!

문제 해결의 Tip

[2-1] 추론 및 증명, 계산

이 문제는 부등식의 영역을 나타낸 후 추론하는 방법으로는 해결하기 어렵다는 것을 판단할 수 있어야 합니다.
문제를 관찰한 후 절대부등식을 이용하여 증명해야 합니다.
일반적인 풀이 방법이 아닌 생소한 방법을 이용하여 증명해야 하므로 낯설고 어렵게 느낄 수 있습니다.
낯선 문제에 대한 충분한 연습이 필요합니다.

[2-2] 분류, 추론 및 증명, 계산

[2-1]의 풀이와 같이 절대부등식을 이용해서 규칙을 확인해야 합니다.

활용 모집 단위

• 자연과학대학 수리과학부, 통계학과   • 사범대학 수학교육과
• 자유전공학부

주요 개념

부등식의 영역, 절대부등식

서울대학교의 공익 해설

▶ 수학에서는 정말 어려운 문제의 해법이 간단한 절대부등식으로부터 시작되곤 한다.

▶ [2-1] 간단한 절대부등식을 이용하여 영역 S에 속하는 점이 영역 T에 속하는 것을 증명하는 능력을 평가하고자 한다.

▶ [2-2] 절대부등식을 이용하여 부등식의 영역의 점들이 이동하는 영역을 제한시킴으로써, 주어진 점이 속하는 영역을 파악하여 문제에서 증명하고자 하는 성질을 만족하는지 판단하는 능력을 평가하고자 한다.

2019학년도 수학 자연 오전

문제 3

다음 물음에 답하시오.

[3-1]

좌표공간에서 xy-평면 위의 영역 $\{(x,\ y,\ 0)|0 \leq x \leq 10,\ 0 \leq y \leq 1\}$을 x축의 둘레로 회전시켜 얻은 입체도형을 U라 하자. 입체도형 U에 포함된 정사면체 중 그 한 면이 yz-평면에 있는 경우, 정사면체의 한 변의 길이가 가질 수 있는 최댓값을 구하시오.

[3-2]

좌표공간에서 xy-평면 위의 영역 $\{(x,\ y,\ 0)|0 \leq x < 2\pi,\ 0 \leq y \leq 2+\cos x\}$을 x축의 둘레로 회전시켜 얻은 입체도형을 V라 하자. 입체도형 V에 포함된 정사면체 중 그 한 면이 yz-평면에 있는 경우, 정사면체의 한 변의 길이가 가질 수 있는 최댓값을 구하시오.

구상지

3-1

1번 문제의 답변을 시작하겠습니다.

주어진 입체도형 U를 그리면 다음 그림과 같습니다.

(칠판에 그래프 또는 그림을 그립니다.)

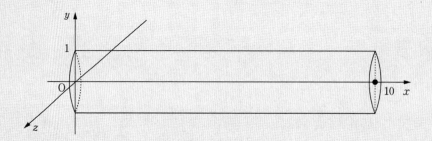

(설명과 계산을 시작합니다.)

한 면이 yz-평면에 있는 정사면체는 모든 면이 정삼각형이고, 이 정삼각형의 한 변의 길이의 최댓값은 반지름의 길이가 1인 원에 내접할 때입니다.

(칠판에 그림을 그립니다.)

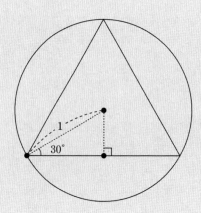

(설명과 계산을 시작합니다.)

따라서 정삼각형의 한 변의 길이는 $2\cos 30° = \sqrt{3}$ 이므로
정사면체의 한 변의 길이가 가질 수 있는 최댓값은 $\sqrt{3}$ 이 됩니다.

이상으로 1번 문제의 답변을 마치겠습니다.

2번 문제의 답변을 시작하겠습니다.

주어진 입체도형 V를 그리면 다음과 같습니다.

(칠판에 그래프 또는 그림을 그립니다.)

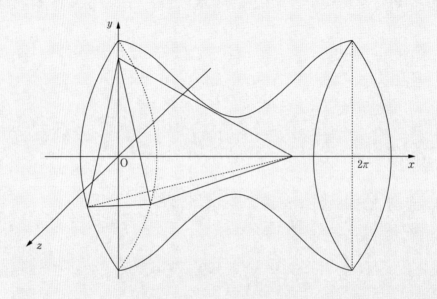

(설명과 계산을 시작합니다.)

이때 한 면이 yz-평면에 있는 정사면체는 그 크기가 입체도형 V의 밑면인 원에 의해 결정되지 않고, 정사면체의 한 변과 입체도형 V의 옆면의 위치 관계에 의해 결정됩니다.
즉, 정사면체의 한 변이 $y = 2 + \cos x$ (또는 $y = -2 - \cos x$)에 접할 때 정사면체의 한 변의 길이가 최대가 됩니다.
또한, 정사면체의 한 변의 길이를 a라 하면 다음 그림으로부터 좌표평면에서의 접선의 기울기를 구할 수 있습니다.

(칠판에 그래프 또는 그림을 그립니다.)

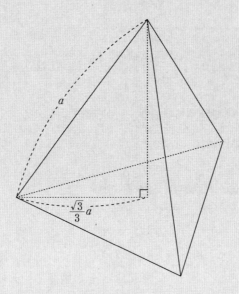

피타고라스 정리에 의해 정사면체의 높이는 $\sqrt{a^2 - \left(\dfrac{\sqrt{3}}{3}a\right)^2} = \dfrac{\sqrt{6}}{3}a$ 이므로

구하는 접선의 기울기는 $-\dfrac{\dfrac{\sqrt{3}}{3}a}{\dfrac{\sqrt{6}}{3}a} = -\dfrac{1}{\sqrt{2}}$ 입니다.

함수 $y = 2 + \cos x$ 의 그래프에 접하는 직선의 기울기가 $-\dfrac{1}{\sqrt{2}}$ 일 때, 그 접점을 구하면

$y' = -\sin x = -\dfrac{1}{\sqrt{2}}$ 에서 $x = \dfrac{\pi}{4}$ 또는 $x = \dfrac{3\pi}{4}$ 입니다.

또한, $y'' = -\cos x$ 이므로 $x = \dfrac{\pi}{2}$ 를 기준으로 함수 $y = 2 + \cos x$ 의 그래프는

$x < \dfrac{\pi}{2}$ 에서는 $y'' < 0$ 이므로 위로 볼록하고

$x > \dfrac{\pi}{2}$ 에서는 $y'' > 0$ 이므로 아래로 볼록합니다.

따라서 구하는 접점의 좌표는 $\left(\dfrac{3\pi}{4},\ 2-\dfrac{1}{\sqrt{2}}\right)$ 이고

접선의 방정식은 $y=-\dfrac{1}{\sqrt{2}}\left(x-\dfrac{3\pi}{4}\right)+2-\dfrac{1}{\sqrt{2}}$ 입니다.

y절편을 구하면 $\dfrac{3\pi}{4\sqrt{2}}-\dfrac{1}{\sqrt{2}}+2=\dfrac{3\sqrt{2}\,\pi-4\sqrt{2}+16}{8}$ 이고 이 값은 $\dfrac{\sqrt{3}}{3}a$와 같습니다.

따라서 구하는 정사면체의 한 변의 길이가 가질 수 있는 최댓값은
$\dfrac{3\sqrt{6}\,\pi-4\sqrt{6}+16\sqrt{3}}{8}$ 입니다.

이상으로 2번 문제의 답변을 마치겠습니다. 감사합니다!

문제 해결의 Tip

[3-1] 계산

그래프를 그려서 추측해 보면

정사면체의 밑면의 꼭짓점이 원기둥의 옆면에 있을 때 정사면체의 한 변의 길이가 최댓값을 가질 수 있음을 알 수 있습니다.

따라서 원에 내접하는 정삼각형으로부터 정사면체의 한 변의 길이가 가질 수 있는 최댓값을 구할 수 있습니다.

[3-2] 계산

그래프를 그려서 추측해 보면

정사면체의 세 변이 주어진 도형에 접할 때임을 알 수 있습니다.

따라서 접선의 방정식을 구하고 정사면체의 높이와 삼각형에서 꼭짓점과 무게중심까지의 거리를 이용하면 정사면체의 한 변의 길이가 가질 수 있는 최댓값을 구할 수 있습니다.

- 공과대학
- 농업생명과학대학 조경·지역시스템공학부, 바이오시스템·소재학부

주요 개념

공간좌표, 접선의 방정식

서울대학교의 공식 해설

▶ 우리가 사는 3차원에서 발생하는 현상들을 이해하기 위해서는 공간좌표와 공간도형에 대한 이해가 필수적이다.

▶ [3-1] 공간좌표에 대하여 이해하고 주어진 상황에서 적절한 도형을 이용하여 문제를 해결할 수 있는지 평가한다.

▶ [3-2] 좌표공간 위에서 주어진 문제의 조건을 해석하여 좌표평면에서의 문제로 단순화할 수 있는지 평가한다.
또한, 본 문항에서는 도함수의 성질을 통해 주어진 문제가 좌표평면에서 그래프의 접선의 방정식을 구하는 문제라는 것을 이해하고 계산할 수 있는지 평가한다.

2019학년도 수학 자연 오전

문제 4

자연수 n에 대하여 좌표공간 위에 평면 $P_n : x+y+2z=2n$이 주어져 있다.

[4-1]

평면 P_n과 평면 $x-y-2z=0$이 이루는 교선을 l_1, 평면 P_n과 평면 $y-x-2z=0$이 이루는 교선을 l_2,

평면 P_n과 xz-평면이 이루는 교선을 l_3, 평면 P_n과 yz-평면이 이루는 교선을 l_4라 하자.

이때 4개의 교선 l_1, l_2, l_3, l_4로 이루어진 사각형의 넓이 A_n의 값을 구하시오.

[4-2]

문제 [4-1]의 상황에서 4개의 교선 l_1, l_2, l_3, l_4로 이루어진 사각형의 내부(경계 포함)에 있는 점들 중 각 좌표가

모두 정수인 점의 개수 S_n을 구하시오.

[4-3]

극한값 $\displaystyle\lim_{n\to\infty}\frac{S_n}{A_n}$을 구하시오.

구상지

예시 답안

현 교육과정을 벗어난 문제이므로 예시 답안을 싣지 않습니다.

활용 모집 단위

- 공과대학
- 자유전공학부
- 농업생명과학대학 조경·지역시스템공학부, 바이오시스템·소재학부

주요 개념

평면의 방정식, 직선의 방정식, 합의 법칙, 곱의 법칙, 수열의 극한

서울대학교의 공식 해설

▶ [4-1] 좌표공간에서 주어진 평면들의 교선의 방정식을 구할 수 있고, 이를 이용하여 교선들이 이루는 사각형의 영역을 구할 수 있는지 평가한다.

▶ [4-2] 경우의 수를 구하는 가장 기초적이고도 중요한 방법 중 하나인 합의 법칙과 곱의 법칙을 통한 문제 해결 능력을 평가한다.

▶ [4-3] 간단한 수열의 극한값을 최고차항의 계수의 비를 이용하여 구할 수 있는지 평가한다.

2020학년도 수학A 인문 오전

문제 1

자연수 n에 대하여 다음의 〈조건〉을 만족하는 원 A_n을 생각해 보자.

---〈조건〉---

(i) 원 A_1의 중심은 $(0,\ 0)$이고 반지름의 길이는 4이다.

(ii) 원 A_n의 중심은 $\left(\sum\limits_{i=1}^{n-1}\dfrac{15}{2^i},\ 0\right)$이고 반지름의 길이는 $\dfrac{8}{2^n}$이다. (단, $n \geq 2$)

두 원 A_n, A_{n+1}과 각각 만나면서 y절편이 최대가 되는 직선을 l_n이라 하자.

[1-1]

직선 l_1의 방정식을 구하시오.

[1-2]

직선 l_n의 y절편을 a_n이라 할 때, 극한 $\lim\limits_{n\to\infty} a_n$의 값을 구하시오.

구상지

1-1

1번 문제의 답변을 시작하겠습니다.

주어진 조건을 이용하면 원 A_2의 중심은 $\left(\dfrac{15}{2},\ 0\right)$이고 반지름의 길이는 2입니다.

원 A_1과 원 A_2를 좌표평면 위에 먼저 그려 보겠습니다.

(칠판에 그래프 또는 그림을 그립니다.)

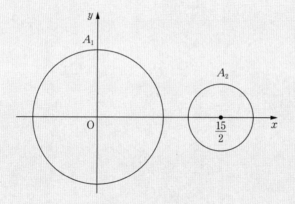

이때 두 원과 만나면서 y절편이 최대인 직선 l_1은 두 원에 모두 접하면서 기울기가 음수인 직선입니다.

(칠판에 직선을 추가로 그립니다.)

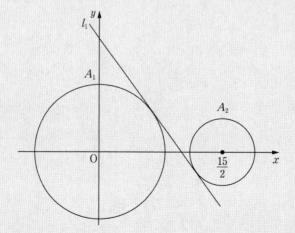

(설명과 계산을 시작합니다.)

직선 l_1의 방정식을 $ax - y + b = 0$ $(a < 0,\ b > 0)$이라 하면 점과 직선 사이의 거리 공식에 의해

$$\frac{|b|}{\sqrt{a^2+1}} = 4, \quad \frac{\left|\frac{15}{2}a + b\right|}{\sqrt{a^2+1}} = 2$$

입니다.

이때 점 $\left(\frac{15}{2},\ 0\right)$은 직선 l_1의 윗부분에 위치하므로 $\frac{15}{2}a - 0 + b < 0$, 즉 $\frac{15}{2}a + b < 0$입니다.

이를 이용하여 절댓값을 처리하면

$$\frac{b}{\sqrt{a^2+1}} = 4, \quad \frac{-\left(\frac{15}{2}a + b\right)}{\sqrt{a^2+1}} = 2$$

이고, 두 식을 좌변과 우변끼리 나누어 정리하면 $-15a - 2b = b$이므로 $b = -5a$입니다.

$b = -5a$를 $\frac{b}{\sqrt{a^2+1}} = 4$에 대입하면 $\frac{-5a}{\sqrt{a^2+1}} = 4$이고 이를 정리하면

$9a^2 = 16$, 즉 $a = -\frac{4}{3}$ $(\because a < 0)$입니다.

따라서 직선 l_1의 방정식은 $y = -\frac{4}{3}x + \frac{20}{3}$ 입니다.

이상으로 1번 문제의 답변을 마치겠습니다.

2번 문제의 답변을 시작하겠습니다.

(설명과 계산을 시작합니다.)

주어진 조건에 의해

$$\sum_{i=1}^{n-1} \frac{15}{2^i} = 15 \cdot \frac{\frac{1}{2}\left(1 - \frac{1}{2^{n-1}}\right)}{1 - \frac{1}{2}} = 15\left(1 - \frac{1}{2^{n-1}}\right) = 15 - \frac{15}{2^{n-1}}$$

입니다. 따라서 원 A_n의 중심은 $\left(15 - \dfrac{15}{2^{n-1}},\ 0\right)$이고 반지름의 길이는 $\dfrac{8}{2^n}$입니다.

위의 식에서 n 대신 $n+1$을 대입하면 원 A_{n+1}의 중심은 $\left(15 - \dfrac{15}{2^n},\ 0\right)$이고 반지름의 길이는 $\dfrac{8}{2^{n+1}}$입니다.

이때 두 원의 중심거리는 $\left(15 - \dfrac{15}{2^n}\right) - \left(15 - \dfrac{15}{2^{n-1}}\right) = \dfrac{15}{2^n}$이고

이는 두 원의 반지름의 길이의 합 $\dfrac{8}{2^n} + \dfrac{8}{2^{n+1}} = \dfrac{12}{2^n}$보다 크므로 두 원은 만나지 않습니다.

1번의 과정과 동일하게 직선 l_n의 위치를 그리면 다음 그림과 같습니다.

(칠판에 그래프 또는 그림을 그립니다.)

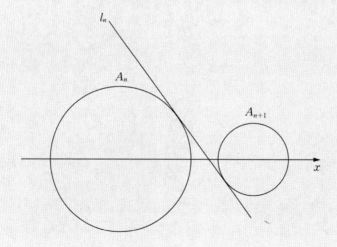

$l_n : cx - y + d = 0 \;\; (c < 0, \; d > 0, \; d = a_n)$이라 할 때

점과 직선 사이의 거리 공식을 이용하여 구합니다.

이때 원 A_n의 중심은 직선 l_n의 아래 부분, 원 A_{n+1}의 중심은 직선 l_n의 위 부분에 위치하므로 절댓값을

계산하면 $\dfrac{\left(15 - \dfrac{15}{2^{n-1}}\right)c + d}{\sqrt{c^2 + 1}} = \dfrac{8}{2^n}$, $\dfrac{-\left\{\left(15 - \dfrac{15}{2^n}\right)c + d\right\}}{\sqrt{c^2 + 1}} = \dfrac{8}{2^{n+1}}$ 입니다.

두 식을 좌변과 우변끼리 나누어 정리하면

$\left(15 - \dfrac{15}{2^{n-1}}\right)c + d = -2\left\{\left(15 - \dfrac{15}{2^n}\right)c + d\right\}$ 이므로

$\left(-30 + \dfrac{15}{2^{n-1}}\right)c - \left(15 - \dfrac{15}{2^{n-1}}\right)c = 3d$에서

$\left(-45 + \dfrac{60}{2^n}\right)c = 3d$, 즉 $d = \left(-15 + \dfrac{20}{2^n}\right)c$입니다.

$d = \left(-15 + \dfrac{20}{2^n}\right)c$를 $\dfrac{\left(15 - \dfrac{15}{2^{n-1}}\right)c + d}{\sqrt{c^2 + 1}} = \dfrac{8}{2^n}$에 대입하여 정리하면

$2^n\left(\dfrac{20}{2^n} - \dfrac{30}{2^n}\right)c = 8\sqrt{c^2 + 1}$ 이므로 $100c^2 = 64c^2 + 64$, 즉 $c = -\dfrac{4}{3} \;(\because c < 0)$입니다.

따라서 $d = a_n = \left(-15 + \dfrac{20}{2^n}\right)\left(-\dfrac{4}{3}\right) = 20 - \dfrac{80}{3 \cdot 2^n}$ 이므로

$\displaystyle\lim_{n \to \infty} a_n = 20$입니다.

이상으로 2번 문제의 답변을 마치겠습니다. 감사합니다!

문제 해결의 Tip

[1-1] 계산

그림을 통하여 y절편이 최대가 되는 상태를 찾아야 합니다.

그 상태는 기울기가 음수인 공통내접선임을 알고, 원의 중심과 접선 사이의 거리가 반지름의 길이와 같음을 이용하여 계산하면 됩니다.

[1-2] 계산

수열의 일반항에 대하여 [1-1]에서의 과정을 반복하면 됩니다.

- 사회과학대학 경제학부
- 경영대학
- 농업생명과학대학 농경제사회학부

- 생활과학대학 소비자아동학부 소비자학전공, 의류학과
- 자유전공학부(인문)

주요 개념

원의 접선, 직선의 방정식, 두 직선의 평행 조건, 등비급수의 합

서울대학교의 공식 해설

▶ 가장 기본이 되는 도형인 원과 직선의 위치 관계를 이해하고 급수의 합을 구할 수 있는지를 평가하기 위한 문항이다.

▶ [1-1] 원의 접선의 성질을 이해하는지, 직선의 방정식을 구할 수 있는지를 평가한다.

▶ [1-2] 두 직선이 평행할 조건을 이해하는지와 반복적 형태로 주어진 도형으로부터 구하고자 하는 양이 등비수열임을 알아내고 등비급수의 합을 계산할 수 있는지 평가한다.

문제 2

실수 $a < b$에 대하여 닫힌구간 $[a,\ b]$가 주어졌을 때, 함수 $y = f_{[a,\ b]}(x)$를 실수 전체의 집합에서 다음과 같이 정의하자.

$$f_{[a,\ b]}(x) = \begin{cases} a+b-x & (x \in [a,\ b]) \\ x & (x \notin [a,\ b]) \end{cases}$$

[2-1]

합성함수 $y = (f_{[0,\ 2]} \circ f_{[1,\ 3]})(x)$는 $x = 1,\ 2$에서 연속인지 아닌지 설명하시오.

[2-2]

모든 실수 x에 대하여

$$(f_{[0,\ 1]} \circ f_{[a,\ b]})(x) = (f_{[a,\ b]} \circ f_{[0,\ 1]})(x)$$

가 성립하도록 하는 점 $\mathrm{P}(a,\ b)$를 모두 구하시오. (단, 실수 $a,\ b$의 값의 범위는 $0 \le a < b \le 1$이다.)

구상지

2-1

1번 문제의 답변을 시작하겠습니다.

먼저 주어진 함수에서 정의역의 범위를 부등식으로 바꾸어 써 보겠습니다.

(식을 칠판에 적고 설명과 계산을 시작합니다.)

$$f_{[1,\,3]}(x)=\begin{cases} 4-x \ (1\le x\le 3) \\ x \quad (x<1 \ \text{또는} \ x>3) \end{cases}, \quad f_{[0,\,2]}(x)=\begin{cases} 2-x \ (0\le x\le 2) \\ x \quad (x<0 \ \text{또는} \ x>2) \end{cases}$$

그리고 $x=1$, 2일 때 함숫값을 각각 구해보면
$f_{[1,\,3]}(1)=3$, $f_{[1,\,3]}(2)=2$이므로
$(f_{[0,\,2]} \circ f_{[1,\,3]})(1)=f_{[0,\,2]}(3)=3$, $(f_{[0,\,2]} \circ f_{[1,\,3]})(2)=f_{[0,\,2]}(2)=0$입니다.

이제 함수의 연속의 정의를 이용하기 위해 극한을 계산하겠습니다.

$x=1$에서의 좌극한은 $\displaystyle\lim_{x\to 1-}(f_{[0,\,2]} \circ f_{[1,\,3]})(x)=\lim_{x\to 1-}f_{[0,\,2]}(f_{[1,\,3]}(x))$로 나타낼 수 있습니다.
여기에서 $f_{[1,\,3]}(x)=t$라 하면
$\displaystyle\lim_{x\to 1-}f_{[0,\,2]}(f_{[1,\,3]}(x))=\lim_{t\to 1-}f_{[0,\,2]}(t)=1$입니다.
마찬가지로 치환하여 풀면 $x=1$에서의 우극한은
$\displaystyle\lim_{x\to 1+}(f_{[0,\,2]} \circ f_{[1,\,3]})(x)=\lim_{x\to 1+}f_{[0,\,2]}(f_{[1,\,3]}(x))=\lim_{t\to 3-}f_{[0,\,2]}(t)=3$입니다.
따라서 $x=1$에서 극한값이 존재하지 않으므로 주어진 합성함수는 $x=1$에서 연속이 아닙니다.

$x=2$에서의 좌극한과 우극한은 각각 $\displaystyle\lim_{x\to 2-}f_{[0,\,2]}(f_{[1,\,3]}(x))$, $\displaystyle\lim_{x\to 2+}f_{[0,\,2]}(f_{[1,\,3]}(x))$이고
마찬가지로 치환하여 풀면 $\displaystyle\lim_{t\to 2+}f_{[0,\,2]}(t)=2$, $\displaystyle\lim_{t\to 2-}f_{[0,\,2]}(t)=0$입니다.
따라서 $x=2$에서 극한값이 존재하지 않으므로 주어진 합성함수는 $x=2$에서도 연속이 아닙니다.

이상으로 1번 문제의 답변을 마치겠습니다.

2번 문제의 답변을 시작하겠습니다.

우선 조건에 주어진 함수 $y=f_{[a,\ b]}(x)$의 그래프를 그려 보겠습니다.

(칠판에 그래프 또는 그림을 그립니다.)

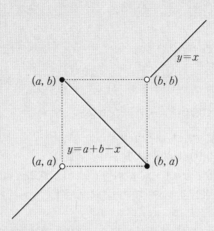

(설명과 계산을 시작합니다.)

함수 $y=f_{[0,\ 1]}(x)$, $y=f_{[a,\ b]}(x)$의 그래프는 모두 일대일 대응이면서 직선 $y=x$에 대하여 대칭이므로
$f_{[0,\ 1]}(x)=\left(f_{[0,\ 1]}\right)^{-1}(x)$, $f_{[a,\ b]}(x)=\left(f_{[a,\ b]}\right)^{-1}(x)$
입니다.

따라서 문제에 주어진 식의 우변은
$\left(f_{[a,\ b]} \circ f_{[0,\ 1]}\right)=\left(f_{[a,\ b]}\right)^{-1} \circ \left(f_{[0,\ 1]}\right)^{-1}=\left(f_{[0,\ 1]} \circ f_{[a,\ b]}\right)^{-1}$
로 바꿀 수 있습니다.

그러므로 문제에 주어진 식의 좌변은 $\left(f_{[0,\ 1]} \circ f_{[a,\ b]}\right)(x)=\left(f_{[0,\ 1]} \circ f_{[a,\ b]}\right)^{-1}(x)$이 되고,
이는 함수 $y=\left(f_{[0,\ 1]} \circ f_{[a,\ b]}\right)(x)$의 그래프가 직선 $y=x$에 대하여 대칭이어야 함을 의미합니다.

이제 합성함수의 식을 관찰해 보겠습니다.

$$y = \left(f_{[0,\,1]} \circ f_{[a,\,b]}\right)(x) = f_{[0,\,1]}\left(f_{[a,\,b]}(x)\right) = \begin{cases} 1 - f_{[a,\,b]}(x) & \left(0 \le f_{[a,\,b]} \le 1\right) \\ f_{[a,\,b]}(x) & \left(f_{[a,\,b]}(x) < 0 \ \text{또는} \ f_{[a,\,b]}(x) > 1\right) \end{cases}$$

이고 $f_{[a,\,b]}(x) = \begin{cases} a+b-x & (a \le x \le b) \\ x & (x < a \ \text{또는} \ x > b) \end{cases}$ 이므로 이를 위의 식에 대입하면

$$y = \left(f_{[0,\,1]} \circ f_{[a,\,b]}\right)(x) = f_{[0,\,1]}\left(f_{[a,\,b]}(x)\right)$$

$$= \begin{cases} x+1-a-b & (0 \le a+b-x \le 1, \ a \le x \le b) \\ 1-x & (0 \le x \le 1, \ x < a \ \text{또는} \ x > b) \\ a+b-x & (a+b-x < 0 \ \text{또는} \ a+b-x > 1, \ a \le x \le b) \\ x & (x < 0 \ \text{또는} \ x > 1, \ x < a \ \text{또는} \ x > b) \end{cases}$$

입니다. 각 함수의 정의역을 고려하지 않고 보면
$y = x+1-a-b$ 를 제외하고 함수 $y = 1-x$, $y = a+b-x$ 의 그래프는 직선 $y = x$ 에 대하여 대칭일 수 있고, 함수 $y = x$ 의 그래프는 직선 $y = x$ 에 대하여 대칭입니다.

따라서 $y = f_{[0,\,1]}\left(f_{[a,\,b]}(x)\right)$ 의 그래프가 직선 $y = x$ 에 대하여 대칭이기 위해서는
함수 $y = x+1-a-b$ 의 그래프도 직선 $y = x$ 에 대칭이어야 합니다.
$y = x+1-a-b$ 가 직선 $y = x$ 에 대칭이기 위해서는 $a+b = 1$ 이거나 $a+b \neq 1$ 일 때
정의역인 $0 \le a+b-x \le 1$, $a \le x \le b$ 를 만족하는 x 의 값의 범위가 존재하지 않아
함수 $y = x+1-a-b$ 의 그래프가 그려지지 않으면 됩니다.

이제 문제에 주어진 조건 $0 \le a < b \le 1$ 을 고려하여 경우를 분류하겠습니다.

(i) $a+b = 1$ 인 경우
우선 $a+b = 1$ 이므로 $b = 1-a \le 1$ 입니다.
즉, $0 \le a < b \le 1$ 이고 $a < 1-a$ 이므로 $a < \dfrac{1}{2}$, $b > \dfrac{1}{2}$ 입니다.

이제 다음의 두 경우를 확인하면 됩니다.

① $a=0$, $b=1$인 경우

주어진 합성함수의 식이 $y=(f_{[0,\,1]} \circ f_{[0,\,1]})(x)=f_{[0,\,1]}(x)$이므로 모든 실수 x에 대하여 직선 $y=x$에 대하여 대칭입니다.

② $0 < a < b < 1$인 경우

$$f_{[a,\,b]}(x)=f_{[a,\,1-a]}(x)=\begin{cases} a+b-x=1-x & (x \in [a,\,1-a]) \\ x & (x \notin [a,\,1-a]) \end{cases}$$ 입니다.

함수 $y=f_{[a,\,b]}(x)=f_{[a,\,1-a]}(x)$의 그래프를 그려보겠습니다.

(칠판에 그래프 또는 그림을 그립니다.)

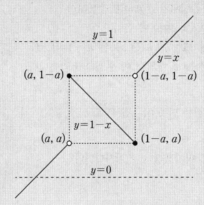

(설명과 계산을 시작합니다.)

$f_{[a,\,1-a]}(x) \in [0,\,1]$인 경우는
$$f_{[a,\,1-a]}(x)=\begin{cases} x & (0 \leq x < a \text{ 또는 } 1-a < x \leq 1) \\ 1-x & (a \leq x \leq 1-a) \end{cases}$$

$f_{[a,\,1-a]}(x) \notin [0,\,1]$인 경우는
$f_{[a,\,1-a]}(x)=x$ $(x < 0$ 또는 $x > 1)$
입니다.

따라서

$$f_{[0,\,1]}\big(f_{[a,\,1-a]}(x)\big)=\begin{cases}1-x & (0\le x<a \text{ 또는 } 1-a<x\le 1)\\ x & (a\le x\le 1-a \text{ 또는 } x<0 \text{ 또는 } x>1)\end{cases}$$

입니다. 이는 직선 $y=x$에 대하여 대칭입니다.

①, ②에서 주어진 식을 만족하는 a, b의 값의 조건은 $a+b=1$, $0\le a<\dfrac{1}{2}$입니다.

(ii) $a+b\neq 1$인 경우

$0\le a+b-x\le 1$, $a\le x\le b$를 정리하면 $a+b-1\le x\le a+b$, $a\le x\le b$입니다.
이를 만족하는 x의 값의 범위가 존재하지 않으려면
$a+b-1>b$이거나 $a+b<a$이어야 합니다.
이때 $a+b<a$는 $b<0$이고, $a+b-1>b$는 $a>1$이므로
$0\le a<b\le 1$를 만족하는 a, b의 값이 존재하지 않습니다.

따라서 (i), (ii)에 의해 조건을 만족하는 점 $P(a,\,b)$는 $a+b=1$, $0\le a<\dfrac{1}{2}$입니다.

이상으로 2번 문제의 답변을 마치겠습니다. 감사합니다!

문제 해결의 Tip

[2-1] 계산

어떤 실수 x의 값에서의 연속성을 조사하기 위해 합성함수의 식을 구한 후, 함수의 연속의 정의를 이용하여 해결합니다.

[2-2] 단순화 및 분류

주어진 조건식을 분석하고 역함수가 존재해야 함을 파악해야 합니다.

합성함수에서는 그래프를 많이 이용하지만 이 문제는 그래프를 이용하는 방법이 더 어렵다는 것을 판단할 수 있습니다.

따라서 합성함수의 식을 구한 후, 두 실수 a, b의 값의 조건을 분류하여 확인해 보아야 합니다.

문제 해결 방법이 낯선 방법일 수 있어 어려워 보이더라도 논리적인 분석 훈련이 되어 있으면 어렵지 않게 해결할 수 있습니다.

- 사회과학대학 경제학부
- 경영대학
- 농업생명과학대학 농경제사회학부, 조경·지역시스템공학부, 바이오시스템·소재학부, 산림과학부
- 생활과학대학 소비자아동학부 소비자학전공, 의류학과
- 자유전공학부(인문)

주요 개념

합성함수, 직선의 방정식, 일차함수, 함수의 극한과 연속, 역함수

서울대학교의 공식 해설

▶ [2-1] 함수의 합성을 통해 일차함수의 그래프가 어떻게 변하는지 이해하는가를 평가하고 이를 통해 주어진 합성함수의 연속을 판단할 수 있는지 평가하기 위한 문항이다.

▶ [2-2] 일대일 대응의 역함수의 그래프가 $y = x$에 대칭이 된다는 사실을 이해하고 있는지, 이를 바탕으로 합성함수의 역함수를 이해하는지를 평가하기 위한 문항이다.

수리 논술

2020학년도 수학C 인문 오후

문제 1

곡선 C와 직선 l이 점 A에서 만나고, 점 A에서의 곡선 C에 대한 접선이 직선 l과 수직일 때 C와 l이 점 A에서 수직으로 만난다고 한다. 곡선 $y = x^3$을 T라고 하자.

[1-1]

좌표평면 위의 한 점 (a, b)를 지나는 직선 l이 점 $P(t, t^3)$에서 곡선 T와 수직으로 만날 때, a, b, t 사이의 관계식을 t에 대한 다항식으로 구하시오.

또한 곡선 T와 직선 l이 수직으로 만날 수 있는 점은 많아야 하나임을 설명하시오. (단, t는 0이 아닌 실수)

[1-2]

점 (a, b)가 제4사분면에 속할 때, 점 (a, b)를 지나고 제1사분면 위의 점에서 곡선 T와 수직으로 만나는 직선의 개수를 구하시오.

[1-3]

점 $A(-1, -1)$에서 곡선 T와 수직으로 만나는 직선 l_1과, 점 $B\left(\dfrac{1}{5}, -\dfrac{7}{5}\right)$를 지나고 T에 접하는 직선 l_2와 곡선 T로 둘러싸인 도형의 넓이를 구하시오.

[1-4]

곡선 T 위의 점 $A_1(t, t^3)$을 지나 점 A_2(단, $A_2 \neq A_1$)에서 곡선 T에 접하는 직선을 l_1이라고 하자. 단, t는 양의 실수이다. 이번에는 점 A_2를 지나 점 A_3(단, $A_3 \neq A_2$)에서 곡선 T에 접하는 직선을 l_2라고 하자. 이러한 시행을 반복하여 점 A_1, A_2, A_3, $\cdots$ 과 직선 l_1, l_2, l_3, $\cdots$ 을 얻었을 때, 곡선 T와 접선 l_n으로 둘러싸인 도형의 넓이를 S_n이라고 하자. (단, n은 자연수) 이때,

$$\sum_{n=1}^{\infty} S_n = 1$$

을 만족하는 t의 값을 구하시오.

구상지

1-1

1번 문제의 답변을 시작하겠습니다.

(설명과 계산을 시작합니다.)

먼저 점 P에서의 접선의 기울기는 $3t^2$이므로 점 P에서 곡선 T와 수직인 직선 l의 방정식은

$y = -\dfrac{1}{3t^2}(x-t)+t^3$입니다.

이 직선은 점 $(a,\ b)$를 지나므로 $b = -\dfrac{1}{3t^2}(a-t)+t^3$이고

이것을 t에 대한 다항식으로 정리하면 $3t^5 - 3bt^2 + t - a = 0$입니다.

다음은 곡선 T와 직선 l이 수직으로 만날 수 있는 점의 개수에 대해 답변을 시작하겠습니다.

직선 l은 이미 점 $(a,\ b)$를 지나고 곡선 T와 점 $P(t,\ t^3)$에서 수직으로 만나고 있습니다.
이때 직선 l이 곡선 T 위의 다른 점과 수직으로 만날 수 있는가를 조사하면 됩니다.

직선 l이 곡선 T 위의 점 P가 아닌 다른 점 $R(s,\ s^3)$과 수직으로 만난다고 가정하면
직선 l의 방정식은 $y = -\dfrac{1}{3s^2}(x-s)+s^3$입니다.

따라서 $y = -\dfrac{1}{3t^2}(x-t)+t^3$과 $y = -\dfrac{1}{3s^2}(x-s)+s^3$은 모두 직선 l이므로 일치하는 직선입니다.
기울기와 y절편이 같으므로

$t^2 = s^2,\ t^3 + \dfrac{1}{3t} = s^3 + \dfrac{1}{3s}$ (단, $t \neq s$)

이고, 두 식을 연립하여 풀면 $t = -s$이므로 $-s^3 - \dfrac{1}{3s} = s^3 + \dfrac{1}{3s}$입니다.

이것은 다시 $2\left(s^3 + \dfrac{1}{3s}\right) = 0$, 즉 $3s^4 + 1 = 0$이므로 이것을 만족하는 실수 s의 값은 존재하지 않습니다.
따라서 곡선 T와 직선 l이 수직으로 만날 수 있는 점은 많아야 하나입니다.

이상으로 1번 문제의 답변을 마치겠습니다.

2번 문제의 답변을 시작하겠습니다.

(설명과 계산을 시작합니다.)

점 (a, b)가 제4사분면에 속하므로 $a > 0$, $b < 0$입니다.

이때 1번에서 구한 방정식 $3t^5 - 3bt^2 + t - a = 0$에서 양수인 t의 개수를 구하면 됩니다.

$f(t) = 3t^5 - 3bt^2 + t$라 하면 $f'(t) = 15t^4 - 6bt + 1$이고 구하는 점은 제1사분면 위의 점이므로 $t > 0$입니다.

또한, $b < 0$이므로 모든 $t > 0$에 대하여 $f'(t) > 0$입니다.

즉, $t > 0$에서 $f(t)$는 증가함수이므로 $f(t) > f(0) = 0$입니다.

따라서 $a > 0$이므로 방정식 $f(t) = a$의 해의 개수는 1입니다.

즉, 곡선 T와 수직으로 만나는 직선의 개수는 1입니다.

이상으로 2번 문제의 답변을 마치겠습니다.

3번 문제의 답변을 시작하겠습니다.

(설명과 계산을 시작합니다.)

직선 l_1의 방정식은 $y = -\dfrac{1}{3}x - \dfrac{4}{3}$입니다.

직선 l_2와 곡선 T의 접점을 $(t,\ t^3)$이라 하면 직선 l_2의 방정식은 $y = 3t^2(x-t) + t^3$이 되고 이 직선이 점 $B\left(\dfrac{1}{5},\ -\dfrac{7}{5}\right)$을 지나야 하므로 $-\dfrac{7}{5} = \dfrac{3}{5}t^2 - 2t^3$을 만족합니다.

이 식을 정리하면 $10t^3 - 3t^2 - 7 = 0$이고 조립제법을 이용하면

$$
\begin{array}{r|rrrr}
1 & 10 & -3 & 0 & -7 \\
  &   & 10 & 7 & 7 \\
\hline
  & 10 & 7 & 7 & 0
\end{array}
$$

입니다. $(t-1)(10t^2 + 7t + 7) = 0$에서 모든 실수 t에 대하여 $10t^2 + 7t + 7 > 0$이므로 $t = 1$입니다.

즉, 직선 l_2의 방정식은 $y = 3x - 2$이고 접점의 좌표는 $(1,\ 1)$입니다.

또한, 두 직선 l_1과 l_2의 교점을 구하면 $-\dfrac{1}{3}x - \dfrac{4}{3} = 3x - 2$이므로

$x = \dfrac{1}{5}$, $y = -\dfrac{7}{5}$입니다.

즉, 교점은 점 B입니다.

점 $(1,\ 1)$을 점 C라 하고, 이를 그려 보겠습니다.

(칠판에 그래프 또는 그림을 그립니다.)

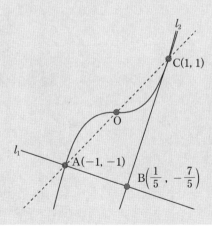

두 직선 l_1과 l_2는 수직이고 곡선 T는 원점 O에 대하여 대칭이므로 직선 $y = x$와 이루는 두 영역, 즉 빗금 친 두 영역의 넓이는 같습니다.

따라서 구하는 영역의 넓이는 직각삼각형 ABC의 넓이와 같습니다.

$$\overline{\mathrm{AB}} = \sqrt{\left(-1 - \frac{1}{5}\right)^2 + \left(-1 + \frac{7}{5}\right)^2} = \frac{2\sqrt{10}}{5}\text{이고}$$

$$\overline{\mathrm{BC}} = \sqrt{\left(1 - \frac{1}{5}\right)^2 + \left(1 + \frac{7}{5}\right)^2} = \frac{4\sqrt{10}}{5}\text{이므로}$$

구하는 영역의 넓이는 $\dfrac{1}{2} \cdot \dfrac{2\sqrt{10}}{5} \cdot \dfrac{4\sqrt{10}}{5} = \dfrac{8}{5}$ 입니다.

이상으로 3번 문제의 답변을 마치겠습니다.

4번 문제의 답변을 시작하겠습니다.

n번째와 $(n+1)$번째의 관계를 살펴보겠습니다.

자연수 n에 대하여 $t_1 = t$, $\mathrm{A}_n\big(t_n,\ t_n^{\ 3}\big)$, $\mathrm{A}_{n+1}\big(t_{n+1},\ t_{n+1}^{\ 3}\big)$ 이라 하면

직선 l_n의 방정식은 $y = 3t_{n+1}^{\ 2}(x - t_{n+1}) + t_{n+1}^{\ 3}$이고 이는 점 A_n을 지나므로

$t_n^{\ 3} = 3t_{n+1}^{\ 2}(t_n - t_{n+1}) + t_{n+1}^{\ 3}$입니다.

이를 정리하면 $\big(t_n - t_{n+1}\big)\big(t_n^{\ 2} + t_n t_{n+1} - 2t_{n+1}^{\ 2}\big) = \big(t_n - t_{n+1}\big)^2\big(t_n + 2t_{n+1}\big) = 0$이므로

$t_{n+1} = -\dfrac{1}{2}t_n \ \ (t_n \neq t_{n+1})$입니다.

즉, $t_n = t_1\left(-\dfrac{1}{2}\right)^{n-1} = \left(-\dfrac{1}{2}\right)^{n-1} t$입니다.

그리고 $\displaystyle\int_{\alpha}^{\beta} |(x-\alpha)(x-\beta)^2| dx = \dfrac{1}{12}(\beta - \alpha)^4$이므로

$$S_n = \dfrac{1}{12}\big(t_{n+1} - t_n\big)^4 = \dfrac{1}{12} \cdot \dfrac{81}{16} t_n^{\ 4} = \dfrac{27}{64}\left(\dfrac{1}{16}\right)^{n-1} t^4$$

입니다.

따라서 $\displaystyle\sum_{n=1}^{\infty} S_n$은 첫째항이 $\dfrac{27}{64}t^4$이고 공비가 $\dfrac{1}{16}$인 등비급수이므로

$$\sum_{n=1}^{\infty} S_n = \dfrac{\dfrac{27}{64}t^4}{1 - \dfrac{1}{16}} = \dfrac{9}{20}t^4 = 1$$입니다.

그러므로 구하는 t의 값은 $\left(\dfrac{20}{9}\right)^{\frac{1}{4}}$입니다.

이상으로 4번 문제의 답변을 마치겠습니다. 감사합니다!

문제 해결의 Tip

[1-1] 계산, 추론 및 증명

첫 번째 문항은 접선과 수직인 방정식(법선)을 구하는 단순 계산 문제입니다.

두 번째 문항은 증명 문제로 그 의미를 잘 파악해야 합니다.

그리고 귀류법을 이용하여 증명하는 것이 좋습니다.

낯선 문제일 수 있으니 논리의 과정을 연습할 필요가 있습니다.

[1-2] 계산

삼차함수의 그래프에서 접하는 직선의 개수는 교점의 개수이며 방정식의 해의 개수와 같음을 알아야 합니다.

또한, 방정식의 해의 개수를 구하기 위해 그래프를 이용하면 됩니다.

[1-3] 계산

[1-1], [1-2]의 결과를 이용하여 그래프를 그리고, 그래프에서 삼차함수의 대칭성을 이용하면 도형의 넓이를 구할 수 있습니다.

[1-4] 계산

주어진 조건을 관계식(점화식)으로 만들고 정적분을 이용하면 주어진 식이 등비급수임을 파악할 수 있습니다.

• 사회과학대학 경제학부　　　　　　　　　　• 자유전공학부(인문)

주요 개념

직선의 방정식, 두 직선의 수직 조건, 정적분, 직선, 접선, 등비수열, 등비급수

서울대학교의 공식 해설

▶ [1-1] 그래프를 읽고 해석하는 능력은 경제·사회 현상을 정량화하여 해석하는 데 사용되는 가장 기본적인 수학적 도구 중 하나이다. 접선은 한 점에서 함수와 가장 가까운 일차함수이므로 그 의미가 특히 중요하다고 할 수 있다. 따라서 미분계수의 뜻과 기하학적 의미를 이해하고, 이를 활용하여 접선의 방정식을 구할 수 있는지 평가하기 위한 문항이다.

▶ [1-2] 미분을 활용하여 다항함수의 도함수를 구할 줄 알고 이를 활용하여 다항방정식의 근의 개수를 조사할 수 있는지 평가하기 위한 문항이다.

▶ [1-3] 넓이는 고대부터 현대에 이르기까지 가장 중요한 정보 중 하나이다.
따라서 곡선의 접선을 구할 줄 알고 곡선과 직선으로 둘러싸인 도형의 영역을 구할 수 있는지, 정적분을 통하여 그래프로 둘러싸인 넓이를 계산할 수 있는지 평가하기 위한 문항이다.

▶ [1-4] 접선의 방정식을 구할 줄 알고 정적분을 계산할 수 있는지를 평가한다. 등비수열을 이해하고 귀납적인 추론을 바탕으로 등비수열을 구할 줄 알고 그 급수의 값을 구할 수 있는지 평가하기 위한 문항이다.

수리 논술

2020학년도 수학D 자연 오전

문제 1

좌표공간에서 0 이상의 정수 n에 대하여 평면 α_n, β_n을 다음과 같이 정의하자.

(i) 평면 α_n은 점 $(1,\ 0,\ 1)$을 지나고 xy-평면과의 교선의 방정식이 $x+y=n$, $z=0$이다.
(ii) 평면 β_n은 점 $(0,\ 0,\ 1)$을 지나고 xy-평면과의 교선의 방정식이 $x-y=n$, $z=0$이다.

[1-1]
다음과 같은 직육면체 V가 있다.
$V=\{(x,\ y,\ z)\,|\,0\le x+y\le 1,\ 0\le x-y\le 1,\ 0\le z\le 1\}$

직육면체 V가 두 평면 α_0, α_1에 의하여 한꺼번에 잘릴 때 생기는 다면체 중에서 점 $\left(\dfrac{1}{2},\ 0,\ 0\right)$을 포함하는 것은 어떤 다면체인지 설명하고 그 부피를 구하시오.

[1-2]
문제 [1-1]의 직육면체 V가 네 평면 α_0, α_1, β_0, β_1에 의하여 한꺼번에 잘릴 때 생기는 다면체 중에서 점 $\left(\dfrac{1}{2},\ 0,\ 0\right)$을 포함하는 다면체를 X라 하자. X는 어떤 다면체인지 설명하고 그 부피를 구하시오.

[1-3]
실수 t가 $0<t<1$일 때, 문제 [1-2]의 다면체 X에 포함되고 점 $(t,\ 0,\ 0)$에서 xy-평면에 접하는 구 중 반지름이 최대인 구를 S라 하자. S의 반지름 $r(t)$를 t에 관한 식으로 나타내시오.

[1-4]
평면 $\alpha_n\,(n=1,\ 2,\ 3,\ \cdots)$을 만나지 않는 한 점 $A_0(a,\ b,\ c)$에 대하여, 점 A_0의 평면 α_1 위로의 정사영을 A_1이라 하고 다시 점 A_1의 평면 α_2 위로의 정사영을 A_2라 하자. 이와 같은 시행을 반복하여 점 A_3, A_4, $\cdots$, A_{2020}을 얻었다고 하자. 이때, 점 A_1, A_2, A_3, A_4, $\cdots$, A_{2020}을 모두 포함하는 평면이 존재하는가?
존재하면 그 평면의 방정식을 구하고, 존재하지 않으면 그 이유를 설명하시오.

구상지

예시 답안

현 교육과정을 벗어난 문제이므로 예시 답안을 싣지 않습니다.

활용 모집 단위

• 자연과학대학 수리과학부, 통계학과
• 사범대학 수학교육과
• 농업생명과학대학 조경·지역시스템공학부, 바이오시스템 소재학부, 산림과학부
• 공과대학
• 자유전공학부

주요 개념

평면의 방정식, 평면과 평면의 위치 관계, 점과 평면 사이의 거리, 정사영

서울대학교의 공식 해설

▶ 공간도형과 공간벡터는 기하와 벡터의 핵심적인 개념으로 자연의 수학적 현상을 기술하는 데 가장 중요한 개념이다.

▶ [1-1] 좌표공간에서의 위치 관계를 이해하고 평면 위 점들의 정보로부터 평면의 방정식을 구하고 평면과 평면의 위치 관계를 이해하는지 평가하기 위한 문항이다.

▶ [1-2] 좌표공간에서의 위치 관계를 이해하고 평면 위 점들의 정보로부터 평면의 방정식을 구하고 평면과 평면의 위치 관계를 이해하는지 평가하기 위한 문항이다.

▶ [1-3] 구의 방정식을 이해하고 점과 평면 사이의 거리를 이해하는지 평가하기 위한 문항이다.

▶ [1-4] 평면의 법선벡터를 이용하여 구한 평면의 방정식의 뜻을 이해하고 정사영의 개념을 종합적으로 이해하고 있는지 평가하기 위한 문항이다.

2020학년도 수학E 자연 오전

문제 2

실수 $a < b$에 대하여 닫힌구간 $[a,\ b]$가 주어졌을 때, 함수 $y = f_{[a,\ b]}(x)$를 실수 전체의 집합에서 다음과 같이 정의하자.

$$f_{[a,\ b]}(x) = \begin{cases} a+b-x & (x \in [a,\ b]) \\ x & (x \notin [a,\ b]) \end{cases}$$

[2-1]

합성함수 $y = (f_{[0,\ 2]} \circ f_{[1,\ 3]})(x)$의 $x = 1,\ 2,\ 3$에서의 값을 구하시오.

또, 부등식 $(f_{[0,\ 2]} \circ f_{[1,\ 3]})(x) \geq x+1$을 만족하는 x의 값의 범위를 구하시오.

[2-2]

두 함수

$$y = x^2,\ y = (f_{[0,\ 1]} \circ f_{[a,\ a+1]})(x)$$

의 그래프가 좌표평면 위의 서로 다른 두 점에서 만나도록 하는 상수 a의 값의 범위를 구하시오.

(단, a의 값의 범위는 $0 \leq a \leq 1$이다.)

[2-3]

모든 실수 x에 대하여

$$(f_{[0,\ 1]} \circ f_{[a,\ b]})(x) = (f_{[a,\ b]} \circ f_{[0,\ 1]})(x)$$

가 성립하도록 하는 점 $\mathrm{P}(a,\ b)$의 영역을 구하시오. (단, a는 음이 아닌 실수이다.)

2-1

1번 문제의 답변을 시작하겠습니다.

먼저 함숫값을 구해 보겠습니다.

(설명과 계산을 시작합니다.)

$f_{[1,\,3]}(x)=\begin{cases} 4-x & (x\in[1,\,3]) \\ x & (x\notin[1,\,3]) \end{cases}$ 이므로 $f_{[1,\,3]}(1)=3$, $f_{[1,\,3]}(2)=2$, $f_{[1,\,3]}(3)=1$입니다.

이 값들을 $f_{[0,\,2]}(x)=\begin{cases} 2-x & (x\in[0,\,2]) \\ x & (x\notin[0,\,2]) \end{cases}$ 에 각각 대입하면

$\left(f_{[0,\,2]}\circ f_{[1,\,3]}\right)(1)=f_{[0,\,2]}(3)=3$, $\left(f_{[0,\,2]}\circ f_{[1,\,3]}\right)(2)=f_{[0,\,2]}(2)=0$,
$\left(f_{[0,\,2]}\circ f_{[1,\,3]}\right)(3)=f_{[0,\,2]}(1)=1$
입니다.

이제 합성함수 $y=\left(f_{[0,\,2]}\circ f_{[1,\,3]}\right)(x)$의 그래프를 그려 보겠습니다.
우선 함수 $y=f_{[1,\,3]}(x)$의 그래프는 다음 그림과 같습니다.

(칠판에 그래프 또는 그림을 그립니다.)

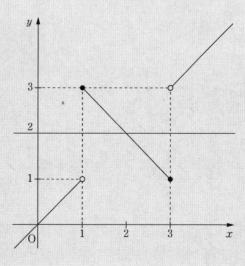

합성함수의 식을 써보겠습니다.

$$(f_{[0,\,2]} \circ f_{[1,\,3]})(x) = f_{[0,\,2]}\big(f_{[1,\,3]}(x)\big) = \begin{cases} 2 - f_{[1,\,3]}(x) & (f_{[1,\,3]}(x) \in [0,\,2]) \\ f_{[1,\,3]}(x) & (f_{[1,\,3]}(x) \not\in [0,\,2]) \end{cases} \quad \cdots \ ㉠$$

입니다.

그리고 위의 그래프에서 $y = 0$과 $y = 2$를 기준으로 하여 $f_{[1,\,3]}(x)$를 분류하겠습니다.

$f_{[1,\,3]}(x) \in [0,\,2]$인 경우는 $f_{[1,\,3]}(x) = \begin{cases} x & (0 \leq x < 1) \\ 4 - x & (2 \leq x \leq 3) \end{cases}$ 이고

$f_{[1,\,3]}(x) \not\in [0,\,2]$인 경우는 $f_{[1,\,3]}(x) = \begin{cases} x & (x < 0 \ 또는 \ x > 3) \\ 4 - x & (1 \leq x < 2) \end{cases}$ 이므로

이것을 ㉠에 대입하여 정리해 보면

$$(f_{[0,\,2]} \circ f_{[1,\,3]})(x) = f_{[0,\,2]}\big(f_{[1,\,3]}(x)\big) = \begin{cases} 2 - x & (0 \leq x < 1) \\ 4 - x & (1 \leq x < 2) \\ 2 - (4 - x) & (2 \leq x \leq 3) \\ x & (x < 0 \ 또는 \ x > 3) \end{cases}$$

입니다.

이것을 좌표평면 위에 그려 보겠습니다.

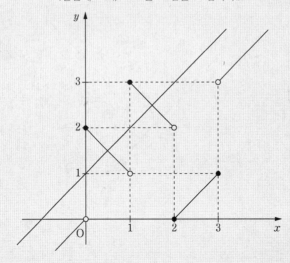

따라서 $(f_{[0,\,2]} \circ f_{[1,\,3]})(x) \geq x+1$를 만족하는 x의 값의 범위는 $0 \leq x \leq \dfrac{1}{2}$ 또는 $1 \leq x \leq \dfrac{3}{2}$ 입니다.

이상으로 1번 문제의 답변을 마치겠습니다.

2번 문제의 답변을 시작하겠습니다.

$y = (f_{[0,\ 1]} \circ f_{[a,\ a+1]})(x)$를 a의 값의 범위에 따라 파악해 보겠습니다.

(ⅰ) $a = 0$인 경우

$$f_{[a,\ a+1]}(x) = f_{[0,\ 1]}(x) = \begin{cases} 1-x & (x \in [0,\ 1]) \\ x & (x \notin [0,\ 1]) \end{cases}$$ 이고 함수 $y = f_{[0,\ 1]}(x)$의 그래프는 일대일 대응이

며 직선 $y = x$에 대하여 대칭이므로 $f_{[0,\ 1]}(x) = (f_{[0,\ 1]})^{-1}(x)$입니다.

즉, $(f_{[0,\ 1]} \circ f_{[0,\ 1]})(x) = x$입니다.

따라서 $a = 0$일 때 두 함수의 그래프는 함수 $y = x^2$의 그래프와 두 점에서 만납니다.

(ⅱ) $a = 1$인 경우

$$f_{[a,\ a+1]}(x) = f_{[1,\ 2]}(x) = \begin{cases} 3-x & (x \in [1,\ 2]) \\ x & (x \notin [1,\ 2]) \end{cases}$$ 이므로 함수 $y = f_{[1,\ 2]}(x)$의 그래프는 다음과 같습

니다.

(칠판에 그래프 또는 그림을 그립니다.)

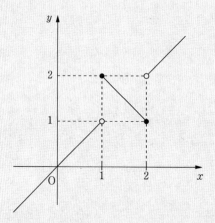

따라서

$$(f_{[0,\ 1]} \circ f_{[1,\ 2]})(x) = f_{[0,\ 1]}(f_{[1,\ 2]}(x)) = \begin{cases} 1 - f_{[1,\ 2]}(x) & (f_{[1,\ 2]}(x) \in [0,\ 1]) \\ f_{[1,\ 2]}(x) & (f_{[1,\ 2]}(x) \notin [0,\ 1]) \end{cases} \quad \cdots \ ⓛ$$

입니다.

$f_{[1,\,2]}(x)\in[0,\,1]$인 경우는 $f_{[1,\,2]}(x)=\begin{cases} x\ (0\le x<1) \\ 1\ (x=2) \end{cases}$ 이고

$f_{[1,\,2]}(x)\notin[0,\,1]$인 경우는 $f_{[1,\,2]}(x)=\begin{cases} x\ \ (x<0\ 또는\ x>2) \\ 3-x\ (1\le x<2) \end{cases}$ 이므로

이것을 ⓒ에 대입하면

$$(f_{[0,\,1]}\circ f_{[1,\,2]})(x)=f_{[0,\,1]}\big(f_{[1,\,2]}(x)\big)=\begin{cases} 1-x\ (0\le x<1) \\ 3-x\ (1\le x<2) \\ 0\ \ (x=2) \\ x\ \ (x<0\ 또는\ x>2) \end{cases}$$

입니다.

이 함수의 그래프를 좌표평면 위에 함수 $y=x^2$의 그래프와 함께 그려 보겠습니다.

(칠판에 그래프 또는 그림을 그립니다.)

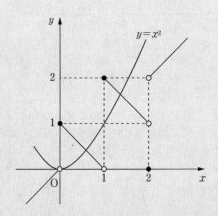

(설명과 계산을 시작합니다.)

$x^2-(1-x)$는 $x=0$일 때 음수, $x=1$일 때 양수이므로 사잇값의 정리에 의해
$y=x^2$과 $y=1-x$는 구간 $(0,\,1)$에서 만납니다.
또, $x^2-(3-x)$는 $x=1$일 때 음수, $x=2$일 때 양수이므로 사잇값의 정리에 의해
$y=x^2$과 $y=3-x$는 구간 $(1,\,2)$에서 만납니다.
따라서 $a=1$일 때 두 함수의 그래프는 곡선 $y=x^2$과 서로 다른 두 점에서 만납니다.

(iii) $0 < a < 1$인 경우

$$f_{[a,\,a+1]}(x) = \begin{cases} 2a+1-x & (x \in [a,\,a+1]) \\ x & (x \notin [a,\,a+1]) \end{cases}$$ 입니다.

함수 $y = f_{[a,\,a+1]}(x)$의 그래프를 그려 보겠습니다.

(칠판에 그래프 또는 그림을 그립니다.)

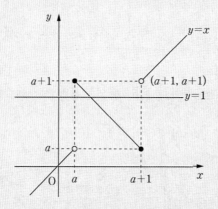

(설명과 계산을 시작합니다.)

a의 값의 범위는 $0 < a < 1$이므로 $1 < a+1 < 2$이고 $0 < a < 1 < a+1$입니다.
즉, $y = 0$과 $y = 1$은 위의 색선과 같이 표시되고 교점의 x좌표는 각각 0, $2a$입니다.

따라서
$$(f_{[0,\,1]} \circ f_{[a,\,a+1]})(x) = f_{[0,\,1]}\bigl(f_{[a,\,a+1]}(x)\bigr)$$
$$= \begin{cases} 1 - f_{[a,\,a+1]}(x) & (f_{[a,\,a+1]}(x) \in [0,\,1]) \\ f_{[a,\,a+1]}(x) & (f_{[a,\,a+1]}(x) \notin [0,\,1]) \end{cases} \quad \cdots \, \unicode{x24AA}$$

입니다.
$f_{[a,\,a+1]}(x) \in [0,\,1]$인 경우는
$$f_{[a,\,a+1]}(x) = \begin{cases} 1-x & (0 \le x < a) \\ x - 2a & (2a \le x \le a+1) \end{cases}$$ 이고

$f_{[a,\,a+1]}(x) \notin [0,\,1]$인 경우는
$$f_{[a,\,a+1]}(x) = \begin{cases} x & (x < 0 \text{ 또는 } x > a+1) \\ 2a+1-x & (a \le x < 2a) \end{cases}$$ 이므로

이것을 ⓒ에 대입하면

$$\left(f_{[0,\,1]} \circ f_{[a,\,a+1]}\right)(x) = f_{[0,\,1]}\left(f_{[a,\,a+1]}(x)\right) = \begin{cases} 1-x & (0 \le x < a) \\ 2a+1-x & (a \le x < 2a) \\ x-2a & (2a \le x \le a+1) \\ x & (x < 0 \text{ 또는 } x > a+1) \end{cases}$$

입니다.

이것을 좌표평면 위에 그리면 다음 그림과 같습니다.

(칠판에 그래프 또는 그림을 그립니다.)

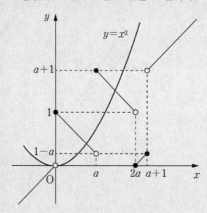

(설명과 계산을 시작합니다.)

이때, 이 그래프와 같이 $y=x^2$과 서로 다른 두 교점을 갖기 위해서는 $x^2-(1-x)$가 $x=0$일 때는 음수, $x=a$일 때는 양수이어야 하므로 $a^2-(1-a)=a^2+a-1>0$입니다.

즉, $a < \dfrac{-1-\sqrt{5}}{2}$ 또는 $a > \dfrac{-1+\sqrt{5}}{2}$인데 $0 < a < 1$이므로

$\dfrac{-1+\sqrt{5}}{2} < a < 1$ ⋯ ⓐ입니다.

또한, $x^2-(2a+1-x)$가 $x=a$일 때는 음수, $x=2a$일 때는 양수이어야 하므로 $a^2-(2a+1-a)=a^2-a-1<0,\ 4a^2-(2a+1-2a)=4a^2-1>0$이고

$\dfrac{1-\sqrt{5}}{2} < a < \dfrac{1+\sqrt{5}}{2}$이면서 $a < -\dfrac{1}{2}$ 또는 $a > \dfrac{1}{2}$을 만족해야 합니다.

위와 마찬가지로 $0 < a < 1$이므로 $\dfrac{1}{2} < a < 1$ ⋯ ⓑ입니다.

ⓐ, ⓑ에 의하여 a의 값의 범위는 $\dfrac{-1+\sqrt{5}}{2} < a < 1$입니다.

(i), (ii), (iii)에 의해 함수 $y = x^2$의 그래프와 서로 다른 두 점에서 만나기 위한 a의 값의 범위는 $a = 0$ 또는 $\dfrac{-1+\sqrt{5}}{2} < a \leq 1$입니다.

이상으로 2번 문제의 답변을 마치겠습니다.

2-3

3번 문제의 답변을 시작하겠습니다.

우선 조건에 주어진 함수 $y = f_{[a,\ b]}(x)$의 그래프는 다음 그림과 같습니다.

(칠판에 그래프 또는 그림을 그립니다.)

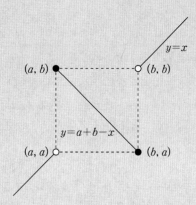

(설명과 계산을 시작합니다.)

함수 $y = f_{[a,\ b]}(x)$의 그래프는 모두 일대일 대응이면서 직선 $y = x$에 대하여 대칭이므로
$f_{[0,\ 1]}(x) = (f_{[0,\ 1]})^{-1}(x),\ f_{[a,\ b]}(x) = (f_{[a,\ b]})^{-1}(x)$
입니다.

따라서 문제에 주어진 식의 우변은
$(f_{[a,\ b]} \circ f_{[0,\ 1]}) = (f_{[a,\ b]})^{-1} \circ (f_{[0,\ 1]})^{-1} = (f_{[0,\ 1]} \circ f_{[a,\ b]})^{-1}$
로 바꿀 수 있습니다.

그러므로 문제에 주어진 식은 $(f_{[0,\ 1]} \circ f_{[a,\ b]})(x) = (f_{[0,\ 1]} \circ f_{[a,\ b]})^{-1}(x)$가 되고
이것은 함수 $y = (f_{[0,\ 1]} \circ f_{[a,\ b]})(x)$의 그래프가 직선 $y = x$에 대하여 대칭이어야 함을 의미합니다.

이제 합성함수의 식을 살펴보겠습니다.

$$(f_{[0,\,1]} \circ f_{[a,\,b]})(x) = f_{[0,\,1]}(f_{[a,\,b]}(x)) = \begin{cases} 1 - f_{[a,\,b]}(x) & (f_{[a,\,b]}(x) \in [0,\,1]) \\ f_{[a,\,b]}(x) & (f_{[a,\,b]}(x) \notin [0,\,1]) \end{cases} \text{이고}$$

$$f_{[a,\,b]}(x) = \begin{cases} a+b-x & (x \in [a,\,b]) \\ x & (x \notin [a,\,b]) \end{cases} \text{이므로 이것을 위의 식에 대입하면}$$

$$(f_{[0,\,1]} \circ f_{[a,\,b]})(x) = f_{[0,\,1]}(f_{[a,\,b]}(x))$$

$$= \begin{cases} x+1-a-b & (0 \le a+b-x \le 1,\ a \le x \le b) \\ 1-x & (0 \le x \le 1,\ x < a \text{ 또는 } x > b) \\ a+b-x & (a+b-x < 0 \text{ 또는 } a+b-x > 1,\ a \le x \le b) \\ x & (x < 0 \text{ 또는 } x > 1,\ x < a \text{ 또는 } x > b) \end{cases}$$

입니다.

각 함수의 정의역을 고려하지 않고 보면 $y = x+1-a-b$를 제외하고 함수 $y = 1-x$와 $y = a+b-x$의 그래프는 모두 직선 $y = x$에 대하여 대칭일 수 있고, 함수 $y = x$의 그래프는 스스로 직선 $y = x$에 대하여 대칭입니다.

따라서 함수 $y = f_{[0,\,1]}(f_{[a,\,b]}(x))$의 그래프가 직선 $y = x$에 대하여 대칭이기 위해서는
함수 $y = x+1-a-b$의 그래프도 직선 $y = x$에 대하여 대칭이거나 그려지지 않아야 합니다.
함수 $y = x+1-a-b$의 그래프가 직선 $y = x$에 대하여 대칭이기 위해서는
$a+b = 1$이어야 하지만
$a+b \ne 1$일 때에는 정의역인 $0 \le a+b-x \le 1,\ a \le x \le b$를 만족하는 x의 값의 범위가 존재하지 않아
함수 $y = x+1-a-b$의 그래프가 그려지지 않으면 됩니다.

이제 문제에 주어진 조건 $a \ge 0$임을 고려하여 경우를 분류하겠습니다.

(ⅰ) $a+b = 1$인 경우
　　우선 $a+b = 1$이므로 $b = 1-a \le 1$입니다.
　　즉, $0 \le a < b \le 1$이고 또한 $a < 1-a$이므로 $a < \dfrac{1}{2}$, $b > \dfrac{1}{2}$입니다.
　　이제 다음의 두 경우를 확인하면 됩니다.

　　① $a = 0$, $b = 1$인 경우
　　　　주어진 합성함수의 식은 $y = (f_{[0,\,1]} \circ f_{[0,\,1]})(x) = f_{[0,\,1]}(x)$이므로 모든 실수 x에 대하여 직선
　　　　$y = x$에 대하여 대칭입니다.

② $0 < a < b < 1$인 경우

$$f_{[a,\,b]}(x) = f_{[a,\,1-a]}(x) = \begin{cases} a+b-x = 1-x \ (x \in [a,\,1-a]) \\ \quad\ x \qquad\qquad (x \not\in [a,\,1-a]) \end{cases}$$ 입니다.

함수 $y = f_{[a,\,b]}(x) = f_{[a,\,1-a]}(x)$의 그래프는 다음 그림과 같습니다.

(칠판에 그래프 또는 그림을 그립니다.)

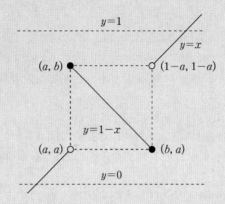

(설명과 계산을 시작합니다.)

$f_{[a,\,1-a]}(x) \in [0,\,1]$인 경우는

$$f_{[a,\,1-a]}(x) = \begin{cases} \ x \quad (0 \le x < a \ \text{또는} \ 1-a < x \le 1) \\ 1-x \ (a \le x \le 1-a) \end{cases}$$

$f_{[a,\,1-a]}(x) \not\in [0,\,1]$인 경우는

$$f_{[a,\,1-a]}(x) = x \ (x < 0 \ \text{또는} \ x > 1)$$

입니다.

따라서

$$(f_{[0,\,1]} \circ f_{[0,\,1]})(x) = f_{[0,\,1]}(f_{[a,\,1-a]}(x))$$
$$= \begin{cases} 1-x \ (0 \le x < a \ \text{또는} \ 1-a < x \le 1) \\ \ x \quad (a \le x \le 1-a \ \text{또는} \ x < 0 \ \text{또는} \ x > 1) \end{cases}$$

입니다. 이것은 직선 $y = x$에 대하여 대칭입니다.

그러므로 주어진 식을 만족하는 실수 a, b의 값의 조건은 $a+b = 1$, $0 \le a < \dfrac{1}{2}$ 입니다.

(ii) $a+b \neq 1$인 경우

$0 \leq a+b-x \leq 1$, $a \leq x \leq b$를 정리하면 $a+b-1 \leq x \leq a+b$, $a \leq x \leq b$입니다.

이를 만족하는 x의 값의 범위가 존재하지 않으려면 $a+b-1 > b$이거나 $a+b < a$이어야 합니다.

이때 $a+b < a$는 $b < 0$인데 $0 \leq a < b$이므로 이것을 만족하는 실수 a, b의 값은 존재하지 않습니다.

따라서 $a+b-1 > b$, 즉 $a > 1$인 경우에 다음 함수의 그래프가 직선 $y = x$에 대하여 대칭인지 확인하면 됩니다.

$$(f_{[0,\,1]} \circ f_{[a,\,b]})(x) = f_{[0,\,1]}(f_{[a,\,b]}(x))$$

$$= \begin{cases} 1-x & (0 \leq x \leq 1,\ x < a \ \text{또는} \ x > b) \\ a+b-x & (a+b-x < 0 \ \text{또는} \ a+b-x > 1,\ a \leq x \leq b) \\ x & (x < 0 \ \text{또는} \ x > 1,\ x < a \ \text{또는} \ x > b) \end{cases}$$

③ $y = 1-x$ $(0 \leq x \leq 1,\ x < a \ \text{또는} \ x > b)$

$a > 1$이므로 정의역의 범위는 공통범위인 $0 \leq x \leq 1$입니다.

따라서 $y = 1-x$ $(0 \leq x \leq 1)$이고 이 그래프는 직선 $y = x$에 대하여 대칭이 됩니다.

④ $y = a+b-x$ $(x < a+b-1 \ \text{또는} \ x > a+b,\ a \leq x \leq b)$

$a+b-1 > b$이므로 정의역의 범위는 공통범위인 $a \leq x \leq b$입니다.

따라서 $y = a+b-x$ $(a \leq x \leq b)$이고 이 그래프는 직선 $y = x$에 대하여 대칭이 됩니다.

③, ④에서 함수의 식은

$$(f_{[0,\,1]} \circ f_{[0,\,1]})(x) = f_{[0,\,1]}(f_{[a,\,b]}(x)) = \begin{cases} 1-x & (0 \leq x \leq 1) \\ a+b-x & (a \leq x \leq b) \\ x & (x < 0 \ \text{또는} \ 1 < x < a \ \text{또는} \ x > b) \end{cases}$$

이고 이것은 직선 $y = x$에 대하여 대칭입니다.

따라서 주어진 식을 만족하는 실수 a, b의 값의 조건은 $1 < a < b$입니다.

(i), (ii)에 의해 조건을 만족하는 실수 a, b의 값은 $a+b = 1$, $0 \leq a < \dfrac{1}{2}$ 또는 $1 < a < b$입니다.

따라서 점 $P(a, b)$의 영역을 ab-평면 위에 나타내면 다음 그림과 같습니다.

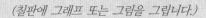
(칠판에 그래프 또는 그림을 그립니다.)

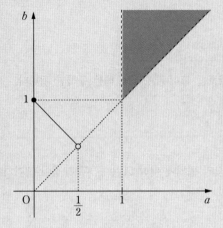

이상으로 3번 문제의 답변을 마치겠습니다. 감사합니다!

문제 해결의 Tip

[2-1] 계산

x의 값을 대입하여 계산을 하면 됩니다.
또 합성함수의 식을 구하고 그래프를 그려 부등식의 해를 구하면 됩니다.

[2-2] 단순화 및 분류

합성함수의 그래프를 실수 a의 값의 범위에 따라 그린 후, 두 교점이 생기기 위한 조건을 파악하면 됩니다.

[2-3] 단순화 및 분류

주어진 조건식을 분석하여 역함수가 존재해야 함을 파악해야 합니다.
합성함수에서는 그래프를 많이 이용하지만
이 문제는 그래프를 이용하는 방법이 더 어렵다는 판단을 하고 합성함수의 식을 구한 후, 실수 a, b의 값의
조건을 분류해야 합니다.
다소 생소한 해결 방법이어서 어렵게 느껴질 수 있지만 논리적인 분석 훈련이 되어 있으면 문제를 해결할
수 있을 것입니다.

[2-1, 2-2]
• 자연과학대학 수리과학부, 통계학과   • 공과대학
• 사범대학 수학교육과

[2-3]
• 자연과학대학 수리과학부, 통계학과   • 사범대학 수학교육과

주요 개념

합성함수, 부등식의 영역, 직선의 방정식, 일차함수, 이차방정식과 이차함수, 역함수

서울대학교의 공식 해설

▶ [2-1] 함수의 합성을 통해 일차함수의 그래프가 어떻게 변하는지 이해하는가를 평가하기 위한 문항이다.

▶ [2-2] 좌표평면 위에서 일차함수의 그래프와 포물선과의 위치 관계를 이차방정식을 이용하여 설명할 수 있는지를 평가하기 위한 문항이다.

▶ [2-3] 일대일 대응의 역함수의 그래프가 $y = x$에 대칭이 된다는 사실을 이해하고 있는지, 이를 바탕으로 합성함수의 역함수를 이해하는지를 평가하기 위한 문항이다.

2021학년도 수학A 인문 오전

문제 1

두 함수 $g_1(x)$와 $g_2(x)$가 아래와 같이 주어져 있다.

$$g_1(x) = \begin{cases} 0 \ (-1 \leq x < 0) \\ 1 \ (0 \leq x \leq 1) \end{cases}$$
$$g_2(x) = \sin(4\pi x) \ (0 \leq x \leq 1)$$

합성함수 $h(x) = (g_1 \circ g_2)(x)$에 대하여 다음 질문에 답하시오.

[1-1]

함수 $y = h(x) \ (0 \leq x \leq 1)$의 그래프와 이차함수 $y = -6x(x-b)$의 그래프의 교점의 개수가 최대가 되는 실수 b의 값의 범위를 구하시오.

구상지

1-1

1번 문제의 답변을 시작하겠습니다.

주어진 함수 $y = g_2(x)$의 그래프와 그에 따른 합성함수 $y = h(x) = (g_1 \circ g_2)(x)$의 그래프를 그려 보겠습니다.

(칠판에 그래프 또는 그림을 그립니다.)

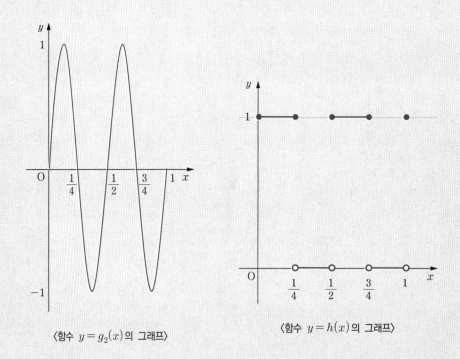

⟨함수 $y = g_2(x)$의 그래프⟩   ⟨함수 $y = h(x)$의 그래프⟩

(설명과 계산을 시작합니다.)

주어진 조건은 교점의 개수가 최대일 때이므로 이차함수 $y = -6x(x - b)$에서 실수 b의 값은 양수이어야 합니다.

또한, 이차함수는 $x = \dfrac{b}{2}$를 경계로 증가에서 감소로 바뀌므로 교점의 최대 개수는 3개로 추측할 수 있습니다.

따라서 다음과 같이 두 가지 경우를 생각할 수 있습니다.

（ⅰ）$y=1 \left(0 \leq x \leq \dfrac{1}{4}\right)$과 이차함수의 교점이 2개일 때

(칠판에 그래프 또는 그림을 그립니다.)

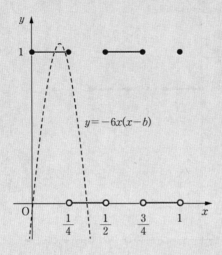

$y=-6x(x-b)$

(설명과 계산을 시작합니다.)

이 경우에 이차함수의 꼭짓점의 좌표 $\left(\dfrac{b}{2},\ \dfrac{3b^2}{2}\right)$의 위치는

$0 < \dfrac{b}{2} < \dfrac{1}{4}$이고 $\dfrac{3b^2}{2} > 1$입니다.

이를 정리하면 $0 < b < \dfrac{1}{2}$이고 $b^2 > \dfrac{2}{3}$에서 $b > \dfrac{\sqrt{6}}{3}$ 입니다.

이때 $\dfrac{\sqrt{6}}{3} > \dfrac{1}{2}$이므로 이 두 범위를 모두 만족하는 실수 b의 값은 존재하지 않습니다.

따라서 가능하지 않습니다.

(ii) $y=1 \left(0 \le x \le \dfrac{1}{4}\right)$, $y=1 \left(\dfrac{1}{2} \le x \le \dfrac{3}{4}\right)$과 이차함수의 교점이 각각 1개씩일 때

(칠판에 그래프 또는 그림을 그립니다.)

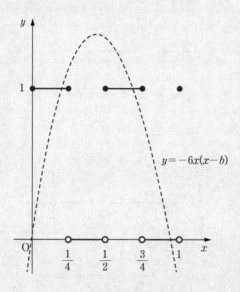

(설명과 계산을 시작합니다.)

$f(x)=-6x(x-b)$라 하면

이 경우에는 $f\left(\dfrac{1}{4}\right) \ge 1$, $f\left(\dfrac{1}{2}\right) \ge 1$, $0 < f\left(\dfrac{3}{4}\right) \le 1$, $f(1) < 0$을 만족해야 합니다.

각각의 부등식을 계산하겠습니다.

$f\left(\dfrac{1}{4}\right)=-6 \cdot \dfrac{1}{4}\left(\dfrac{1}{4}-b\right) \ge 1$이고 이를 정리하면 $b \ge \dfrac{11}{12}$ 입니다.

$f\left(\dfrac{1}{2}\right)=-6 \cdot \dfrac{1}{2}\left(\dfrac{1}{2}-b\right) \ge 1$이고 이를 정리하면 $b \ge \dfrac{5}{6}$ 입니다.

$0 < f\left(\dfrac{3}{4}\right)=-6 \cdot \dfrac{3}{4}\left(\dfrac{3}{4}-b\right) \le 1$이고 이를 정리하면 $\dfrac{3}{4} < b \le \dfrac{35}{36}$ 입니다.

$f(1)=-6(1-b) < 0$이고 이를 정리하면 $b < 1$입니다.

위 부등식을 모두 만족하는 실수 b의 값의 범위는 $\dfrac{11}{12} \le b \le \dfrac{35}{36}$ 입니다.

(ⅰ), (ii)에서 구하는 실수 b의 값의 범위는 $\dfrac{11}{12} \le b \le \dfrac{35}{36}$ 입니다.

이상으로 1번 문제의 답변을 마치겠습니다. 감사합니다!

문제 해결의 Tip

[1-1] 단순화 및 분류

식을 통해 그래프를 그리고, 그래프를 이용하여 요구하는 값을 구해야 합니다.
경우를 분류하고 모순이 없는지 각각의 경우를 확인해야 합니다.

- 사회과학대학 경제학부
- 경영대학
- 농업생명과학대학 농경제사회학부

- 생활과학대학 소비자아동학부 소비자학전공, 의류학과
- 자유전공학부(인문)

주요 개념

함수의 합성, 이차함수, 사인함수

서울대학교의 공식 해설

▶ 합성함수의 그래프를 그리고, 이차함수의 그래프를 분석할 수 있는지 평가한다.

문제 2

아래와 같은 도로망에 '기쁨 바이러스'가 다음 (가)~(마)의 규칙에 따라 퍼지고 있다.

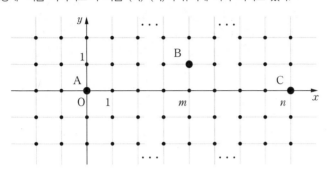

[그림 1] 도로망 및 A, B, C의 위치

(가) 감염되지 않은 사람이 감염된 사람과 동일한 좌표에 위치하게 되는 순간 50%의 확률로 감염된다.

(나) 시각 $t=0$초일 때, '기쁨이'는 A(0, 0)에, '화남이'는 B(m, 1)에, '슬픔이'는 C(n, 0)에 있다.
(단, n, m은 $n \geq 1$, $0 \leq m < n$을 만족하는 정수이다.)

(다) $t=0$초일 때 기쁨이는 '기쁨 바이러스'에 감염된 상태이고, 화남이와 슬픔이는 감염되지 않은 상태이다.

(라) 매초 기쁨이는 오른쪽, 왼쪽, 위, 아래 중 한 방향으로 한 칸씩 움직이는데 각 방향으로 움직일 확률은 각각 25%이다. 화남이와 슬픔이는 움직이지 않는다.

(마) '기쁨 바이러스'에 감염되었을 때 스스로 치유되지 않으며, 기쁨이 외의 감염원은 없다.

다음 물음에 답하시오.

[2-1]

화남이와 슬픔이가 모두 $t=n+2$초에 '기쁨 바이러스'에 '감염된 상태'일 확률을 구하시오.

[2-2]

슬픔이가 $t=n+2$초에 '기쁨 바이러스'에 '감염된 상태'일 때, 화남이도 '감염된 상태'일 조건부확률을 구하시오.

구상지

2-1

1번 문제의 답변을 시작하겠습니다.

화남이와 슬픔이가 모두 '감염된 상태'이기 위해서는
A$(0, 0)$에서 출발한 기쁨이가 B$(m, 1)$과 C$(n, 0)$을 모두 지나야 하므로
최소 경로의 경우 중 하나는 오른쪽($\rightarrow$)으로 n번, 위쪽($\uparrow$)으로 1번, 아래쪽($\downarrow$)으로 1번이고,
이때의 이동거리는 $(n+2)$입니다.
그러므로 $t < n+2$에서는 화남이와 슬픔이를 모두 감염시킬 수 없습니다.
또한 $(n+2)$초 후에 화남이의 위치에 도착하거나, 슬픔이의 위치에 도착해야 합니다.
이를 통해 다음과 같이 경우를 분류해 보겠습니다.

(설명과 계산을 시작합니다.)

(ⅰ) A→B→C, 즉 화남이가 먼저 감염된 후 슬픔이가 감염되는 경우
　　(도착점이 $(n, 0)$인 경우)
　　이 경우에는 $\uparrow$의 위치가 $x=0$부터 $x=m$까지 중에 있어야 하므로 경우의 수는 $_{m+1}C_1$이고,
　　$\downarrow$의 위치가 $x=m$부터 $x=n$까지 중에 있어야 하므로 경우의 수는 $_{n-m+1}C_1$입니다.
　　나머지 n번의 경로는 모두 $\rightarrow$이어야 합니다.

　　또한 1회 이동 시 방향을 선택할 확률은 25%, 즉 $\frac{1}{4}$이므로 방향 선택의 전체 확률은 $\left(\frac{1}{4}\right)^{n+2}$이고,

　　화남이와 슬픔이가 모두 감염될 확률은 $\left(\frac{1}{2}\right)^2$입니다.

　　따라서 (ⅰ)의 경우의 확률은
$$_{m+1}C_1 \cdot {}_{n-m+1}C_1 \cdot \left(\frac{1}{4}\right)^{n+2} \cdot \left(\frac{1}{2}\right)^2 = \left(\frac{1}{4}\right)^{n+2} \cdot \frac{(m+1)(n-m+1)}{4} \cdots \text{㉠입니다.}$$

(ii) A→C→B, 즉 슬픔이가 먼저 감염된 후 화남이가 감염되는 경우

(도착점이 $(m, 1)$인 경우)

이 경우에는 먼저 n번의 이동이 →이어야 합니다.

그 후에 2번의 이동이 ←↑ 또는 ↑←이어야 합니다.

즉, 이동경로는 → … → ←↑ 또는 → … → ↑← 로 2가지이며 $m = n-1$이어야 합니다.

따라서 (ii)의 경우의 확률은

$$2 \cdot \left(\frac{1}{4}\right)^{n+2} \cdot \left(\frac{1}{2}\right)^2 \cdots ⓛ입니다.$$

(i), (ii)로부터 조건을 만족하는 확률은 두 경우로 분류하여 구할 수 있습니다.

$m = n-1$이면 (i)의 경우의 확률은 ㉠으로부터 구한 $\left(\frac{1}{4}\right)^{n+2} \cdot \frac{n}{2}$이고, ⓛ과 더하면 됩니다.

$m \ne n-1$ 즉, $m < n-1$이면 (ii)의 경우는 일어날 수 없으므로 ㉠만을 고려하면 됩니다.

따라서 구하는 확률을 P라 하면

$$P = \begin{cases} \left(\frac{1}{4}\right)^{n+2} \cdot \dfrac{n+1}{2} & (m = n-1) \\ \left(\frac{1}{4}\right)^{n+2} \cdot \dfrac{(m+1)(n-m+1)}{4} & (m < n-1) \end{cases}$$

입니다.

이상으로 1번 문제의 답변을 마치겠습니다.

2번 문제 답변을 시작하겠습니다.

(설명과 계산을 시작합니다.)

사건 X를 슬픔이가 $t = n + 2$초에 '기쁨 바이러스'에 '감염된 상태'인 사건이라 하고,
사건 Y를 화남이가 $t = n + 2$초에 '기쁨 바이러스'에 '감염된 상태'인 사건이라 하겠습니다.

따라서 조건부확률을 X, Y로 표현하면 $\mathrm{P}(Y|X) = \dfrac{\mathrm{P}(X \cap Y)}{\mathrm{P}(X)}$가 됩니다.

이때 $\mathrm{P}(X \cap Y)$는 1번 문제의 결과 P와 같습니다.
따라서 $\mathrm{P}(X)$를 구하면 됩니다.

슬픔이가 '기쁨 바이러스'에 감염되기 위해서는 최단 경로의 길이가 n이므로 n초가 필요합니다.
이를 바탕으로 사건 X를 다음과 같이 분류하겠습니다.

X_n은 슬픔이가 $t = n$초일 때 최초 감염되는 사건,
X_{n+1}은 슬픔이가 $t = n + 1$초일 때 최초 감염되는 사건,
X_{n+2}은 슬픔이가 $t = n + 2$초일 때 최초 감염되는 사건이라 하면

$\mathrm{P}(X_n) = \left(\dfrac{1}{4}\right)^n \cdot \dfrac{1}{2}$이고 $\mathrm{P}(X_{n+1}) = 0$입니다.

왜냐하면 $t = n + 1$초에 $(n, 0)$에 도착할 수 없기 때문입니다.
$\mathrm{P}(X_{n+2})$는 경로에 따라 분류가 필요합니다.

(i) $n + 1$번의 이동이 →이고 1번의 이동이 ←인 경우의 확률

경로의 수는 같은 것을 포함한 순열의 수와 같으므로 $\dfrac{(n+2)!}{(n+1)!1!} = n + 2$입니다.

이때 경로 중 → ··· → → ←와 → ··· → ← →는 $(n, 0)$을 지나 다시 $(n, 0)$으로 돌아오는 경우입니다.
처음 $(n, 0)$을 지날 때, 슬픔이가 감염되는 경우는 n초에 최초 감염되는 사건이므로 제외해야 합니다.

즉, 이 경우의 확률은 $2 \cdot \left(\dfrac{1}{4}\right)^n \cdot \dfrac{1}{2} \cdot \left(\dfrac{1}{4}\right)^2 = \left(\dfrac{1}{4}\right)^{n+2}$입니다.

한편, 처음 $(n, 0)$을 지날 때, 슬픔이가 감염되지 않고, 다시 $(n, 0)$에 돌아와 감염되는 사건은 포함시켜야 합니다.

즉, 경우의 확률은 $2 \cdot \left(\dfrac{1}{4}\right)^n \cdot \dfrac{1}{2} \cdot \left(\dfrac{1}{4}\right)^2 \cdot \dfrac{1}{2} = \left(\dfrac{1}{4}\right)^{n+2} \cdot \dfrac{1}{2}$입니다.

따라서 (i)의 경우의 확률은

$(n + 2) \cdot \left(\dfrac{1}{4}\right)^{n+2} \cdot \dfrac{1}{2} - \left(\dfrac{1}{4}\right)^{n+2} + \left(\dfrac{1}{4}\right)^{n+2} \cdot \dfrac{1}{2} = \left(\dfrac{1}{4}\right)^{n+2} \cdot \dfrac{n+1}{2}$ ··· ㉠

입니다.

(ii) n번의 이동이 →이고 ↑와 ↓의 이동이 각각 1번씩인 경우의 확률

경로의 수는 같은 것을 포함한 순열의 수와 같으므로 $\dfrac{(n+2)!}{n!1!1!}=n^2+3n+2$입니다.

이때 경로 중 $\to\cdots\to\ \uparrow\downarrow$와 $\to\cdots\to\ \downarrow\uparrow$는 $(n,\ 0)$을 지나 다시 $(n,\ 0)$으로 돌아오는 경우입니다. 처음 $(n,\ 0)$을 지날 때, 슬픔이가 감염되는 경우는 n초에 최초 감염되는 사건이므로 제외해야 합니다.

즉, 이 경우의 확률은 $2\cdot\left(\dfrac{1}{4}\right)^n\cdot\dfrac{1}{2}\cdot\left(\dfrac{1}{4}\right)^2=\left(\dfrac{1}{4}\right)^{n+2}$입니다.

한편, 처음 $(n,\ 0)$을 지날 때, 슬픔이가 감염되지 않고, 다시 $(n,\ 0)$에 돌아와 감염되는 사건은 포함시켜야 합니다.

즉, 이 경우의 확률은 $2\cdot\left(\dfrac{1}{4}\right)^n\cdot\dfrac{1}{2}\cdot\left(\dfrac{1}{4}\right)^2\cdot\dfrac{1}{2}=\left(\dfrac{1}{4}\right)^{n+2}\cdot\dfrac{1}{2}$입니다.

따라서 (ii)의 경우의 확률은
$$(n^2+3n+2)\cdot\left(\dfrac{1}{4}\right)^{n+2}-\left(\dfrac{1}{4}\right)^{n+2}+\left(\dfrac{1}{4}\right)^{n+2}\cdot\dfrac{1}{2}=\left(\dfrac{1}{4}\right)^{n+2}\cdot\dfrac{n^2+3n+1}{2}\ \cdots\ ⓛ$$
입니다.

(i), (ii)에 의해
$$\mathrm{P}(X_{n+2})=㉠+ⓛ=\left(\dfrac{1}{4}\right)^{n+2}\cdot\dfrac{n+1}{2}+\left(\dfrac{1}{4}\right)^{n+2}\cdot\dfrac{n^2+3n+1}{2}=\left(\dfrac{1}{4}\right)^{n+2}\cdot\dfrac{n^2+4n+2}{2}$$
입니다.

따라서
$$\mathrm{P}(X)=\mathrm{P}(X_n)+\mathrm{P}(X_{n+1})+\mathrm{P}(X_{n+2})=\left(\dfrac{1}{4}\right)^n\cdot\left(\dfrac{1}{2}\right)+0+\left(\dfrac{1}{4}\right)^{n+2}\cdot\dfrac{n^2+4n+2}{2}$$
$$=\left(\dfrac{1}{4}\right)^{n+2}\cdot\dfrac{n^2+4n+18}{2}$$
이므로

$m=n-1$인 경우는
$$\mathrm{P}(Y|X)=\dfrac{\mathrm{P}(X\cap Y)}{\mathrm{P}(X)}=\dfrac{\left(\dfrac{1}{4}\right)^{n+2}\cdot\dfrac{n+1}{2}}{\left(\dfrac{1}{4}\right)^{n+2}\cdot\dfrac{n^2+4n+18}{2}}=\dfrac{n+1}{n^2+4n+18}$$

$m<n-1$인 경우는
$$\mathrm{P}(Y|X)=\dfrac{\mathrm{P}(X\cap Y)}{\mathrm{P}(X)}=\dfrac{\left(\dfrac{1}{4}\right)^{n+2}\cdot\dfrac{(m+1)(n-m+1)}{4}}{\left(\dfrac{1}{4}\right)^{n+2}\cdot\dfrac{n^2+4n+18}{2}}=\dfrac{(m+1)(n-m+1)}{2(n^2+4n+18)}$$
입니다.

즉, $\mathrm{P}(Y|X)=\begin{cases}\dfrac{n+1}{n^2+4n+18} & (m=n-1)\\[3mm]\dfrac{(m+1)(n-m+1)}{2(n^2+4n+18)} & (m<n-1)\end{cases}$ 입니다.

이상으로 2번 문제의 답변을 마치겠습니다. 감사합니다!

문제 해결의 Tip

[2-1] 단순화 및 분류

두 사람 모두가 감염되기 위한 경로의 성질을 파악해 봅니다.
그리고 같은 것을 포함한 순열 또는 조합을 이용해 계산하면 됩니다.

[2-2] 단순화 및 분류

조건부확률에 관한 문제입니다.
[2-1]의 결과가 조건부확률의 식에서 분자에 해당합니다.
분모에 해당하는 확률은 경우를 분류하여 구하면 됩니다.
각각의 경우의 확률을 하나하나 정확하게 구해 봅니다.

[인문]
- 사회과학대학 경제학부
- 경영대학
- 농업생명과학대학 농경제사회학부

- 생활과학대학 소비자아동학부 소비자학전공, 의류학과
- 자유전공학부(인문)

[자연]
- 자연과학대학 수리과학부, 통계학과

- 사범대학 수학교육과

주요 개념

수학적 확률, 합의 법칙, 곱의 법칙, 순열, 조합, $n!$, $_nP_r$, $_nC_r$, 조건부확률

서울대학교의 공식 해설

▶ [2-1] 확률의 기본 개념을 잘 이해하고, 같은 것이 있는 순열을 활용하여 문제에서 주어진 사건이 발생할 확률을 계산한다.

▶ [2-2] 확률의 기본 개념을 잘 이해하고, 같은 것이 있는 순열을 활용하여 문제에서 주어진 조건부확률을 구한다.

2021학년도 수학B 인문 오후

문제 1

다항식 $g(x) = x^4 + x^3 + x^2 + x + 1$에 대하여 다음 물음에 답하시오.

[1-1]

x^5을 $g(x)$로 나눈 나머지를 구하시오.

[1-2]

자연수 n에 대하여 $f_n(x) = (x^3 + x^2 + 3)^n$이라 하자. $f_n(x)$를 $g(x)$로 나눈 나머지를

$$r_n(x) = a_n x^3 + b_n x^2 + c_n x + d_n \quad (\text{단, } a_n, \ b_n, \ c_n, \ d_n \text{은 정수})$$

라고 쓰자. 모든 $n \geq 1$에 대하여 $a_n = b_n$, $c_n = 0$임을 보이시오.

[1-3]

모든 $n \geq 1$에 대하여 $a_n{}^2 + a_n d_n - d_n{}^2$의 값을 구하시오.

구상지

1-1

1번 문제의 답변을 시작하겠습니다.

(설명과 계산을 시작합니다.)

다항식 $g(x)$는 첫째항이 1이고 공비가 x인 등비수열의 합이므로

등비수열의 합 공식에 의해 $g(x) = 1 + x + x^2 + x^3 + x^4 = \dfrac{x^5 - 1}{x - 1}$ 입니다.

따라서 $x^5 - 1 = g(x)(x - 1)$이고 정리하면 $x^5 = g(x)(x - 1) + 1$ ⋯ ㉠입니다.

㉠은 항등식이므로 이 식을 통해 구하는 나머지는 1임을 알 수 있습니다.

이상으로 1번 문제의 답변을 마치겠습니다.

2번 문제의 답변을 시작하겠습니다.

(설명과 계산을 시작합니다.)

주어진 조건을 식으로 표현하면

$$(x^3+x^2+3)^n = (x^4+x^3+x^2+x+1)Q_n(x)+a_nx^3+b_nx^2+c_nx+d_n$$

입니다. 여기서 $Q_n(x)$는 몫입니다.

이제 수학적 귀납법을 이용하여 모든 $n \geq 1$에 대하여 $a_n = b_n$, $c_n = 0$임을 증명하겠습니다.

(i) $n = 1$일 때

$$(x^3+x^2+3) = (x^4+x^3+x^2+x+1) \cdot 0 + x^3+x^2+3$$이므로

$a_1 = b_1 = 1$, $c_1 = 0$, $d_1 = 3$입니다.

따라서 성립합니다.

(ii) $n = k \ (k \geq 1)$일 때

$$(x^3+x^2+3)^k = g(x)Q_k(x)+a_kx^3+a_kx^2+d_k$$라고 가정하겠습니다.

(iii) $n = k+1$일 때

$$(x^3+x^2+3)^{k+1} = g(x)Q_{k+1}(x)+a_{k+1}x^3+a_{k+1}x^2+d_{k+1}$$임을 보이겠습니다.

좌변 $(x^3+x^2+3)^{k+1}$을 (ii)의 가정을 이용하여 나타내면

$$\begin{aligned}(x^3+x^2+3)^{k+1} &= (x^3+x^2+3)^k(x^3+x^2+3)\\ &= \{g(x)Q_k(x)+a_kx^3+a_kx^2+d_k\}(x^3+x^2+3)\\ &= g(x)Q_k(x)(x^3+x^2+3)\\ &\quad + a_kx^6+2a_kx^5+a_kx^4+(3a_k+d_k)x^3+(3a_k+d_k)x^2+3d_k\end{aligned}$$

입니다. 여기에서 $a_kx^6+2a_kx^5+a_kx^4+(3a_k+d_k)x^3+(3a_k+d_k)x^2+3d_k$를 변형하면

$$\begin{aligned}&a_kx^6+2a_kx^5+a_kx^4+(3a_k+d_k)x^3+(3a_k+d_k)x^2+3d_k\\ &= a_k(x^6+x^5+x^4+x^3+x^2)+a_kx^5+2a_kx^3+2a_kx^2+d_kx^3+d_kx^2+3d_k\end{aligned}$$

이고 1번 문제에서 $x^5 = g(x)(x-1)+1$임을 이용하면

$$a_k x^2 (x^4 + x^3 + x^2 + x + 1) + a_k x^5 + 2a_k x^3 + 2a_k x^2 + d_k x^3 + d_k x^2 + 3d_k$$
$$= a_k x^2 g(x) + a_k g(x)(x-1) + a_k + 2a_k x^3 + 2a_k x^2 + d_k x^3 + d_k x^2 + 3d_k$$
$$= g(x)(a_k x^2 + a_k x - a_k) + (2a_k + d_k)x^3 + (2a_k + d_k)x^2 + (a_k + 3d_k)$$

입니다.

따라서
$$(x^3 + x^2 + 3)^{k+1} = g(x)\{Q(x)(x^3 + x^2 + 3) + a_k x^2 + a_k x - a_k\}$$
$$+ (2a_k + d_k)x^3 + (2a_k + d_k)x^2 + (a_k + 3d_k)$$

입니다.

즉, $a_{k+1} = 2a_k + d_k$, $b_{k+1} = 2a_k + d_k$, $c_{k+1} = 0$, $d_{k+1} = a_k + 3d_k$입니다.
그러므로 $n = k+1$일 때에도 $a_{k+1} = b_{k+1}$, $c_{k+1} = 0$이 성립합니다.

(i), (ii), (iii)에 의해 모든 $n \geq 1$에 대하여 $a_n = b_n$, $c_n = 0$은 성립합니다.

이상으로 2번 문제의 답변을 마치겠습니다.

3번 문제의 답변을 시작하겠습니다.

(설명과 계산을 시작합니다.)

2번 문제를 통해 모든 $n \geq 1$에 대하여
$a_{n+1} = 2a_n + d_n$, $b_{n+1} = 2a_n + d_n$, $c_{n+1} = 0$, $d_{n+1} = a_n + 3d_n$ (단, $a_1 = 1$, $d_1 = 3$)
임을 알 수 있습니다.

이를 이용하여 관계식을 만들기 위해 $a_{n+1}^2 + a_{n+1}d_{n+1} - d_{n+1}^2$을 변형하면

$$\begin{aligned}
a_{n+1}^2 + a_{n+1}d_{n+1} - d_{n+1}^2 &= (2a_n + d_n)^2 + (2a_n + d_n)(a_n + 3d_n) - (a_n + 3d_n)^2 \\
&= 4a_n^2 + 4a_nd_n + d_n^2 + 2a_n^2 + 7a_nd_n + 3d_n^2 - a_n^2 - 6a_nd_n - 9d_n^2 \\
&= 5a_n^2 + 5a_nd_n - 5d_n^2 \\
&= 5(a_n^2 + a_nd_n - d_n^2)
\end{aligned}$$

입니다.
즉, 이것은 수열 $\{a_n^2 + a_nd_n - d_n^2\}$은 공비가 5인 등비수열임을 의미합니다.

따라서 $a_n^2 + a_nd_n - d_n^2 = (a_1^2 + a_1d_1 - d_1^2) \cdot 5^{n-1} = (-5) \cdot 5^{n-1} = -5^n$입니다.

이상으로 3번 문제의 답변을 마치겠습니다. 감사합니다!

문제 해결의 Tip

[1-1] 계산

등비수열의 합으로 생각한다면 쉽게 검산식을 만들 수 있습니다.

[1-2] 추론, 계산

증명 문제입니다.

어떤 증명법을 사용해야 하는지 판단해야 합니다.

이 문제에서는 모든 자연수에 대해서 성립함을 보여야 하므로 수학적 귀납법이 적절합니다.

풀이 과정 중에 [1-1]의 결과를 유용하게 사용할 수 있습니다.

[1-3] 추론, 계산

$n = 1$, 2, 3일 때, 주어진 식의 값을 계산해 보세요.

그리고 규칙이 있다면 증명을 시도하면 됩니다.

또는 [1-2]의 과정에서 얻은 a_n과 d_n의 관계식을 이용하면 됩니다.

a_n과 d_n의 관계식을 각각 구할 수도 있으나 $a_{n+1}{}^2 + a_{n+1}d_{n+1} - d_{n+1}{}^2$을 a_n과 d_n으로 나타내면 보다 쉽게 해결할 수 있습니다.

• 사회과학대학 경제학부

• 자유전공학부(인문)

주요 개념

다항식의 연산, 수열의 귀납적 정의, 수학적 귀납법, 등비수열

서울대학교의 공식 해열

▶ [1-1] 고등학교 수학의 기본 개념 중 하나인 다항식의 나눗셈을 잘 수행할 수 있는지에 대해 평가한다.

▶ [1-2] 수열의 귀납적 정의와 다항식의 나눗셈에 대한 이해를 기반으로, 수학적 귀납법을 이용하여 주어진 명제를 잘 증명할 수 있는지에 대해 평가한다.

▶ [1-3] 등비수열의 일반항을 구하는 과정을 평가한다.

2021학년도 수학B 인문 오후

문제 2

실수 s에 대하여 좌표평면 위의 세 점 $A(s, 2)$, $B(-1+s, 0)$, $C(1+s, 0)$을 꼭짓점으로 하는 삼각형 ABC와 세 점 $A'(-2, 3)$, $B'(0, 1)$, $C'(2, 3)$을 꼭짓점으로 하는 삼각형 $A'B'C'$을 생각하자. 삼각형 ABC의 내부와 삼각형 $A'B'C'$의 내부가 겹치는 부분의 넓이를 $R(s)$라고 하자. (단, 겹치는 부분이 없으면 $R(s)=0$으로 정한다.)

다음 물음에 답하시오.

[2-1]

함수 $y=R(s)$를 구하고, 그래프의 개형을 그리시오.

[2-2]

함수 $y=R(s)$가 미분가능임을 설명하고 도함수 $y=R'(s)$를 구하시오.

구상지

2-1

1번 문제의 답변을 시작하겠습니다.

좌표평면 위에 삼각형 ABC와 삼각형 A′B′C′을 그리면 다음 그림과 같습니다.

(칠판에 그래프 또는 그림을 그립니다.)

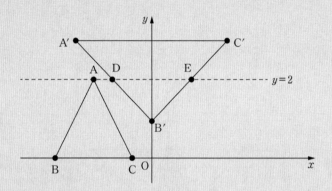

(설명과 계산을 시작합니다.)

여기에서 점 D와 점 E는 D$(-1, 2)$, E$(1, 2)$입니다.

그림에서 보는 바와 같이 겹치는 부분은 삼각형 DB′E의 내부 $(1 \leq y \leq 2)$에서 생기고, $s \leq -1$ 또는 $s \geq 1$일 때에는 겹치는 부분이 없으므로 $R(s) = 0$입니다.

따라서 $R(s) \neq 0$일 때의 점 A는 선분 DE 사이에 있어야 하고 이때의 실수 s의 값의 범위는 $-1 < s < 1$입니다.

또한, 겹치는 부분은 y축 대칭이므로 $0 \leq s < 1$에서의 $R(s)$를 구하면 $-1 < s < 0$에서의 $R(s)$ 역시 구할 수 있습니다.

그리고 두 도형을 동시에 똑같이 평행이동하여도 $R(s)$는 같으므로 y축 방향으로 -1만큼 평행이동을 한 후 각 점의 좌표를 나타내어 보겠습니다.

삼각형 DB′E를 y축 방향으로 -1만큼 평행이동한 도형을 D′OE′,
삼각형 ABC를 y축 방향으로 -1만큼 평행이동한 도형에서 점 A가 이동된 점을 A″,
x축과의 두 교점을 각각 B″, C″이라 하면
삼각형 D′OE′와 삼각형 A″B″C″의 겹치는 부분의 넓이가 $R(s)$입니다.
그리고 점 D′, E′, A″, B″, C″의 좌표는

D′$(-1,\ 1)$, E′$(1,\ 1)$, A″$(s,\ 1)$, B″$\left(s-\dfrac{1}{2},\ 0\right)$, C″$\left(s+\dfrac{1}{2},\ 0\right)$입니다.

이제 겹치는 부분의 모양을 기준으로 분류하여 $R(s)$를 구하겠습니다.

(ⅰ) $s-\dfrac{1}{2}=-\dfrac{1}{2}$, 즉 $s=0$인 경우

(칠판에 그래프 또는 그림을 그립니다.)

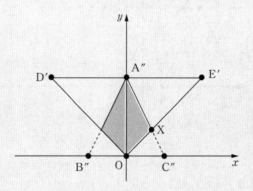

(설명과 계산을 시작합니다.)

점 B″의 x좌표가 $s-\dfrac{1}{2}=-\dfrac{1}{2}$일 때, 즉 $s=0$인 경우 $R(0)$은 위의 그림의 어두운 부분의 넓이와
같습니다.
이때, 직선 OE′과 직선 A″C″의 교점을 X라 하면
$R(s)$는 y축에 대하여 대칭이므로 그 넓이는 삼각형 A″OX의 넓이의 2배와 같습니다.
두 직선 $y=x$와 $y=-2x+1$의 교점 X의 x좌표를 구하면
$x=-2x+1$에서 $x=\dfrac{1}{3}$입니다.

따라서 삼각형 A″OX의 넓이는 $\dfrac{1}{2}\cdot 1\cdot\dfrac{1}{3}=\dfrac{1}{6}$이므로

$R(0)=2\cdot\dfrac{1}{3}=\dfrac{1}{3}$입니다.

(ii) $-\dfrac{1}{2}<s-\dfrac{1}{2}<0$, 즉 $0<s<\dfrac{1}{2}$인 경우

(칠판에 그래프 또는 그림을 그립니다.)

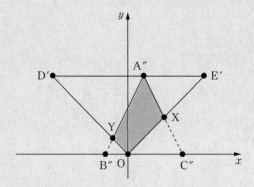

(설명과 계산을 시작합니다.)

점 B″의 x좌표가 $-\dfrac{1}{2}<s-\dfrac{1}{2}<0$일 때, 즉 $0<s<\dfrac{1}{2}$인 경우 $R(s)$는 위의 그림의 어두운 부분의 넓이와 같습니다.

이때, 직선 A″B″과 직선 OD′의 교점을 Y라 하면

$R(s)$는 도형 A″YOX의 넓이와 같습니다.

따라서 삼각형 A″B″C″의 넓이에서 삼각형 YB″O와 삼각형 XOC″의 넓이를 빼면 됩니다.

직선 $y=-x$와 직선 A″B″, 즉 $y=2\left\{x-\left(s-\dfrac{1}{2}\right)\right\}$의 교점 Y의 좌표를 구하면

$-x=2\left\{x-\left(s-\dfrac{1}{2}\right)\right\}=2x-2s+1$에서 $x=\dfrac{2s-1}{3}$, $y=\dfrac{-2s+1}{3}$ 입니다.

직선 $y=x$와 직선 A″C″, 즉 $y=-2\left\{x-\left(s+\dfrac{1}{2}\right)\right\}$의 교점 X의 좌표를 구하면

$x=-2\left\{x-\left(s+\dfrac{1}{2}\right)\right\}=-2x+2s+1$에서 $x=y=\dfrac{2s+1}{3}$ 입니다.

삼각형 YB″O와 삼각형 XOC″의 넓이의 합은

$$\dfrac{1}{2}\left\{\left(\dfrac{1}{2}-s\right)\left(\dfrac{-2s+1}{3}\right)+\left(s+\dfrac{1}{2}\right)\left(\dfrac{2s+1}{3}\right)\right\}=\dfrac{1}{2}\left\{\dfrac{(1-2s)^2}{6}+\dfrac{(2s+1)^2}{6}\right\}=\dfrac{4s^2+1}{6}$$

입니다.

따라서 $R(s)$는 삼각형 A″B″C″의 넓이는 $\dfrac{1}{2}\cdot 1\cdot 1=\dfrac{1}{2}$이므로

$$R(s)=\dfrac{1}{2}-\dfrac{4s^2+1}{6}=-\dfrac{2}{3}s^2+\dfrac{1}{3}$$ 입니다.

(iii) $s - \frac{1}{2} = 0$, 즉 $s = \frac{1}{2}$인 경우

(칠판에 그래프 또는 그림을 그립니다.)

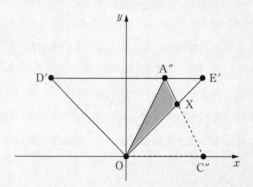

(설명과 계산을 시작합니다.)

점 B″의 x좌표가 $s - \frac{1}{2} = 0$일 때, 즉 $s = \frac{1}{2}$인 경우 $R(s)$는 위의 그림의 어두운 부분의 넓이와 같습니다.

$R(s)$는 도형 A″OX의 넓이와 같으므로
삼각형 A″OC″의 넓이에서 삼각형 XOC″의 넓이를 빼면 됩니다.

직선 $y = x$와 직선 A″C″, 즉 $y = -2(x-1)$의 교점 X의 좌표를 구하면

$x = -2(x-1) = -2x + 2$에서 $x = \frac{2}{3}$, $y = \frac{2}{3}$입니다.

삼각형 A″OC″의 넓이는 $\frac{1}{2} \cdot 1 \cdot 1 = \frac{1}{2}$이고, 삼각형 XOC″의 넓이는 $\frac{1}{2} \cdot 1 \cdot \frac{2}{3} = \frac{1}{3}$입니다.

따라서 $R(s)$는 $R(s) = \frac{1}{2} - \frac{1}{3} = \frac{1}{6}$입니다.

이것은 (ii)의 $R(s) = -\frac{2}{3}s^2 + \frac{1}{3}$에서 $s = \frac{1}{2}$일 때의 값과 같습니다.

(iv) $s - \frac{1}{2} > 0$, 즉 $\frac{1}{2} < s < 1$인 경우

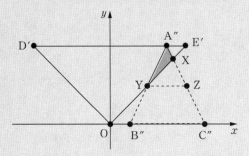

점 B″의 x좌표가 $s - \frac{1}{2} > 0$일 때, 즉 $\frac{1}{2} < s < 1$인 경우 $R(s)$는 위의 그림의 어두운 부분의 넓이

와 같습니다.

이때, 직선 A″B″과 직선 OE′의 교점을 Y라 하고

직선 A″C″ 위의 점 중 점 Y와 y좌표가 같은 점을 Z라 합니다.

$R(s)$는 도형 A″YX의 넓이와 같으므로

삼각형 A″YZ의 넓이에서 삼각형 XYZ의 넓이를 빼면 됩니다.

직선 $y = x$와 직선 A″C″, 즉 $y = -2\left\{x - \left(s + \frac{1}{2}\right)\right\}$의 교점 X의 좌표를 구하면

$x = -2\left(x - s - \frac{1}{2}\right) = -2x + 2s + 1$에서 $x = \frac{2s+1}{3}$, $y = \frac{2s+1}{3}$ 입니다.

직선 $y = x$와 직선 A″B″, 즉 $y = 2\left\{x - \left(s - \frac{1}{2}\right)\right\}$의 교점 Y의 좌표를 구하면

$x = 2\left(x - s + \frac{1}{2}\right) = 2x - 2s + 1$에서 $x = 2s - 1$, $y = 2s - 1$입니다.

이때 점 Z의 y좌표는 점 Y의 y좌표 $(2s-1)$과 같고 직선 A″C″ 위에 있으므로 x좌표를 구하면

$2s - 1 = -2\left(x - s - \frac{1}{2}\right) = -2x + 2s + 1$에서 $x = 1$입니다.

삼각형 A″YZ의 넓이는 $\frac{1}{2}(1 - 2s + 1)(1 - 2s + 1) = 2(1 - s)^2$이고,

삼각형 XYZ의 넓이는 $\frac{1}{2}(1 - 2s + 1)\left(\frac{2s+1}{3} - 2s + 1\right) = \frac{4}{3}(1 - s)^2$입니다.

따라서 $R(s)$는 $R(s)=2(1-s)^2-\dfrac{4}{3}(1-s)^2=\dfrac{2}{3}(1-s)^2$입니다.

(i), (ii), (iii), (iv)에 의해 함수 $y=R(s)$는 다음과 같이 정리됩니다.

$$R(s)=\begin{cases} 0 & (s \le -1) \\[2mm] \dfrac{2}{3}(s+1)^2 & \left(-1 < s < -\dfrac{1}{2}\right) \\[3mm] -\dfrac{2}{3}s^2+\dfrac{1}{3} & \left(-\dfrac{1}{2} \le s \le \dfrac{1}{2}\right) \\[3mm] \dfrac{2}{3}(s-1)^2 & \left(\dfrac{1}{2} < s < 1\right) \\[3mm] 0 & (s \ge 1) \end{cases}$$

이때 $s=-1$, $s=-\dfrac{1}{2}$, $s=\dfrac{1}{2}$, $s=1$에서 연속임을 알 수 있습니다.

따라서 함수 $y=R(s)$의 그래프의 개형은 다음과 같습니다.

(칠판에 그래프 또는 그림을 그립니다.)

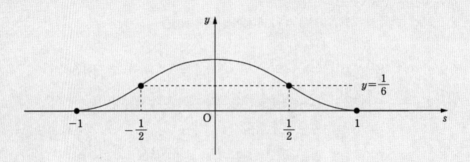

이상으로 1번 문제의 답변을 마치겠습니다.

2번 문제의 답변을 시작하겠습니다.

1번 문제에서 구한 함수의 식을 이용하여 $s = \dfrac{1}{2}$ 과 $s = 1$ 에서의 미분가능성을 조사하겠습니다.

(설명과 계산을 시작합니다.)

$$\lim_{h \to 0-} \frac{R\left(\frac{1}{2}+h\right) - R\left(\frac{1}{2}\right)}{h} = \lim_{h \to 0-} \left\{ -\frac{2}{3}(h+1) \right\} = -\frac{2}{3} \text{이고}$$

$$\lim_{h \to 0+} \frac{R\left(\frac{1}{2}+h\right) - R\left(\frac{1}{2}\right)}{h} = \lim_{h \to 0+} \frac{2}{3}(h-1) = -\frac{2}{3} \text{이므로}$$

$$\lim_{h \to 0} \frac{R\left(\frac{1}{2}+h\right) - R\left(\frac{1}{2}\right)}{h} = -\frac{2}{3}, \text{ 즉 } R'\left(\frac{1}{2}\right) = -\frac{2}{3} \text{입니다.}$$

따라서 $S = \dfrac{1}{2}$ 에서 미분가능합니다.

$$\lim_{h \to 0-} \frac{R(1+h) - R(1)}{h} = \lim_{h \to 0-} \frac{2}{3}h = 0 \text{이고}$$

$$\lim_{h \to 0+} \frac{R(1+h) - R(1)}{h} = 0 \text{이므로}$$

$$\lim_{h \to 0} \frac{R(1+h) - R(1)}{h} = 0, \text{ 즉 } R'(1) = 0 \text{입니다.}$$

따라서 $s = 1$ 에서 미분가능합니다.

또한, 함수 $y = R(s)$ 는 y 축 대칭이므로 $R(s) = R(-s)$ 이고 $R'(s) = -R'(-s)$ 입니다.

즉, $s = -\dfrac{1}{2}$, $s = -1$ 에서도 미분가능하고

$$R'\left(-\frac{1}{2}\right) = -R'\left(\frac{1}{2}\right) = \frac{2}{3}, \ R'(-1) = R'(1) = 0 \text{입니다.}$$

그러므로 함수 $y = R(s)$는 미분가능하고 도함수 $y = R'(s)$는 다음과 같습니다.

$$R'(s) = \begin{cases} 0 & (s \leq -1) \\ \dfrac{4}{3}(s+1) & \left(-1 < s < -\dfrac{1}{2}\right) \\ -\dfrac{4}{3}s & \left(-\dfrac{1}{2} \leq s \leq \dfrac{1}{2}\right) \\ \dfrac{4}{3}(s-1) & \left(\dfrac{1}{2} < s < 1\right) \\ 0 & (s \geq 1) \end{cases}$$

이상으로 2번 문제의 답변을 마치겠습니다. 감사합니다!

문제 해결의 Tip

[2-1] 단순화 및 분류, 계산

문제를 이해하고 그림을 그릴 수 있어야 합니다.
그리고 넓이를 구하기 위해 경우를 분류하고, 각 경우에 맞는 그래프를 그려 넓이를 계산해야 합니다.

[2-2] 계산

[2-1]의 결론으로부터 미분계수의 정의를 이용하여 미분가능성을 조사하면 됩니다.

• 사회과학대학 경제학부
• 자유전공학부(인문)

주요 개념

도형의 넓이, 함수의 그래프, 극한, 좌극한, 우극한, 연속, $\lim_{x \to a} f(x)$, $\lim_{x \to a-} f(x)$, $\lim_{x \to a+} f(x)$, 미분계수, 미분가능, 도함수

서울대학교의 공익 해설

▶ [2-1] 도형의 넓이를 구하는 것은 적분의 기초 개념으로, 이 문제에서는 간단한 영역의 넓이에 대해 다룬다.

▶ [2-2] 미분가능성의 뜻을 이해하여 주어진 함수가 미분가능한지 확인하고, 도함수를 잘 구할 수 있다.

2021학년도 수학C 자연 오전

문제 1

음이 아닌 정수들의 집합을 X라고 하고, 음이 아닌 실수들의 집합을 Y라고 하자.
두 함수 $f: X \to Y$와 $g: Y \to X$에 대해 아래 조건을 생각하자.

┌─〈조건 1〉─────────────────────────────────
│ $n \in X$와 $y \in Y$에 대하여 $f(n) \le y \Leftrightarrow n \le g(y)$이다.
└───

[1-1]

함수 $f: X \to Y$, $g: Y \to X$가 〈조건 1〉을 만족할 때, 모든 $n \in X$에 대하여 $n \le (g \circ f)(n)$이 성립함을 보이시오.

[1-2]

양수 k에 대해 $f(n) = n^k$이라고 할 때, 〈조건 1〉과 다음 〈조건 2〉를 만족하는 함수 $g: Y \to X$의 예를 찾으시오.

┌─〈조건 2〉─────────────────────────────────
│ $y_1 \le y_2$이면 $g(y_1) \le g(y_2)$이다.
└───

[1-3]

문제 [1-2]에서 찾은 함수 $g: Y \to X$가 단 하나 존재함을 보이시오.

구상지

1-1

1번 문제의 답변을 시작하겠습니다.

(설명과 계산을 시작합니다.)

주어진 〈조건 1〉의 $f(n) \leq y \Leftrightarrow n \leq g(y)$에서
$f(n) \in Y$이므로 y에 $f(n)$을 대입하면
$f(n) \leq f(n) \Leftrightarrow n \leq g(f(n))$
입니다.
이때 $f(n) \leq f(n)$은 항상 참이므로 $n \leq g(f(n))$도 성립함을 나타냅니다.

이상으로 1번 문제의 답변을 마치겠습니다.

1-2, 3

2번 문제와 3번 문제의 답변을 시작하겠습니다.

(설명과 계산을 시작합니다.)

함수 g는

㉠ 정의역은 음이 아닌 실수이고, 공역은 음이 아닌 정수입니다.

㉡ 〈조건 1〉과 $f(n)=n^k$에 의해 $n^k \leq y \Leftrightarrow n \leq g(y)$ 입니다.

㉢ 〈조건 2〉에 의해 $y_1 \leq y_2$이면 $g(y_1) \leq g(y_2)$ 입니다.

㉡, ㉢은 함수 g의 정의역과 치역의 관계에 대한 조건입니다.

또한, 〈조건 1〉의 대우 명제는

$n \in X$와 $y \in Y$에 대하여 $g(y) < n \Leftrightarrow y < n^k$

이고 필요충분조건이므로 $y < n^k \Leftrightarrow g(y) < n$ 입니다.

따라서 음이 아닌 임의의 실수 y에 대하여 $(n-1)^k \leq y < n^k$을 만족하는 n과 k가 존재하고
㉡, ㉢에 의하여

$(n-1)^k \leq y < n^k \Leftrightarrow n-1 \leq g(y) < n$

임을 알 수 있습니다. (단, n은 1 이상의 정수)

그리고 ㉠에 의해 g의 공역은 음이 아닌 정수이므로 $g(y)=n-1$이 유일합니다.

즉,

$g(y)=n-1 \ \left((n-1)^k \leq y < n^k\right)$

이므로 $g(y)=\left[y^{\frac{1}{k}} \right]$ 입니다. (단, $[x]$는 x보다 크지 않은 최대의 정수)

이상으로 2번 문제와 3번 문제의 답변을 마치겠습니다. 감사합니다!

문제 해결의 Tip

[1-1] 추론 및 증명

주어진 〈조건 1〉이 필요충분조건이므로 역, 대우 명제들도 참입니다.
이것을 이용하면 쉽게 증명할 수 있습니다.

[1-2] 추론 및 증명

전제 조건과 〈조건 1〉, 추가 조건인 $f(n)=n^k$과 〈조건 2〉를 종합하여 관찰해야 하는 난도 높은 문제입니다.
전제 조건에서 주어진 함수 g의 공역이 정수임을 이용하여 문제를 해결합니다.

[1-3] 추론 및 증명

유일성의 증명에 관한 문제입니다.
일반적으로 '유일성'은 유일하지 않다고 가정하여 모순이 발생함을 보이는 귀류법을 이용하여 증명합니다.
그러나 이 문제는 굳이 귀류법을 이용할 필요는 없습니다.
[1-2] 문제 해결의 Tip에서 언급한대로 공역이 정수이기 때문입니다.

- 자연과학대학 수리과학부, 통계학과
- 사범대학 수학교육과

주요 개념

명제, 조건, 필요충분조건, 명제의 증명, 진리집합, 대우

서울대학교의 공식 해얼

▶ [1-1] 명제를 증명하는 논리적인 과정을 이해하는 것은 수학 이론을 전개할 때 필수적이다.
본 문항에서는 간단한 명제를 증명할 수 있는지를 평가한다.

▶ [1-2] 주어진 조건에 대한 진리집합을 생각하여, 실제로 조건을 만족하는 함수의 예를 표현할 수 있는지 평가한다.

▶ [1-3] 명제를 증명하는 논리적인 과정을 이해하는 것은 수학 이론을 전개할 때 필수적이다.
본 문항에서는 문제 [1-1]과 마찬가지로 간단한 명제를 증명할 수 있는지를 평가한다.

2021학년도 수학C · D · E자연 오전

문제 2

자연수 n에 대하여 다항식 $P_n(x)$를 다음과 같이 정의하자.

$$P_n(x) = \sum_{k=0}^{\left[\frac{(n-1)}{2}\right]} (-1)^k \, {}_nC_{2k+1} x^k$$

$\left(\text{단, } \left[\dfrac{n-1}{2}\right] \text{은 } \dfrac{n-1}{2} \text{을 넘지 않는 가장 큰 정수이다.}\right)$

[2-1]

$P_1(x)$와 $P_2(x)$를 구하시오.

[2-2]

아래 〈조건〉을 만족하는 다항식 $A(x)$와 $B(x)$를 구하시오.

─ 〈조건〉─
모든 자연수 n에 대하여 $P_{n+2}(x) = A(x)P_{n+1}(x) + B(x)P_n(x)$이다.

[2-3]

$\lim\limits_{n \to \infty} \dfrac{P_{n+1}(x)}{P_n(x)}$ (단, $x \leq 0$)가 존재할 때, 그 극한값을 구하시오.

구상지

2-1

1번 문제의 답변을 시작하겠습니다.

(설명과 계산을 시작합니다.)

정의에 의해

$$P_1(x) = \sum_{k=0}^{0} (-1)^k {}_1C_{2k+1} x^k = (-1)^0 {}_1C_1 x^0 = 1,$$

$$P_2(x) = \sum_{k=0}^{0} (-1)^k {}_2C_{2k+1} x^k = (-1)^0 {}_2C_1 x^0 = 2$$

입니다.

이상으로 1번 문제의 답변을 마치겠습니다.

2번 문제의 답변을 시작하겠습니다.

(설명과 계산을 시작합니다.)

$\left[\dfrac{n-1}{2}\right]$ 은 n이 홀수일 때와 짝수일 때 달라지므로

자연수 m에 대하여 $n=2m-1$ 또는 $n=2m$으로 분류하겠습니다.

(i) $n=2m-1$일 때

$$\left[\frac{(n+2)-1}{2}\right]=\left[\frac{2m}{2}\right]=m, \quad \left[\frac{(n+1)-1}{2}\right]=\left[\frac{2m-1}{2}\right]=m-1,$$

$$\left[\frac{n-1}{2}\right]=\left[\frac{2m-2}{2}\right]=m-1$$

이므로

$$P_{n+2}(x)=\sum_{k=0}^{m}(-1)^k\,_{2m+1}C_{2k+1}x^k$$

$$P_{n+1}(x)=\sum_{k=0}^{m-1}(-1)^k\,_{2m}C_{2k+1}x^k$$

$$P_{n}(x)=\sum_{k=0}^{m-1}(-1)^k\,_{2m-1}C_{2k+1}x^k$$

이고 이것을 〈조건〉에 대입하면

$$\sum_{k=0}^{m}(-1)^k\,_{2m+1}C_{2k+1}x^k = A(x)\sum_{k=0}^{m-1}(-1)^k\,_{2m}C_{2k+1}x^k + B(x)\sum_{k=0}^{m-1}(-1)^k\,_{2m-1}C_{2k+1}x^k \quad \cdots \text{㉠}$$

입니다.

이때, 좌변과 우변의 최고차항의 차수를 비교하면 $A(x)$와 $B(x)$는 일차 이하의 다항식이어야 합니다.
따라서 $A(x)=ax+b$, $B(x)=cx+d$라 하고 상수항과 최고차항의 계수를 비교해 보겠습니다.

㉠의 좌변의 상수항은 $2m+1$이고, ㉠의 우변의 상수항은 $2mb+(2m-1)d$이므로
이것을 정리하면 $2m+1=2(b+d)m-d$입니다.
항등식의 성질에 의해 $b+d=1$, $d=-1$이므로 $b=2$, $d=-1$입니다.

㉠의 좌변의 최고차항은 $(-1)^m\,_{2m+1}C_{2m+1}x^m$이고,

㉠의 우변의 최고차항은 $a(-1)^{m-1}\,_{2m}C_{2m-1}x^m+c(-1)^{m-1}\,_{2m-1}C_{2m-1}x^m$이므로

이것을 정리하면 $-1=2am+c$입니다.
항등식의 성질에 의해 $a=0,\ c=-1$입니다.

따라서 $A(x)=2,\ B(x)=-x-1$로 추측할 수 있습니다.

즉, $P_{n+2}(x)=2P_{n+1}(x)+(-x-1)P_n(x)$라고 가정하겠습니다.
이것을 증명하기 위해 좌변과 우변의 x^k의 계수를 비교해 보겠습니다.

좌변의 x^k의 계수는 $(-1)^k{}_{2m+1}\mathrm{C}_{2k+1}$이고
우변의 x^k의 계수는 이항정리 ${}_n\mathrm{C}_k+{}_n\mathrm{C}_{k+1}={}_{n+1}\mathrm{C}_{k+1}$을 이용하여 정리하면

$2(-1)^k{}_{2m}\mathrm{C}_{2k+1}-(-1)^{k-1}{}_{2m-1}\mathrm{C}_{2k-1}-(-1)^k{}_{2m-1}\mathrm{C}_{2k+1}$

$=(-1)^k\left(2\cdot{}_{2m}\mathrm{C}_{2k+1}+{}_{2m-1}\mathrm{C}_{2k-1}-{}_{2m-1}\mathrm{C}_{2k+1}\right)$

$=(-1)^k\left({}_{2m}\mathrm{C}_{2k+1}+{}_{2m}\mathrm{C}_{2k+1}-{}_{2m-1}\mathrm{C}_{2k+1}+{}_{2m-1}\mathrm{C}_{2k-1}\right)$

$=(-1)^k\left({}_{2m}\mathrm{C}_{2k+1}+{}_{2m-1}\mathrm{C}_{2k}+{}_{2m-1}\mathrm{C}_{2k-1}\right)$

$=(-1)^k\left({}_{2m}\mathrm{C}_{2k+1}+{}_{2m}\mathrm{C}_{2k}\right)$

$=(-1)^k{}_{2m+1}\mathrm{C}_{2k+1}$

이므로 좌변과 우변의 x^k의 계수가 같습니다.

따라서 $P_{n+2}(x)=2P_{n+1}(x)+(-x-1)P_n(x)$가 성립합니다.

(ii) $n=2m$일 때
(ⅰ)에서 구한 $P_{n+2}(x)=2P_{n+1}(x)+(-x-1)P_n(x)$가 성립한다고 가정하겠습니다.
마찬가지로 이것을 정리하기 위해 좌변과 우변의 x^k의 계수를 비교해 보겠습니다.
좌변 $P_{n+2}(x)$의 x^k의 계수는 $(-1)^k{}_{2m+2}\mathrm{C}_{2k+1}$이고
우변 $2P_{n+1}(x)+(-x-1)P_n(x)$의 x^k의 계수는 이항정리를 이용하여 정리하면

$2(-1)^k{}_{2m+1}\mathrm{C}_{2k+1}-(-1)^{k-1}{}_{2m}\mathrm{C}_{2k-1}-(-1)^k{}_{2m}\mathrm{C}_{2k+1}$

$=(-1)^k\left(2\cdot{}_{2m+1}\mathrm{C}_{2k+1}+{}_{2m}\mathrm{C}_{2k-1}-{}_{2m}\mathrm{C}_{2k+1}\right)$

$=(-1)^k\left({}_{2m+1}\mathrm{C}_{2k+1}+{}_{2m+1}\mathrm{C}_{2k+1}-{}_{2m}\mathrm{C}_{2k+1}+{}_{2m}\mathrm{C}_{2k-1}\right)$

$=(-1)^k\left({}_{2m+1}\mathrm{C}_{2k+1}+{}_{2m}\mathrm{C}_{2k}+{}_{2m}\mathrm{C}_{2k-1}\right)$

$=(-1)^k\left({}_{2m+1}\mathrm{C}_{2k+1}+{}_{2m+1}\mathrm{C}_{2k}\right)$

$=(-1)^k{}_{2m+2}\mathrm{C}_{2k+1}$

이므로 좌변과 우변의 x^k의 계수가 같습니다.

따라서 $P_{n+2}(x)=2P_{n+1}(x)+(-x-1)P_n(x)$가 성립합니다.

(i), (ii)에 의해 $P_{n+2}(x) = 2P_{n+1}(x) + (-x-1)P_n(x)$는 성립합니다.

그러므로 $A(x) = 2$, $B(x) = -x-1$입니다.

이상으로 2번 문제의 답변을 마치겠습니다.

3번 문제의 답변을 시작하겠습니다.

(설명과 계산을 시작합니다.)

2번 문제의 결과에 의하여 $P_{n+2}(x)=2P_{n+1}(x)+(-x-1)P_n(x)$ 이고
양변을 $P_{n+1}(x)$ 로 나누면

$$\frac{P_{n+2}(x)}{P_{n+1}(x)}=2+(-x-1)\frac{P_n(x)}{P_{n+1}(x)}=2+(-x-1)\frac{1}{\dfrac{P_{n+1}(x)}{P_n(x)}}$$

입니다.

조건에 의하여 $\displaystyle\lim_{n\to\infty}\frac{P_{n+1}(x)}{P_n(x)}$ (단, $x\le 0$)가 존재하므로 $\displaystyle\lim_{n\to\infty}\frac{P_{n+1}(x)}{P_n(x)}=\alpha$ 라 하면

$\alpha=2-\dfrac{x+1}{\alpha}$ 입니다.

양변에 α 를 곱하여 정리하면 $\alpha^2-2\alpha+(x+1)=0$ 이므로
이차방정식의 근의 공식에 의하여 $\alpha=1\pm\sqrt{-x}$ 입니다.

이때 다항식 $P_{n+1}(x)-P_n(x)$ 를 생각해 보겠습니다.

자연수 m 에 대하여

(ⅰ) $n=2m-1$ 일 때

$$P_{n+1}(x)-P_n(x)=\sum_{k=0}^{m-1}(-1)^k\big({}_{2m}\mathrm{C}_{2k+1}-{}_{2m-1}\mathrm{C}_{2k+1}\big)x^k$$

$$=\sum_{k=0}^{m-1}(-1)^k\big({}_{2m-1}\mathrm{C}_{2k}\big)x^k$$

$$=\sum_{k=0}^{m-1}{}_{2m-1}\mathrm{C}_{2k}(-x)^k$$

이고 $-x\ge 0$ 이므로 $P_{n+1}(x)-P_n(x)\ge 0$ 입니다.

즉, $\dfrac{P_{n+1}(x)}{P_n(x)}\ge 1$ 입니다.

따라서 $\alpha=1+\sqrt{-x}$ 입니다.

(ii) $n=2m$일 때

$$P_{n+1}(x) - P_n(x) = \sum_{k=0}^{m-1} (-1)^k ({}_{2m+1}\mathrm{C}_{2k+1} - {}_{2m}\mathrm{C}_{2k+1}) x^k + (-1)^m x^m$$

$$= \sum_{k=0}^{m-1} (-1)^k ({}_{2m}\mathrm{C}_{2k}) x^k + (-x)^m$$

$$= \sum_{k=0}^{m} {}_{2m}\mathrm{C}_{2k} (-x)^k$$

이고 $-x \geq 0$이므로 $P_{n+1}(x) - P_n(x) \geq 0$입니다.

즉, $\dfrac{P_{n+1}(x)}{P_n(x)} \geq 1$입니다.

따라서 $\alpha = 1 + \sqrt{-x}$ 입니다.

(i), (ii)에 의해 $\displaystyle\lim_{n\to\infty} \dfrac{P_{n+1}(x)}{P_n(x)} = 1 + \sqrt{-x}$ 입니다.

이상으로 3번 문제의 답변을 마치겠습니다. 감사합니다!

문제 해결의 Tip

[2-1] 계산

주어진 식에 $n=1$, $n=2$를 대입하면 쉽게 구할 수 있는 문제입니다.

[2-2] 추론 및 증명

$n=1$, 2, 3, 4를 대입한 후 다항식 $A(x)$, $B(x)$를 추론할 수 있습니다.

또는 예시 답안과 같이 최고차항과 상수항을 비교하여 추론할 수 있습니다.

그리고 일반항에 대해서도 성립하는지 검증이 필요하므로

n이 홀수일 때, n이 짝수일 때로 분류하여 확인하는 과정이 반드시 필요합니다.

[2-3] 계산

[2-2]에서 구한 등식의 양변을 $P_{n+1}(x)$로 나누면 $\dfrac{P_{n+2}(x)}{P_{n+1}(x)}$와 $\dfrac{P_{n+1}(x)}{P_n(x)}$의 관계식을 구할 수 있습니다.

이 식의 양변에 $\lim\limits_{n\to\infty}$를 취하면 $\lim\limits_{n\to\infty}\dfrac{P_{n+1}(x)}{P_n(x)}$이 수렴한다는 조건으로부터

$\lim\limits_{n\to\infty}\dfrac{P_{n+1}(x)}{P_n(x)}$의 극한값 α를 구할 수 있습니다.

이때, $P_n(x)$와 $P_{n+1}(x)$의 대소 관계를 비교하는 과정이 반드시 필요합니다.

- 자연과학대학 수리과학부, 통계학과
- 공과대학
- 농업생명과학대학 조경 · 지역시스템공학부, 바이오시스템 · 소재학부, 산림과학부

- 사범대학 수학교육과
- 자유전공학부(자연)

주요 개념

조합 $_nC_r$, $\sum$(시그마)의 성질, 수열의 귀납적 정의, 수열의 극한

서울대학교의 공식 해설

▶ [2-1] 조합의 수와 $\sum$의 정의와 성질을 잘 이해하고, 주어진 형태에 대해 정확히 계산할 수 있는지 평가한다.

▶ [2-2] 다항식으로 정의된 수열이 주어진 상황에서 관계식을 유도할 수 있는지와 그 관계식을 엄밀하게 증명할 수 있는지에 대해 평가한다.

▶ [2-3] 문제 [2-2]에서 얻은 관계식을 기반으로 수열의 극한을 잘 계산할 수 있는지 평가한다.

2021학년도 수학E 자연 오전

문제 1

두 함수 $g_1(x)$와 $g_2(x)$가 아래와 같이 주어져 있다.

$$g_1(x) = \begin{cases} 0 \ (-1 \le x < 0) \\ 1 \ (0 \le x \le 1) \end{cases}$$

$$g_2(x) = \sin(4\pi x) \ (0 \le x \le 1)$$

합성함수 $h(x) = (g_1 \circ g_2)(x)$에 대하여 다음 질문에 답하시오.

[1-1]

함수 $y = h(x) \ (0 \le x \le 1)$의 그래프와 이차함수 $y = -6x(x-b)$의 그래프의 교점의 개수가 최대가 되는 실수 b의 값의 범위를 구하시오.

[1-2]

함수 $y = h(x) \ (0 \le x \le 1)$의 그래프와 x축 그리고 직선들 $x = 0$, $x = \dfrac{1}{4}$, $x = \dfrac{1}{2}$, $x = \dfrac{3}{4}$으로 둘러싸인 영역에서 x좌표가 실수 t 이하인 부분의 넓이를 $f(t)$라고 하자. (단, 선분이나 공집합의 넓이는 0이라고 한다.)
이때, 함수 $f(t)$의 한 부정적분을 $F(t)$라고 할 때, $F(0) = 0$을 만족하는 함수 $F(t)$를 구하시오.

구상지

1-1

'수학A 인문 오전 문제 1-1'과 동일합니다.
376쪽에서 확인해 주세요.

1-2

2번 문제의 답변을 시작하겠습니다.

주어진 영역을 좌표평면에 나타내면 다음과 같습니다.

(칠판에 그래프 또는 그림을 그립니다.)

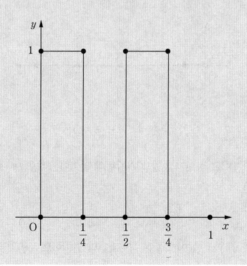

이때, 실수 t의 값의 범위에 따라 $f(t)$는 달라지므로 $t=0$, $t=\dfrac{1}{4}$, $t=\dfrac{1}{2}$, $t=\dfrac{3}{4}$을 기준으로 분류하여 $f(t)$를 구하겠습니다.

(ⅰ) $t<0$일 때

　　$f(t)=0$입니다.

(ⅱ) $0\leq t<\dfrac{1}{4}$일 때

(칠판에 그래프 또는 그림을 그립니다.)

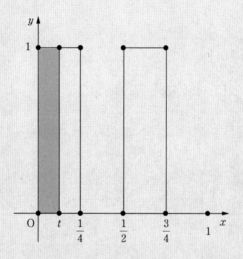

(설명과 계산을 시작합니다.)

　　$f(t)$는 밑변의 길이가 t이고 높이가 1인 직사각형의 넓이이므로 $f(t)=t$입니다.

(ⅲ) $\dfrac{1}{4}\leq t<\dfrac{1}{2}$일 때

　　$f(t)$는 밑변의 길이가 $\dfrac{1}{4}$이고 높이가 1인 직사각형의 넓이이므로 $f(t)=\dfrac{1}{4}$입니다.

(iv) $\dfrac{1}{2} \le t < \dfrac{3}{4}$ 일 때

(칠판에 그래프 또는 그림을 그립니다.)

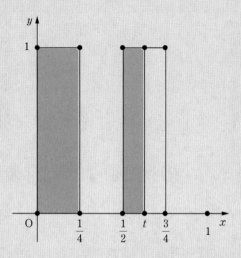

(설명과 계산을 시작합니다.)

$f(t)$는 밑변의 길이가 $\dfrac{1}{4}$, 높이가 1인 직사각형와 밑변의 길이가 $t - \dfrac{1}{2}$이고 높이가 1인 직사각형의

넓이의 합이므로 $f(t) = \dfrac{1}{4} + t - \dfrac{1}{2} = t - \dfrac{1}{4}$ 입니다.

(v) $t \ge \dfrac{3}{4}$ 일 때

$f(t)$는 밑변의 길이가 $\dfrac{1}{4}$이고 높이가 1인 직사각형의 넓이의 2배이므로 $f(t) = \dfrac{1}{2}$ 입니다.

(i)~(v)에서 $f(t)$는 다음과 같습니다.

$$f(t) = \begin{cases} 0 & (t < 0) \\ t & \left(0 \le t < \dfrac{1}{4}\right) \\ \dfrac{1}{4} & \left(\dfrac{1}{4} \le t < \dfrac{1}{2}\right) \\ t - \dfrac{1}{4} & \left(\dfrac{1}{2} \le t < \dfrac{3}{4}\right) \\ \dfrac{1}{2} & \left(t \ge \dfrac{3}{4}\right) \end{cases}$$

함수 $y = f(t)$는 연속함수이고 $F'(t) = f(t)$이므로 함수 $y = F(t)$는 연속함수이고 미분가능합니다.

따라서 함수 $f(t)$의 부정적분 $F(t)$는 다음과 같습니다.

$$F(t) = \begin{cases} C_1 & (t < 0) \\ \dfrac{1}{2}t^2 + C_2 & \left(0 \le t < \dfrac{1}{4}\right) \\ \dfrac{1}{4}t + C_3 & \left(\dfrac{1}{4} \le t < \dfrac{1}{2}\right) \\ \dfrac{1}{2}t^2 - \dfrac{1}{4}t + C_4 & \left(\dfrac{1}{2} \le t < \dfrac{3}{4}\right) \\ \dfrac{1}{2}t + C_5 & \left(t \ge \dfrac{3}{4}\right) \end{cases}$$

(단, C_1, C_2, C_3, C_4, C_5는 적분상수입니다.)

함수 $y = F(t)$는 연속이므로 $t = 0$, $\dfrac{1}{4}$, $\dfrac{1}{2}$, $\dfrac{3}{4}$에서 좌극한과 우극한이 같아야 합니다.

즉, $C_1 = C_2$, $\dfrac{1}{32} + C_2 = \dfrac{1}{16} + C_3$, $\dfrac{1}{8} + C_3 = C_4$, $\dfrac{3}{32} + C_4 = \dfrac{3}{8} + C_5$이고, $F(0) = 0$이므로

$C_1 = 0$, $C_2 = 0$, $C_3 = -\dfrac{1}{32}$, $C_4 = \dfrac{3}{32}$, $C_5 = -\dfrac{3}{16}$ 입니다.

따라서 함수 $F(t)$는 다음과 같습니다.

$$F(t) = \begin{cases} 0 & (t < 0) \\[2mm] \dfrac{1}{2}t^2 & \left(0 \le t < \dfrac{1}{4}\right) \\[3mm] \dfrac{1}{4}t - \dfrac{1}{32} & \left(\dfrac{1}{4} \le t < \dfrac{1}{2}\right) \\[3mm] \dfrac{1}{2}t^2 - \dfrac{1}{4}t + \dfrac{3}{32} & \left(\dfrac{1}{2} \le t < \dfrac{3}{4}\right) \\[3mm] \dfrac{1}{2}t - \dfrac{3}{16} & \left(t \ge \dfrac{3}{4}\right) \end{cases}$$

이상으로 2번 문제의 답변을 마치겠습니다. 감사합니다!

문제 해결의 Tip

[1-1] 단순화 및 분류

식을 통해 그래프를 그리고, 그래프를 이용하여 요구하는 값을 구해야 합니다.
경우를 분류하고 모순이 없는지 각각의 경우를 확인해야 합니다.

[1-2] 계산

수능 모의고사 문제에서도 자주 접할 수 있는 문제입니다.
실수 t의 값의 범위를 분류한 뒤, 각 범위에 대하여 넓이를 계산하면 됩니다.
그리고 미분가능성은 미분계수의 정의를 이용하여 확인할 수 있습니다.

- 공과대학
- 농업생명과학대학 조경 · 지역시스템공학부, 바이오시스템 · 소재학부, 산림과학부

주요 개념

함수의 합성, 이차함수, 사인함수, 부정적분

서울대학교의 공식 해설

▶ [1-1] 합성함수의 그래프를 그리고, 이차함수의 그래프를 분석할 수 있는지 평가한다.

▶ [1-2] 부정적분의 정의를 잘 알고 있고, 알고 있다면 정의를 이용하여 문제와 같은 간단한 경우에 정확하게 부정적분을 계산할 수 있는지 평가한다.

2021학년도 수학D · E 자연 오전

문제 3

공간의 많은 점들로 이루어진 데이터가 주어지면 그 분포를 분석하기 위해 평면이나 직선으로 정사영하기도 한다.
다음은 평면의 점들을 정사영하기에 적당한 직선을 구하는 방법 중 하나이다.

자연수 n에 대하여 다음과 같은 $4n$개의 평면벡터를 생각하자.

$$\vec{v_k} = \begin{cases} (2, -1) + \left(\dfrac{1}{2}\right)^{k}(2, 1) & (1 \leq k \leq n) \\[3mm] (2, -1) - \left(\dfrac{1}{2}\right)^{k-n}(2, 1) & (n+1 \leq k \leq 2n) \\[3mm] (-2, 1) + \left(\dfrac{1}{3}\right)^{k-2n}(5, 7) & (2n+1 \leq k \leq 3n) \\[3mm] (-2, 1) - \left(\dfrac{1}{3}\right)^{k-3n}(5, 7) & (3n+1 \leq k \leq 4n) \end{cases}$$

각 $\theta \in \left[-\dfrac{\pi}{2}, \dfrac{\pi}{2}\right]$에 대해 위의 벡터들과 단위벡터 $\vec{u_\theta} = (\cos\theta, \sin\theta)$의 내적으로 얻은 $4n$개의 실수값
$\vec{v_k} \cdot \vec{u_\theta}$ $(1 \leq k \leq 4n)$의 분산을 $V_n(\theta)$라 하자.

[3-1]

$\displaystyle\lim_{n\to\infty} V_n(\theta)$의 극한값 $V(\theta)$를 구하시오.

[3-2]

$V(\theta)$가 $\theta = \theta_0$에서 최댓값을 가질 때, $\tan\theta_0$의 값과 $V(\theta_0)$을 구하시오.

구상지

3-1

1번 문제의 답변을 시작하겠습니다.

(설명과 계산을 시작합니다.)

분산 $V_n(\theta)$를 구하기 위해 평균을 구하겠습니다.
우선 $\vec{v_k} \cdot \vec{u_\theta}$는 다음과 같습니다.
이때 $k-n=l,\ k-2n=m,\ k-3n=p$라 치환하면

$$\vec{v_k} \cdot \vec{u_\theta}=\begin{cases} (2\cos\theta-\sin\theta)+\left(\dfrac{1}{2}\right)^k(2\cos\theta+\sin\theta) & (1 \leq k \leq n) \\[3mm] (2\cos\theta-\sin\theta)-\left(\dfrac{1}{2}\right)^l(2\cos\theta+\sin\theta) & (1 \leq l \leq n) \\[3mm] (-2\cos\theta+\sin\theta)+\left(\dfrac{1}{3}\right)^m(5\cos\theta+7\sin\theta) & (1 \leq m \leq n) \\[3mm] (-2\cos\theta+\sin\theta)-\left(\dfrac{1}{3}\right)^p(5\cos\theta+7\sin\theta) & (1 \leq p \leq n) \end{cases}$$

입니다.

따라서 평균은

$$\sum_{k=1}^{n}\left\{(2\cos\theta-\sin\theta)+\left(\frac{1}{2}\right)^k(2\cos\theta+\sin\theta)\right\}+\sum_{l=1}^{n}\left\{(2\cos\theta-\sin\theta)-\left(\frac{1}{2}\right)^l(2\cos\theta+\sin\theta)\right\}$$
$$+\sum_{m=1}^{n}\left\{(-2\cos\theta+\sin\theta)+\left(\frac{1}{3}\right)^m(5\cos\theta+7\sin\theta)\right\}+\sum_{p=1}^{n}\left\{(-2\cos\theta+\sin\theta)-\left(\frac{1}{3}\right)^p(5\cos\theta+7\sin\theta)\right\}$$

에 $\dfrac{1}{4n}$을 곱하면 됩니다.

이때

$$\sum_{k=1}^{n}\left\{\left(\frac{1}{2}\right)^k(2\cos\theta+\sin\theta)\right\}+\sum_{l=1}^{n}\left\{-\left(\frac{1}{2}\right)^l(2\cos\theta+\sin\theta)\right\}=0$$이고

$$\sum_{m=1}^{n}\left\{\left(\frac{1}{3}\right)^m(5\cos\theta+7\sin\theta)\right\}+\sum_{p=1}^{n}\left\{-\left(\frac{1}{3}\right)^p(5\cos\theta+7\sin\theta)\right\}=0$$이므로

평균은 $\dfrac{2n(2\cos\theta-\sin\theta)+2n(-2\cos\theta+\sin\theta)}{4n}=0$입니다.

따라서 분산 $V_n(\theta)$은

$$4n\,V_n(\theta)$$

$$= \sum_{k=1}^{n}\left\{(2\cos\theta-\sin\theta)+\left(\frac{1}{2}\right)^k(2\cos\theta+\sin\theta)\right\}^2 + \sum_{l=1}^{n}\left\{(2\cos\theta-\sin\theta)-\left(\frac{1}{2}\right)^l(2\cos\theta+\sin\theta)\right\}^2$$

$$+ \sum_{m=1}^{n}\left\{(-2\cos\theta+\sin\theta)+\left(\frac{1}{3}\right)^m(5\cos\theta+7\sin\theta)\right\}^2$$

$$+ \sum_{p=1}^{n}\left\{(-2\cos\theta+\sin\theta)-\left(\frac{1}{3}\right)^p(5\cos\theta+7\sin\theta)\right\}^2 - 0^2$$

$$= \sum_{k=1}^{n}\left\{2(2\cos\theta-\sin\theta)^2+2\left(\frac{1}{4}\right)^k(2\cos\theta+\sin\theta)^2\right\} + \sum_{k=1}^{n}\left\{2(-2\cos\theta+\sin\theta)^2+2\left(\frac{1}{9}\right)^k(5\cos\theta+7\sin\theta)^2\right\}$$

$$= \sum_{k=1}^{n}\left\{4(2\cos\theta-\sin\theta)^2+2\left(\frac{1}{4}\right)^k(2\cos\theta+\sin\theta)^2+2\left(\frac{1}{9}\right)^k(5\cos\theta+7\sin\theta)^2\right\}$$

$$= 4n(2\cos\theta-\sin\theta)^2+2(2\cos\theta+\sin\theta)^2\sum_{k=1}^{n}\left(\frac{1}{4}\right)^k+2(5\cos\theta+7\sin\theta)^2\sum_{k=1}^{n}\left(\frac{1}{9}\right)^k$$

이므로

$$V_n(\theta)=(2\cos\theta-\sin\theta)^2+\frac{1}{2n}\left\{(2\cos\theta+\sin\theta)^2\sum_{k=1}^{n}\left(\frac{1}{4}\right)^k+(5\cos\theta+7\sin\theta)^2\sum_{k=1}^{n}\left(\frac{1}{9}\right)^k\right\}$$

입니다.

여기에서 $\displaystyle\lim_{n\to\infty}\frac{1}{2n}\sum_{k=1}^{n}\left(\frac{1}{4}\right)^k=0\cdot\dfrac{\frac{1}{4}}{1-\frac{1}{4}}=0,\ \displaystyle\lim_{n\to\infty}\frac{1}{2n}\sum_{k=1}^{n}\left(\frac{1}{9}\right)^k=0\cdot\dfrac{\frac{1}{9}}{1-\frac{1}{9}}=0$이므로 $V(\theta)$는

$$V(\theta)=\lim_{n\to\infty}V_n(\theta)=(2\cos\theta-\sin\theta)^2$$

입니다.

이상으로 1번 문제의 답변을 마치겠습니다.

2번 문제의 답변을 시작하겠습니다.

(설명과 계산을 시작합니다.)

풀이 1

1번 문제의 결과에서 $V(\theta) = (2\cos\theta - \sin\theta)^2$입니다.

이때 $\cos\theta = x$, $\sin\theta = y$로 치환하면

$-\dfrac{\pi}{2} \leq \theta \leq \dfrac{\pi}{2}$이므로 $x^2 + y^2 = 1 \ (0 \leq x \leq 1)$ $\cdots$ ㉠이 됩니다.

따라서 ㉠을 만족하는 x, y에 대하여 $(2x - y)^2$의 최댓값을 구하면 됩니다.

$2x - y = k$라 하면 직선 $2x - y = k$는 원의 일부분인 $x^2 + y^2 = 1 \ (0 \leq x \leq 1)$과 교점을 가져야 합니다.

즉, 원의 중심 $(0, 0)$과 직선 $2x - y = k$ 사이의 거리는 1 이하이므로

$\dfrac{|k|}{\sqrt{5}} \leq 1$, $k^2 \leq 5$입니다.

여기서 등호가 성립할 때는 $2x - y = k$가 원에 접할 때이고,

이때 접점의 좌표는 $(\cos\theta_0, \ \sin\theta_0)$입니다.

따라서 $V(\theta)$의 최댓값 $V(\theta_0)$은 5가 됩니다.

(칠판에 그래프 또는 그림을 그립니다.)

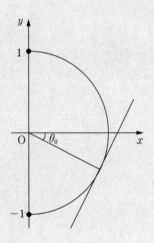

(설명과 계산을 시작합니다.)

한편, $\tan\theta_0$의 값은 원점과 접점 $(\cos\theta_0, \sin\theta_0)$을 지나는 직선의 기울기입니다.

그러므로 접선의 기울기가 2이므로 구하는 $\tan\theta_0$의 값은 $-\dfrac{1}{2}$이 됩니다.

풀이 2

1번 문제의 결과에서 $V(\theta) = (2\cos\theta - \sin\theta)^2$입니다.
코시-슈바르츠 부등식을 이용하면
$$\{2^2 + (-1)^2\}(\cos^2\theta + \sin^2\theta) \ge (2\cos\theta - \sin\theta)^2$$
이므로 이것을 정리하면 $(2\cos\theta - \sin\theta)^2 \le 5$이고 등호는 $\dfrac{\cos\theta}{2} = \dfrac{\sin\theta}{-1}$일 때 성립합니다.

즉, $\tan\theta = -\dfrac{1}{2}$일 때이므로 $V(\theta)$의 최댓값 $V(\theta_0)$은 5이며

이때의 $\tan\theta_0$의 값은 $-\dfrac{1}{2}$이 됩니다.

풀이 3

1번 문제의 결과에서 $V(\theta) = (2\cos\theta - \sin\theta)^2$이므로
삼각함수의 합성에 의하여 $2\cos\theta - \sin\theta = \sqrt{5}\cos(\theta + \alpha)$입니다.
$$\left(\text{단, } \sin\alpha = \dfrac{1}{\sqrt{5}}, \cos\alpha = \dfrac{2}{\sqrt{5}}, 0 < \alpha < \dfrac{\pi}{2}\right)$$

따라서 $V(\theta)$는 $V(\theta) = (2\cos\theta - \sin\theta)^2 = 5\cos^2(\theta + \alpha)$이고 $-\dfrac{\pi}{2} < \theta + \alpha < \pi$이므로
$\theta + \alpha = 0$일 때 최댓값 5를 갖습니다.
즉, θ_0은 $\theta + \alpha = 0$을 만족하는 θ이므로 $\theta_0 = -\alpha$입니다.

그러므로 $V(\theta_0) = 5$이고, 이때 $\tan\theta_0 = \tan(-\alpha) = -\tan\alpha = -\dfrac{\sin\alpha}{\cos\alpha} = -\dfrac{1}{2}$입니다.

이상으로 2번 문제의 답변을 마치겠습니다. 감사합니다!

문제 해결의 Tip

[3-1] 계산

기하에서의 벡터의 내적 연산을 하는 방법을, 확률과 통계에서의 분산을 구하는 방법을 알아야 합니다.
그 방법을 이용하면 단순 계산을 통해 $V(\theta)$를 구할 수 있습니다.

[3-2] 계산

접선의 기울기, 코시-슈바르트의 정리, 삼각함수의 합성 등 다양한 방법으로 $V(\theta)$의 최댓값과 그때의 $\tan\theta$
의 값을 구할 수 있습니다.

• 공과대학　　　　　　　　　　　　　　　• 자유전공학부(자연)
• 농업생명과학대학 조경·지역시스템공학부, 바이오시스템·소재학부, 산림과학부

주요 개념

평면벡터의 내적, 등비수열의 합, 수열의 극한, 삼각함수, 최댓값

서울대학교의 공식 해설

▶ [3-1] 벡터의 내적은 두 벡터 사이의 각도를 좀 더 편하게 접근시켜주는 등 기하적인 문제의 분석에서 매우 중요한 역할을 한다. 문제 [3-1]에서는 벡터의 내적을 이용하여 정의된 여러 개의 실수들의 분산을 잘 구할 수 있는지, 간단한 수열의 극한을 계산할 수 있는지 평가한다.

▶ [3-2] 문제 [3-1]에서 구한 삼각함수의 최댓값 및 삼각함수를 최댓값으로 만드는 $\theta = \theta_0$을 올바르게 구할 수 있는지 평가한다.

문제 1

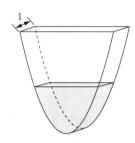

[그림 1] 물이 담긴 그릇

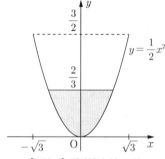

[그림 2] 정면에서 본 모양

[그림 1]과 같이 앞면과 뒷면의 모양이 영역

$$\left\{ (x, \ y) \ \middle| \ \frac{1}{2}x^2 \le y \le \frac{3}{2} \right\}$$

과 같고 앞면과 뒷면 사이의 간격이 1인 그릇에 물이 담겨 있다. (단, 그릇의 두께는 고려하지 않는다.) 정면에서 보았을 때 이 그릇의 모양은 [그림 2]와 같고, 수면의 높이는 $\frac{2}{3}$ 이다.

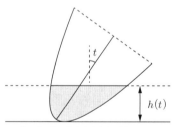

[그림 3] 정면에서 본 기울인 모양

[그림 3]처럼 그릇의 중심축이 y축 방향과 이루는 각이 t가 되도록 그릇을 기울였다. $\left(\text{단}, \ 0 \le t \le \frac{\pi}{2} \right)$ 이때 수면의 높이를 $h(t)$라고 하자. 그릇에 물이 없는 경우에는 $h(t) = 0$으로 정의한다.

[1-1]

$h(t)=0$일 필요충분조건이 $t_1 \leq t \leq \dfrac{\pi}{2}$일 때, t_1의 값을 구하시오.

[1-2]

그릇에 담긴 물의 양이 기울이기 전과 같을 필요충분조건이 $0 \leq t \leq t_0$일 때 t_0의 값을 구하시오.

[1-3]

$0 \leq t \leq \dfrac{\pi}{2}$인 t에 대하여 $h(t)$를 t에 대한 식으로 나타내시오. 그리고 $0 < t_2 < \dfrac{\pi}{2}$인 t_2가 $\cos t_2 = \dfrac{2\sqrt{7}}{7}$을 만족할 때 $h(t_2)$의 값을 구하시오.

1-1

1번 문제의 답변을 시작하겠습니다.

(설명과 계산을 시작합니다.)

그릇을 기울이면 기울이기 전의 그릇을 나타내는 곡선 $y = \frac{1}{2}x^2$을 이동시킨 도형의 방정식을 구하거나

곡선 $y = \frac{1}{2}x^2$은 그대로 두고 지면을 나타내는 도형을 구하면 됩니다. 지면을 나타내는 선은 그릇의 접선이

므로 전자보다는 후자의 방법이 더 유리합니다.

따라서 곡선 $y = \frac{1}{2}x^2$은 그대로 두고 지면을 나타내는 직선이 접선임을 이용하여 풀이를 하겠습니다.

아래 그림과 같이 그릇의 중심축을 y축으로 하면, 접선에 수직인 직선이 중심축인 y축과 이루는 각의 크기

는 t, x축과 이루는 각의 크기는 $\left(\frac{\pi}{2} - t \right)$입니다.

이때 지면을 나타내는 선, 즉 접선이 x축과 이루는 각의 크기는 t가 됩니다.

(칠판에 그래프 또는 그림을 그립니다.)

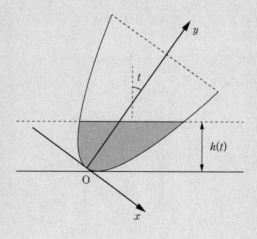

또한, $h(t)=0$이 되기 위해서는 처음 그릇의 높이인 $\dfrac{3}{2}$에 해당하는 점 $\left(\sqrt{3},\ \dfrac{3}{2}\right)$에서의 접선이 지면과 일치할 때부터입니다.

따라서 $\dfrac{d}{dx}\left(\dfrac{1}{2}x^2\right)=x$이므로 점 $\left(\sqrt{3},\ \dfrac{3}{2}\right)$에서의 기울기는 $\sqrt{3}$ 입니다.

$\tan t=\sqrt{3}$ 이므로 $t=\dfrac{\pi}{3}$, 즉 구하는 t_1의 값은 $\dfrac{\pi}{3}$ 입니다.

이상으로 1번 문제의 답변을 마치겠습니다.

2번 문제의 답변을 시작하겠습니다.

(설명과 계산을 시작합니다.)

기울이기 전 정면에서 바라본 물의 표면적을 구하겠습니다.

수면의 높이인 직선 $y = \dfrac{2}{3}$와 곡선 $y = \dfrac{1}{2}x^2$과의 교점의 좌표는 $\left(-\dfrac{2}{\sqrt{3}}, \dfrac{2}{3}\right)$, $\left(\dfrac{2}{\sqrt{3}}, \dfrac{2}{3}\right)$이므로

$$\int_{-\frac{2}{\sqrt{3}}}^{\frac{2}{\sqrt{3}}} \left(\frac{2}{3} - \frac{1}{2}x^2\right)dx = \frac{2}{3}\cdot\frac{4}{\sqrt{3}} - 2\int_{0}^{\frac{2}{\sqrt{3}}}\frac{1}{2}x^2\,dx = \frac{8}{3\sqrt{3}} - \left[\frac{1}{3}x^3\right]_{0}^{\frac{2}{\sqrt{3}}}$$

$$= \frac{8}{3\sqrt{3}} - \frac{8}{9\sqrt{3}} = \frac{16}{9\sqrt{3}} = \frac{16\sqrt{3}}{27}$$

입니다.

그리고 그릇에 담긴 물의 양이 기울이기 전과 같아지기 위해서는 수면의 우측 끝점의 좌표가 $\left(\sqrt{3}, \dfrac{3}{2}\right)$이 될 때까지 입니다. 이때 수면의 좌측 끝점의 x좌표를 a라 하고, 수면을 나타내는 직선의 방정식을 $l(x)$라 하면 $l(x) - \dfrac{1}{2}x^2 = -\dfrac{1}{2}(x-a)(x-\sqrt{3})$ 입니다.

또한, $\displaystyle\int_{\alpha}^{\beta}|k(x-\alpha)(x-\beta)|dx = \dfrac{|k|}{6}(\beta-\alpha)^3$ $\cdots$ ㉠이므로 이를 이용하면

$$\int_{a}^{\sqrt{3}}\left\{l(x) - \frac{1}{2}x^2\right\}dx = \int_{a}^{\sqrt{3}}\left|-\frac{1}{2}(x-a)(x-\sqrt{3})\right|dx = \frac{1}{12}(\sqrt{3}-a)^3$$이고

$\dfrac{1}{12}(\sqrt{3}-a)^3 = \dfrac{16\sqrt{3}}{27}$ $\cdots$ ㉡을 만족할 때, $t = t_0$가 됩니다.

㉡에서 a의 값을 구하면 $(\sqrt{3}-a)^3 = \dfrac{64\sqrt{3}}{9} = \left(\dfrac{4\sqrt{3}}{3}\right)^3$이므로 $\sqrt{3}-a = \dfrac{4\sqrt{3}}{3}$에서

$a = -\dfrac{\sqrt{3}}{3}$이고 수면의 좌측 끝점의 좌표는 $\left(-\dfrac{\sqrt{3}}{3}, \dfrac{1}{6}\right)$입니다.

수면을 나타내는 직선은 지면을 나타내는 접선과 평행하므로

$$\tan t_0 = \frac{\dfrac{3}{2} - \dfrac{1}{6}}{\sqrt{3} - \left(-\dfrac{\sqrt{3}}{3}\right)} = \frac{1}{\sqrt{3}}$$ 입니다.

따라서 구하는 t_0의 값은 $\dfrac{\pi}{6}$입니다.

이상으로 2번 문제의 답변을 마치겠습니다.

3번 문제의 답변을 시작하겠습니다.

물의 양이 기울이기 전과 같을 때와, 물의 양이 감소할 때로 분류하여 $h(t)$를 표현하겠습니다.

(i) 물의 양이 기울이기 전과 같을 때, 즉 $0 \leq t \leq \dfrac{\pi}{6}$일 때

(칠판에 그래프 또는 그림을 그립니다.)

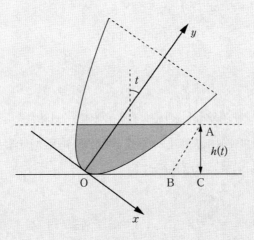

(설명과 계산을 시작합니다.)

[그림 3]으로부터 높이가 $h(t)$이고 빗변이 y축과 평행한 직각삼각형 ABC를 그리면

선분 AB는 y축과 평행하므로 $\angle \mathrm{BAC} = t$이고 $\overline{\mathrm{AB}} = \dfrac{h(t)}{\cos t}$입니다.

또한, 수면을 나타내는 직선은 지면을 나타내는 접선을 y축 방향으로 $\dfrac{h(t)}{\cos t}$만큼 평행이동한 도형입니다.

이제 접선의 방정식을 구하겠습니다.

$\dfrac{d}{dx}\left(\dfrac{1}{2}x^2\right) = x$이고 접선의 기울기는 $\tan t$이므로 접점의 좌표는 $\left(\tan t, \ \dfrac{1}{2}\tan^2 t\right)$입니다.

따라서 접선의 방정식은 $y = \tan t(x - \tan t) + \dfrac{1}{2}\tan^2 t$, 즉 $y = (\tan t)x - \dfrac{1}{2}\tan^2 t$이므로

수면을 나타내는 직선의 방정식은 $y = (\tan t)x - \dfrac{1}{2}\tan^2 t + \dfrac{h(t)}{\cos t}$입니다.

[1-2]의 풀이에서와 같이 기울이기 전 정면에서 바라본 물의 표면적은 $\dfrac{16\sqrt{3}}{27}$이고,

이는 앞에서 구한 수면을 나타내는 직선과 곡선 $y=\dfrac{1}{2}x^2$이 이루는 넓이와 같아야 합니다.

이때 직선 $y=(\tan t)x-\dfrac{1}{2}\tan^2 t+\dfrac{h(t)}{\cos t}$와 곡선 $y=\dfrac{1}{2}x^2$의 교점의 x좌표의 값을 각각 α, β

(단, $\alpha<\beta$)라 하면 [1-2]의 풀이에서 사용한 ㉠에 의해 $\dfrac{1}{12}(\beta-\alpha)^3=\dfrac{16\sqrt{3}}{27}$이므로

$\beta-\alpha=\dfrac{4\sqrt{3}}{3}$입니다. 즉, x에 대한 이차방정식 $\dfrac{1}{2}x^2-(\tan t)x+\dfrac{1}{2}\tan^2 t-\dfrac{h(t)}{\cos t}=0$의 두 근의 차

는 $\beta-\alpha=\dfrac{4\sqrt{3}}{3}$입니다.

이차방정식의 근과 계수와의 관계에 의해 $\beta+\alpha=2\tan t$, $\beta\alpha=\tan^2 t-\dfrac{2h(t)}{\cos t}$이고,

$(\beta-\alpha)^2=(\beta+\alpha)^2-4\beta\alpha$이므로 $\left(\dfrac{4\sqrt{3}}{3}\right)^2=4\tan^2 t-4\tan^2 t+\dfrac{8h(t)}{\cos t}$입니다.

따라서 $\dfrac{8h(t)}{\cos t}=\dfrac{16}{3}$이므로 $0\le t\le\dfrac{\pi}{6}$일 때 $h(t)=\dfrac{2}{3}\cos t$입니다.

(ii) 물의 양이 기울이기 전보다 감소할 때, 즉 $\dfrac{\pi}{6}\le t\le\dfrac{\pi}{3}$일 때

수면이 우측 끝점의 좌표가 $\left(\sqrt{3},\ \dfrac{3}{2}\right)$일 때이고, 수면을 나타내는 직선의 방정식은

$y=\tan t(x-\sqrt{3})+\dfrac{3}{2}$입니다. 이는 (ⅰ)과 같이 접선을 y축의 방향으로 $\dfrac{h(t)}{\cos t}$만큼 평행이동한 도형

이므로 $y=\tan t(x-\sqrt{3})+\dfrac{3}{2}$과 $y=(\tan t)x-\dfrac{1}{2}\tan^2 t+\dfrac{h(t)}{\cos t}$는 일치하는 직선입니다.

따라서 $\dfrac{h(t)}{\cos t}=\dfrac{1}{2}\tan^2 t-\sqrt{3}\tan t+\dfrac{3}{2}$이므로 $\dfrac{\pi}{6}\le t\le\dfrac{\pi}{3}$일 때

$h(t)=\dfrac{1}{2}\tan^2 t\cdot\cos t-\sqrt{3}\sin t+\dfrac{3}{2}\cos t$입니다.

[1-1], (ⅰ), (ⅱ)에 의해 함수 $h(t)$는 다음과 같이 나타낼 수 있습니다.

$$h(t)=\begin{cases} \dfrac{2}{3}\cos t & \left(0 \le t \le \dfrac{\pi}{6}\right) \\[2mm] \dfrac{1}{2}\tan^2 t \cdot \cos t - \sqrt{3}\sin t + \dfrac{3}{2}\cos t & \left(\dfrac{\pi}{6} \le t \le \dfrac{\pi}{3}\right) \\[2mm] 0 & \left(\dfrac{\pi}{3} \le t \le \dfrac{\pi}{2}\right) \end{cases}$$

다음으로 $\cos t_2 = \dfrac{2\sqrt{7}}{7}$ 일 때, $h(t_2)$의 값을 구하겠습니다.

$\dfrac{2\sqrt{7}}{7}$ 과 $\dfrac{\sqrt{3}}{2}$ 의 분모를 통분하면 $\dfrac{4\sqrt{7}}{14}=\dfrac{\sqrt{112}}{14}$ 와 $\dfrac{7\sqrt{3}}{14}=\dfrac{\sqrt{147}}{14}$ 이고 $\sqrt{112}<\sqrt{147}$ 이므로

$\dfrac{2\sqrt{7}}{7}=\cos t_2 < \dfrac{\sqrt{3}}{2}=\cos\dfrac{\pi}{6}$, 즉 $t_2 > \dfrac{\pi}{6}$ 입니다.

또한, $\dfrac{2\sqrt{7}}{7}$ 과 $\dfrac{1}{2}$ 의 분모를 통분하면 $\dfrac{4\sqrt{7}}{14}=\dfrac{\sqrt{112}}{14}$ 와 $\dfrac{7}{14}=\dfrac{\sqrt{49}}{14}$ 이고 $\sqrt{49}<\sqrt{112}$ 이므로

$\dfrac{2\sqrt{7}}{7}=\cos t_2 > \dfrac{1}{2}=\cos\dfrac{\pi}{3}$, 즉 $t_2 < \dfrac{\pi}{3}$ 입니다.

따라서 t_2의 값의 범위는 $\dfrac{\pi}{6} < t_2 < \dfrac{\pi}{3}$ 이므로 $h(t_2)=\dfrac{1}{2}\tan^2 t_2 \cos t_2 - \sqrt{3}\sin t_2 + \dfrac{3}{2}\cos t_2$ 입니다.

$\cos t_2 = \dfrac{2\sqrt{7}}{7}$ 로부터 $\sin t_2 = \sqrt{1-\cos^2 t_2} = \sqrt{1-\dfrac{4}{7}} = \sqrt{\dfrac{3}{7}} = \dfrac{\sqrt{21}}{7}$, $\tan t_2 = \dfrac{\sin t_2}{\cos t_2} = \dfrac{\sqrt{3}}{2}$ 이므로

$h(t_2)=\dfrac{1}{2}\cdot\dfrac{3}{4}\cdot\dfrac{2\sqrt{7}}{7} - \sqrt{3}\cdot\dfrac{\sqrt{21}}{7} + \dfrac{3}{2}\cdot\dfrac{2\sqrt{7}}{7} = \dfrac{3\sqrt{7}}{28}$ 입니다.

이상으로 3번 문제의 답변을 마치겠습니다. 감사합니다!

[1-1] 계산

관찰을 통해 지면은 접선이 되며 x축과 접선이 이루는 각의 크기가 t임을 파악할 수 있습니다. 또한, 물이 없는 경우는 접선이 처음 그릇의 높이에 해당하는 점을 지날 때부터임을 알고, 미분하여 접선의 기울기 및 t_1의 값을 구할 수 있습니다.

[1-2] 계산

정면에서 바라본 물의 표면적이 같으면 물의 양(부피)가 같다는 것을 파악할 수 있습니다. 물의 양이 기울이기 전과 같아지기 위해서는 수면을 나타내는 직선이 그릇의 최상단의 위치를 지나면서 정적분의 값이 기울이기 전의 물의 표면적과 같음을 이용하면 됩니다.

[1-3] 계산

수면을 나타내는 직선은 접선을 y축으로 평행이동한 것임을 알고 물의 양이 유지되는 경우와 물의 양이 감소하는 경우로 분류하여 t에 대한 함수 $h(t)$를 구할 수 있습니다. 또한, t_2의 값의 범위를 $\cos\dfrac{\pi}{6}$, $\cos\dfrac{\pi}{3}$의 값과 비교하여 찾으면 $h(t_2)$의 값을 구할 수 있습니다.

[인문A] (문제 1)
- 사회과학대학 경제학부
- 경영대학
- 농업생명과학대학 농경제사회학부

- 생활과학대학 소비자아동학부 소비자학전공, 의류학과
- 자유전공학부(인문)

[자연D] (문제 1)
- 공과대학
- 약학대학
- 농업생명과학대학 조경·지역시스템공학부, 바이오시스템·소재학부, 산림과학부

주요 개념

접선의 방정식, 탄젠트함수, 직선의 방정식, 정적분, 간단한 삼차방정식, 점과 직선 사이의 거리, 근과 계수와의 관계, 인수분해, 삼각함수, 직선의 평행이동

서울대학교의 공식 해설

▶ [1-1] 접선의 성질을 이해하는지, 접선의 방정식을 구할 수 있는지, 직선의 기울기와 탄젠트 함수의 관계를 이해하는지 평가한다.

▶ [1-2] 다항함수의 정적분을 통해 넓이를 계산하고, 조건을 만족하는 직선을 구할 수 있는지 평가한다. 또한, 직선의 기울기와 탄젠트함수의 관계를 알고 있는지 평가한다.

▶ [1-3] 다항함수의 정적분을 이용해 특정 조건을 만족하는 직선을 구하고, 접선의 방정식을 구할 수 있는지, 점과 직선 사이의 거리를 구할 수 있는지 평가한다. 또한, 삼각함수들 사이의 관계를 함수 $h(x)$에 대입해서 함숫값을 계산할 수 있는지 평가한다.

2022학년도 수학B 자연

문제 1

다음 〈조건〉을 모두 만족하는 함수 $f(x)$의 집합을 X라 하자.

─ 〈조건〉 ─

(가) $f(x)$는 닫힌구간 $[-5, 5]$에서 정의된 연속함수이다.

(나) $-5 \le k \le 4$인 정수 k에 대하여 함수 $y = f(x)$의 그래프는 닫힌구간 $[k, k+1]$에서 기울기가 1 또는 -1인 일차함수의 그래프와 일치한다.

(다) $f(-5) = f(5) = 0$

[1-1]

집합 X의 원소의 개수를 구하시오.

[1-2]

집합 X의 원소 중에서 다음 조건을 만족하는 함수 $f(x)$의 모임을 집합 Y라 하자.

$$f(x) \le x^2 + 2 \ (-5 \le x \le 5)$$

집합 Y의 원소의 개수를 구하시오.

[1-3]

집합 Y의 원소인 함수 $f(x)$에 대하여 정적분 $\displaystyle\int_{-5}^{5} f(x)dx$가 가질 수 있는 최댓값을 구하시오.

[1-4]

닫힌구간 $[-5, 5]$에서 함수 $g(x)$, $h(x)$가 다음과 같이 주어져 있다.

$$g(x) = -(x+2)^2 + 2, \ h(x) = (x-2)^2 + a \ (단, \ a는 실수)$$

집합 X에 속하는 어떤 함수 $y = f(x)$의 그래프가 함수 $y = g(x)$, $y = h(x)$의 그래프와 만나지 않는다고 하자. 가능한 실수 a의 값을 모두 구하시오.

구상지

예시 답안

1-1

1번 문제의 답변을 시작하겠습니다.

〈조건〉의 (가), (나), (다)를 모두 만족하는 함수 $y = f(x)$의 그래프를 그리면 다음과 같습니다.

(칠판에 그래프 또는 그림을 그립니다.)

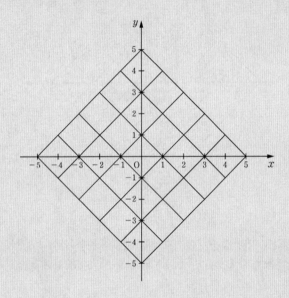

즉, 점 $(-5,\ 0)$에서 점 $(5,\ 0)$까지 최단 경로의 수가 함수 $f(x)$의 개수와 같습니다.

따라서 집합 X의 원소의 개수는 같은 것이 있는 순열의 수와 같으므로

$$n(X) = \frac{10!}{5!5!} = \frac{10 \cdot 9 \cdot 8 \cdot 7 \cdot 6}{5 \cdot 4 \cdot 3 \cdot 2 \cdot 1} = 252$$

입니다.

이상으로 1번 문제의 답변을 마치겠습니다.

2번 문제의 답변을 시작하겠습니다.

$f(x) \leq x^2 + 2$ $(-5 \leq x \leq 5)$를 만족하는 함수 $y = f(x)$의 그래프를 실선으로 그리면 다음과 같습니다.

(칠판에 그래프 또는 그림을 그립니다.)

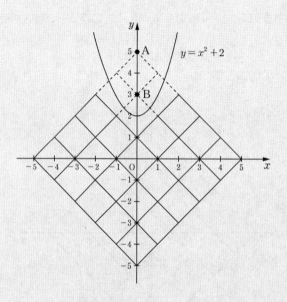

즉, 점 $(-5, 0)$에서 실선을 따라 점 $(5, 0)$까지 최단 경로의 수와 함수 $f(x)$의 개수는 같습니다. 따라서 $n(X)$에서 점 A 또는 점 B를 지나는 경우의 수를 제외하면 됩니다.

점 A를 지나는 경우의 수는 1

점 B를 지나는 경우의 수는 $\dfrac{5!}{4!} \times \dfrac{5!}{4!} = 25$

점 A와 점 B를 동시에 지나는 경우의 수 0

이므로 $n(Y) = 252 - (1 + 25 - 0) = 252 - 26 = 226$입니다.

이상으로 2번 문제의 답변을 마치겠습니다.

3번 문제의 답변을 시작하겠습니다.

정적분 $\int_{-5}^{5} f(x)dx$가 가질 수 있는 최댓값은 함수 $y = f(x)$의 그래프가 다음의 그림에서 어두운 부분의 위쪽 경계선과 같을 때입니다.

(칠판에 그래프 또는 그림을 그립니다.)

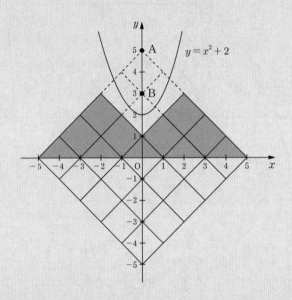

따라서 $\int_{-5}^{5} f(x)dx$의 최댓값은 넓이가 2인 정사각형 6개와 넓이가 1인 직각삼각형 5개의 넓이의 합인 $12 + 5 = 17$이 됩니다.

이상으로 3번 문제의 답변을 마치겠습니다.

4번 문제의 답변을 시작하겠습니다.

(칠판에 그래프 또는 그림을 그립니다.)

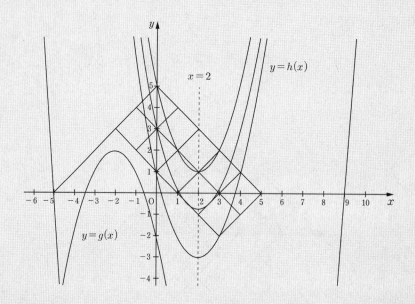

위의 그림에서 두 함수 $y = g(x)$, $y = h(x)$의 그래프와 만나지 않는 함수 $y = f(x)$의 그래프가 존재하기 위해서는

(ⅰ) 두 직선 $y = x + 5 \ (-5 \leq x \leq -2)$, $y = -x + 1 \ (-2 \leq x \leq 3)$이 함수 $y = g(x)$의 그래프와 함수 $y = h(x)$의 그래프와 만나지 않는 경우
(ⅱ) 함수 $y = g(x)$의 그래프와 x축과의 교점의 x좌표 중 작은 값이 -5보다 작은 경우

이어야 합니다.

(ⅰ)의 경우
직선 $y = -x + 1$과 곡선 $y = (x-2)^2 + a$가 접할 때의 실수 a의 값을 구하여 그 값보다 큰 범위를 구하면 됩니다.
즉, $(x-2)^2 + a = -x + 1$을 정리한 이차방정식 $x^2 - 3x + a + 3 = 0$의 판별식 D라 할 때 $D = 0$을 만족하는 실수 a의 값입니다.

$D = 9 - 4(a + 3) = 0$이므로 $a = -\dfrac{3}{4}$입니다.

(ii)의 경우

$0 = (-5-2)^2 + a$, 즉 $a = -49$일 때보다 a의 값이 작으면 됩니다.

따라서 구하는 실수 a의 값의 범위는 $a > -\dfrac{3}{4}$ 또는 $a < -49$입니다.

이상으로 4번 문제의 답변을 마치겠습니다. 감사합니다!

문제 해결의 Tip

[1-1] 추론

주어진 조건을 만족하는 도형을 좌표평면에 그려보면 함수 $y = f(x)$의 그래프는 여러 개의 정사각형으로 분할된 정사각형에서의 최단 경로와 같음을 알 수 있습니다. 따라서 같은 것이 있는 순열의 수를 구하면 됩니다.

[1-2] 계산

최단 경로의 수 중 가능하지 않은 경로의 수를 빼서 계산하면 됩니다. 반드시 지나면 안 되는 점의 좌표를 찾아 분류하고, 각각의 경우의 수를 구해 합의 법칙을 이용하면 됩니다.

[1-3] 계산

그림을 확인하면 쉽게 구할 수 있습니다.

[1-4] 계산

조건을 만족하는 함수 $f(x)$가 존재하기 위해서는 최단 경로가 존재해야 합니다. 이를 이용하여 이차함수 $y = (x-2)^2 + a$의 그래프가 직선 $y = -x+1$ (또는 $y = x-3$)과 접할 때보다 $y = h(x)$가 위에 존재하거나 x축과의 교점 중 x좌표의 작은 값이 -5보다 작음을 이용하면 실수 a의 값의 범위를 쉽게 파악할 수 있습니다.

• 자유전공학부(자연)

같은 것이 있는 순열, 최단 거리 구하기, 이차함수의 그래프와 직선의 위치 관계, 이차방정식의 판별식

▶ [1-1] 주어진 조건을 만족하는 연속함수가 어떤 것들이 있는지 파악하고, 그 수를 같은 것이 있는 순열을 이용하여 계산한다.

▶ [1-2] 제시문의 조건을 만족하는 연속함수 $f(x)$가 언제 주어진 이차함수와 교점을 가지지 않는지 판별식을 이용하여 파악하고, 가능한 연속함수 $f(x)$의 수를 합의 법칙과 같은 것이 있는 순열을 이용하여 구한다.

▶ [1-3] 제시문의 조건을 만족하는 연속함수 $f(x)$가 언제 주어진 이차함수와 교점을 가지지 않는지 판별식을 이용하여 파악하고, 가능한 연속함수 $f(x)$의 정적분 값 중 최대를 구한다.

▶ [1-4] 이차함수의 그래프와 직선의 위치 관계를 이용하여 제시문의 조건을 만족하는 연속함수 $f(x)$ 중 이차함수와 교점을 가지지 않는 $f(x)$가 적어도 하나 존재하기 위한 a의 범위를 구한다.

2022학년도 수학C · D 자연

※ 본 문항은 수학C에서는 [문제 1], 수학D에서는 [문제 2]로 출제되었습니다.

문제 1

자연수 n에 대하여 좌표평면 위의 점 $(n,\ 0)$을 중심으로 하고 반지름이 $\sqrt{n}$ 인 원을 A_n이라 하자. 또한, 주어진 자연수 m에 대하여 점 $(-m,\ 0)$을 지나고 기울기가 a인 직선을 l이라고 하자. 다음 물음에 답하시오.

[1-1]

주어진 자연수 n에 대하여 직선 l이 원 A_n과 적어도 한 점에서 만나기 위한 a^2의 범위를 m과 n을 사용하여 나타내시오.

[1-2]

직선 l이 원 A_1, A_2, $\cdots$ 중 정확히 하나의 원과 만나기 위한 a^2의 범위를 m을 사용하여 나타내시오.

[1-3]

다음 〈조건〉을 만족하는 점 P를 "좋은점"이라고 한다.

〈조건〉
어떤 자연수 k에 대하여 점 $(-k,\ 0)$과 점 P를 지나는 직선이 원 A_1, A_2, $\cdots$ 중 하나의 원과 점 P에서만 만나고, 나머지 원과 만나지 않는다.

모든 "좋은점"을 구하고, 이 점들을 동시에 지나는 이차곡선을 구하시오.

구상지

1-1

1번 문제의 답변을 시작하겠습니다.

(설명과 계산을 시작합니다.)

직선 l과 원 A_n이 적어도 한 점에서 만나기 위해서는 직선 l과 원의 중심 $(n,\ 0)$ 사이의 거리가 반지름의 길이 $\sqrt{n}$ 보다 작거나 같으면 됩니다.

직선 l의 방정식은 $y = a(x + m)$ 이고, 이를 정리하면 $ax - y + am = 0$ 이므로 직선 l과 점 $(n,\ 0)$ 사이의 거리는 $\dfrac{|an + am|}{\sqrt{a^2 + 1}}$ 입니다.

따라서 $\dfrac{|an + am|}{\sqrt{a^2 + 1}} \leq \sqrt{n}$ $\cdots$ ㉠이면 됩니다.

㉠의 양변을 각각 제곱하여 정리하면 $a^2(m + n)^2 \leq na^2 + n$ 이므로 a^2의 값의 범위는 $a^2 \leq \dfrac{n}{(m + n)^2 - n}$ 입니다. (단, 등호는 직선 l과 원 A_n이 접할 때 성립합니다.)

이상으로 1번 문제의 답변을 마치겠습니다.

2번 문제의 답변을 시작하겠습니다.

(설명과 계산을 시작합니다.)

직선 l이 원 A_1, A_2, $\cdots$ 중 정확히 하나의 원과 만나기 위한 조건을 구하기 위해서는 점 $(-m, 0)$의 위치가 결정되었을 때, [1-1]에서 구한 부등식 $a^2 \leq \dfrac{n}{(m+n)^2 - n}$ 으로부터 a^2의 값이 취할 수 있는 최댓값을 우선 찾아야 합니다.

따라서 우변을 m이 상수인 자연수 n에 대한 함수 $f(n)$이라 하겠습니다.

이때 $f(x) = \dfrac{x}{(m+x)^2 - x}$ 라 하면

$f'(x) = \dfrac{(m+x)^2 - x - x\{2(m+x) - 1\}}{\{(m+x)^2 - x\}^2} = -\dfrac{(x-m)(x+m)}{\{(m+x)^2 - x\}^2}$ 이므로 $x = m$일 때 극대이자 최대가 됩니다.

따라서 $n = m$일 때 a^2의 최댓값은 $f(m) = \dfrac{m}{(m+m)^2 - m} = \dfrac{m}{4m^2 - m} = \dfrac{1}{4m-1}$ 이 됩니다.

즉, $a^2 = \dfrac{1}{4m-1}$ 일 때, 직선 l은 원 A_m과 한 점에서 접합니다.

직선이 원과 만나는 경우는 두 점에서 교점을 갖는 경우도 포함되므로 이때 a^2의 값의 범위를 구하기 위해서는 원 A_m과 만나면서 다른 원 하나와 접할 때의 조건을 찾아야 합니다.

함수 $y = f(x)$의 그래프가 $x = m$에서 극대이자 최대가 되므로 원 A_m과 만나면서 접할 수 있는 다른 원은 $x = m-1$일 때인 원 A_{m-1} 또는 $x = m+1$일 때인 원 A_{m+1} 입니다.

이 두 원 중 접할 때의 a^2의 값이 더 큰 원을 찾겠습니다.

$f(m-1) = \dfrac{m-1}{(2m-1)^2 - m + 1} = \dfrac{m-1}{4m^2 - 5m + 2}$ 이고

$f(m+1) = \dfrac{m+1}{(2m+1)^2 - m - 1} = \dfrac{m+1}{4m^2 + 3m}$ 입니다.

$f(m-1) - f(m+1) = \dfrac{m-1}{4m^2 - 5m + 2} - \dfrac{m+1}{4m^2 + 3m} = \dfrac{(m-1)(4m^2 + 3m) - (m+1)(4m^2 - 5m + 2)}{(4m^2 - 5m + 2)(4m^2 + 3m)}$

$\qquad\qquad\qquad\qquad = \dfrac{-2}{(4m^2 - 5m + 2)(4m^2 + 3m)} < 0$

이므로 $a^2 = f(m+1) = \dfrac{m+1}{4m^2 + 3m}$ 일 때 직선 l은 원 A_m과 두 점에서 만나면서 원 A_{m+1}과 접하게 됩니다.

따라서 직선 l이 하나의 원과 만나기 위해서는 원 A_{m+1}과 만나지 않으면서 원 A_m과 접할 때까지의 a^2의 값의 범위인 $\dfrac{m+1}{4m^2+3m} < a^2 \leq \dfrac{1}{4m-1}$이 됩니다.

이상으로 2번 문제의 답변을 마치겠습니다.

3번 문제의 답변을 시작하겠습니다.

(설명과 계산을 시작합니다.)

[1-2]의 결과에 의해 $a^2 = \dfrac{1}{4k-1}$ 일 때 직선 l은 원 A_k와 점 P에서만 접하게 됩니다. 이때 접점 P의 좌표가 "좋은점"의 좌표입니다.

접점을 구하기 위해 원 A_k의 방정식 $(x-k)^2 + y^2 = k$에 직선 l의 방정식 $y = a(x+k)$를 대입하여 해를 구하겠습니다. $\left(\text{단, } a^2 = \dfrac{1}{4k-1}\right)$

$(x-k)^2 + \{a(x+k)\}^2 = k$를 정리하면 $(a^2+1)x^2 + 2k(a^2-1)x + (a^2+1)k^2 - k = 0$이고, 이 방정식은 $a^2 = \dfrac{1}{4k-1}$ 일 때 중근 $x = -\dfrac{k(a^2-1)}{(a^2+1)}$ 을 가지므로 이 중근 x가 곧 "좋은점"의 x좌표가 됩니다.

이를 정리하면 $x = -\dfrac{k(a^2-1)}{a^2+1} = -\dfrac{k \cdot \dfrac{2-4k}{4k-1}}{\dfrac{4k}{4k-1}} = \dfrac{2k-1}{2}$ 이고, 이를 $y = a(x+k)$에 대입하면

$y = a\left(\dfrac{2k-1}{2} + k\right) = \pm\dfrac{1}{\sqrt{4k-1}} \cdot \dfrac{4k-1}{2} = \pm\dfrac{\sqrt{4k-1}}{2}$ 이므로 "좋은점"의 좌표는

$\left(\dfrac{2k-1}{2},\ \pm\dfrac{\sqrt{4k-1}}{2}\right)$ 입니다.

그리고 이 점들을 동시에 지나는 이차곡선은 이 점의 자취방정식이므로

$\dfrac{2k-1}{2} = x$, $\pm\dfrac{\sqrt{4k-1}}{2} = y$라 하고 x, y의 관계식을 구하겠습니다.

따라서 $k = x + \dfrac{1}{2}$, $k - \dfrac{1}{4} = y^2$이므로 구하는 이차곡선은 $y^2 = x + \dfrac{1}{4}$ 입니다.

이상으로 3번 문제의 답변을 마치겠습니다. 감사합니다!

문제 해결의 Tip

[1-1] 계산

원과 직선이 만날 때, 원의 중심과 직선 사이의 거리는 반지름의 길이보다 작다는 점을 이용하여 a^2의 값의 범위를 구할 수 있습니다. 다른 방법으로 이차방정식의 판별식을 이용하여 실근을 가질 조건, 즉 판별식이 0보다 크다는 조건을 통해 구할 수도 있습니다.

[1-2] 관찰 및 추론, 계산

직선 l이 단 하나의 원과 만나기 위해서는 원과 만나면서 기울기가 최대일 때를 우선 찾아야 합니다. 그리고 그 최댓값일 때 n이 단 하나만 존재하는지 확인해야 합니다.

따라서 [1-1]에서 구한 원과 만날 조건으로부터 a^2의 최댓값을 찾기 위해 m은 상수, n을 변수로 하는 함수를 설정하고, 미분을 이용하여 최댓값을 찾아야 합니다. 이때의 n은 $n=m$이 유일하고, 등호가 성립할 때 직선 l은 원 A_m과 접하게 됩니다.

따라서 직선 l이 두 원과만 만날 때 원 A_m이 아닌 원은 A_{m-1} 또는 A_{m+1}이고, 두 원 중 a^2의 값이 더 큰 원을 찾아 원 A_m과 만날 때의 a^2의 값의 범위를 찾으면 됩니다. 문제가 원하는 조건을 찾는 것과 이를 미분으로 적용하는 발상이 쉽지 않은 문제입니다.

[1-3] 계산

[1-2]를 이용하여 접할 때의 접점을 구하고 "좋은점"의 자취방정식을 구하면 되는 문제입니다. 다만, 이차곡선을 배우지 않은 학생들에게는 용어가 낯설게 느껴질 수 있지만 도형의 방정식은 자취방정식임을 알면 쉽게 풀이할 수 있습니다.

[자연C] (문제 1)
• 자연과학대학 수리과학부, 통계학과
• 사범대학 수학교육과

[자연D] (문제 2)
• 공과대학
• 약학대학
• 농업생명과학대학 조경ㆍ지역시스템공학부, 바이오시스템ㆍ소재학부, 산림과학부

주요 개념

직선의 방정식, 원의 방정식, 판별식, 원과 직선의 위치 관계, 도함수, 몫의 미분법, 그래프의 개형, 접선, 이차곡선, 포물선

서울대학교의 공식 해얼

▶ [1-1] 직선이 원과 만날 조건을 직선의 방정식과 원의 방정식을 활용하여 구한다.

▶ [1-2] [1-1]에서 구한 조건에서 나오는 식의 최댓값을 도함수를 이용하여 구하는 문제이다.

▶ [1-3] 원과 직선의 접점의 좌표를 구하고, 그 접점들을 지나는 이차곡선을 구하는 문제이다.

2022학년도 수학C 자연

문제 2

다항식 $P(x)$가 음이 아닌 정수 n과 실수 $a_0, a_1, \cdots, a_n$ (단, $a_n \neq 0$)에 대하여

$$P(x) = a_n x^n + \cdots + a_1 x + a_0$$

으로 주어질 때, 다항식 $P(x)$를 다음과 같이 나타낼 수 있다.

$$P(x) = x^k Q(x) \quad (\text{단, } Q(x)\text{는 } Q(0) \neq 0\text{인 다항식, } k\text{는 음이 아닌 정수})$$

예를 들어, $P(x) = x^5 - x^3$일 때 $k = 3$이고 $Q(x) = x^2 - 1$이다.

[2-1]

$0 < |x| < 1$인 x에 대하여 $P(x) = 5x^5 - 4x^4 + x^3$의 값의 부호를 구하시오.

[2-2]

다음 조건을 만족하는 모든 다항식 $P(x)$의 집합을 X라 하자.

$$0 < |x| < 1\text{이면 } P(x) > 0\text{이다.}$$

집합 X의 원소인 다항식 $P(x)$를 위 제시문과 같이 $P(x) = x^k Q(x)$로 나타내었을 때, 가능한 k의 값을 모두 구하시오.

[2-3]

다항식 $P_1(x)$와 $P_2(x)$가 다음 조건을 만족한다.

$$0 < x < 1\text{이면 } P_1(x) > P_2(x) > 0\text{이다.}$$

다항식 $P_1(x)$와 $P_2(x)$를 위 제시문과 같이

$$P_1(x) = x^{k_1} Q_1(x), \quad P_2(x) = x^{k_2} Q_2(x)$$

로 나타내었을 때, k_1과 k_2의 크기를 비교하시오.

[2-4]

다항식 $P_1(x)$, $P_2(x)$, $P_3(x)$가 다음 조건을 모두 만족할 수 있는지 논하시오.

(가) $0 < x < 1$이면 $0 < P_1(x) < P_2(x) < P_3(x)$이다.

(나) $-1 < x < 0$이면 $P_1(x) < P_3(x) < 0 < P_2(x)$이다.

구상지

2-1

1번 문제의 답변을 시작하겠습니다.

(설명과 계산을 시작합니다.)

$P(x) = 5x^5 - 4x^4 + x^3 = x^3(5x^2 - 4x + 1)$ 입니다.

이때 이차방정식 $5x^2 - 4x + 1 = 0$의 판별식을 D라 할 때, $D = 2^2 - 5 = -1 < 0$이므로 모든 실수 x에 대하여 $5x^2 - 4x + 1 > 0$입니다.

따라서 $0 < |x| < 1$, 즉 $-1 < x < 0$에서는 $x^3 < 0$이므로 $P(x) < 0$, $0 < x < 1$에서는 $x^3 > 0$이므로 $P(x) > 0$입니다.

이상으로 1번 문제의 답변을 마치겠습니다.

2-2

2번 문제의 답변을 시작하겠습니다.

(설명과 계산을 시작합니다.)

k는 음이 아닌 정수이므로 다음과 같이 분류하여 조건을 만족하는 k의 값을 구하겠습니다.

(i) $k=0$일 때 $P(x) \in X$라면

   $Q(x)$는 [1-1]에서 확인한 $5x^2-4x+1$이 됩니다. 즉, $-1<x<1$에서 항상 양수인 $Q(x)$가 존재하므로 $k=0$은 가능합니다.

(ii) k의 값이 짝수일 때 $P(x) \in X$라면

   x^{2k}은 $0<|x|<1$에서 항상 양수이고, $-1<x<1$에서 항상 양수인 $Q(x)$가 존재하므로 k의 값이 짝수일 때도 가능합니다.

(iii) k의 값이 홀수일 때 $P(x) \in X$라면

   $-1<x<0$일 때 $x^k<0$이므로 $Q(x)<0$이어야 합니다.

   $0<x<1$일 때 $x^k>0$이므로 $Q(x)>0$이어야 합니다.

   $Q(x)$는 다항식이므로 $y=Q(x)$는 다항함수이고 이는 모든 실수에서 연속입니다.

   따라서 $\lim_{x \to 0-} Q(x) = \lim_{x \to 0+} Q(x) = Q(0)$입니다.

   $\lim_{x \to 0-} Q(x) \le 0$, $\lim_{x \to 0+} Q(x) \ge 0$이므로 $\lim_{x \to 0} Q(x) = 0$이지만 문제의 조건에 의해 $Q(0) \ne 0$이므로 이는 성립할 수 없습니다.

   따라서 k의 값은 홀수가 될 수 없습니다.

(i), (ii), (iii)에 의해 가능한 k의 값은 0을 포함한 짝수입니다.

이상으로 2번 문제의 답변을 마치겠습니다.

3번 문제의 답변을 시작하겠습니다.

(설명과 계산을 시작합니다.)

$0 < x < 1$에서 $k_1 < k_2$이면 $x^{k_1} > x^{k_2} > 0$가 됩니다.

이를 이용하여 $Q_1(x)$와 $Q_2(x)$의 대소 관계를 분류하여 k_1의 값과 k_2의 값의 크기를 비교하겠습니다.

(ⅰ) $0 < x < 1$에서 $Q_1(x) > Q_2(x) > 0$일 때 $P_1(x) > P_2(x) > 0$이면 $k_1 \le k_2$입니다.

　　만약 $k_1 > k_2$라면 $P_1(x) - P_2(x) = x^{k_1}Q_1(x) - x^{k_2}Q_2(x) = x^{k_2}\left\{ x^{k_1-k_2}Q_1(x) - Q_2(x) \right\} > 0$이므로

　　$x^{k_1-k_2}Q_1(x) - Q_2(x) > 0$입니다.

　　함수 $f(x)$를 $f(x) = x^{k_1-k_2}Q_1(x) - Q_2(x)$라 하면, 함수 $f(x)$는 실수 전체에서 연속함수이고

　　$\lim\limits_{x \to 0+} f(x) = f(0) \ge 0$입니다. 또한, $f(0) = -Q(2)$이므로 $Q_2(0) \le 0$입니다.

　　한편, 함수 $Q_2(x)$도 연속함수이므로 $\lim\limits_{x \to 0+} Q_2(x) = Q_2(0) > 0$입니다.

　　이는 $Q_2(0) \le 0$, $Q_2(0) > 0$이므로 이를 만족하는 $Q_2(x)$는 존재하지 않습니다.

　　따라서 $k_1 \le k_2$입니다.

(ⅱ) $0 < x < 1$에서 $Q_1(x) = Q_2(x) > 0$일 때 $P_1(x) > P_2(x) > 0$이면 자명하게 $k_1 < k_2$입니다.

(ⅲ) $0 < x < 1$에서 $0 < Q_1(x) < Q_2(x)$일 때 $P_1(x) > P_2(x) > 0$이면 자명하게 $k_1 < k_2$입니다.

(ⅰ), (ⅱ), (ⅲ)에 의해 k_1의 값과 k_2의 값의 크기는 $k_1 \le k_2$입니다.

이상으로 3번 문제의 답변을 마치겠습니다.

2-4

4번 문제의 답변을 시작하겠습니다.

(설명과 계산을 시작합니다.)

3번 문제의 결과에 의해 조건 (가)로부터 $k_1 \geq k_2 \geq k_3$임을 알 수 있습니다.
또, 2번 문제의 결과에 의해 조건 (나)로부터 k_2의 값은 0 또는 짝수이고 k_1의 값과 k_3의 값은 홀수임을 알 수 있습니다.
따라서 $k_1 > k_2 > k_3$이고 $-1 < x < 0$에서 $x^{k_3} < x^{k_1} < 0$입니다.

한편, 조건 (나)에서 $Q_1(x)$와 $Q_3(x)$의 대소 관계를 분류하여 확인하면

(i) $-1 < x < 0$에서 $P_1(x) < P_3(x) < 0$이고 $Q_1(x) > Q_3(x) > 0$이면 $k_1 < k_3$입니다.

(ii) $-1 < x < 0$에서 $P_1(x) < P_3(x) < 0$이고 $Q_1(x) = Q_3(x) > 0$이면 $k_1 < k_3$입니다.

(iii) $-1 < x < 0$에서 $P_1(x) < P_3(x) < 0$이고 $Q_3(x) > Q_1(x) > 0$이면 $k_1 \leq k_3$입니다.

(i), (ii), (iii)에 의해 k_1과 k_3의 값의 크기는 $k_1 \leq k_3$가 되고, 이는 $k_1 > k_2 > k_3$와 모순입니다.

따라서 조건 (가), (나)를 모두 만족하는 다항식 $P_1(x)$, $P_2(x)$, $P_3(x)$는 존재하지 않습니다.

이상으로 4번 문제의 답변을 마치겠습니다. 감사합니다!

[2-1] 계산

이차방정식 $Q(x)$의 판별식의 부호를 판별하면 쉽게 해결할 수 있는 문제입니다.

[2-2] 추론, 증명

경우를 분류하고 조건이 참임을 가정하여 모순이 있음을 증명했습니다. 즉, 귀류법을 이용했습니다. 함수의 연속의 정의를 이용하면 주어진 조건과 모순됨을 알 수 있습니다.

귀류법은 잘 다루지 않는 증명법이지만, 직접 증명이 어렵거나 예측이 되는 결론이 있을 때 사용할 수 있으므로 잘 알아두어야 합니다.

[2-3] 추론, 증명

[2-2]와 마찬가지로 경우를 분류하고 조건이 참임을 가정하여 결론을 얻을 수 있습니다.

[2-4] 추론, 증명

[2-2], [2-3]의 결과를 적용하면 조건 (가)와 (나)를 동시에 만족시키는 k_1, k_2, k_3의 값이 존재하지 않음을 보일 수 있습니다.

- 자연과학대학 수리과학부, 통계학과
- 사범대학 수학교육과

주요 개념

인수분해, 그래프의 개형, 함수의 극한, 함수의 연속, 귀류법

서울대학교의 공식 해얼

▶ [2-1] 제시문에서 주어진 인수분해 방식을 이용하여 간단한 다항식(이차식)의 그래프의 개형을 그려 부호를 따진다.

▶ [2-2] 귀류법과 다항함수의 연속성을 이용하여 주어진 명제가 참이 되는 필요충분조건을 증명하는 문제이다.

▶ [2-3] 귀류법과 다항함수의 연속성을 이용하여 주어진 두 수의 크기 관계를 증명하는 문제이다.

▶ [2-4] 귀류법과 다항함수의 연속성을 이용하여 주어진 조건들을 모두 만족하는 다항식이 존재할 수 없음을 증명하는 문제이다.

문제 1

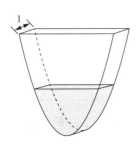

[그림 1] 물이 담긴 그릇

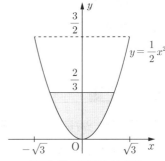

[그림 2] 정면에서 본 모양

[그림 1]과 같이 앞면과 뒷면의 모양이 영역

$$\left\{(x,\ y)\ \middle|\ \frac{1}{2}x^2 \le y \le \frac{3}{2}\right\}$$

과 같고 앞면과 뒷면 사이의 간격이 1인 그릇에 물이 담겨 있다. (단, 그릇의 두께는 고려하지 않는다.) 정면에서 보았을 때 이 그릇의 모양은 [그림 2]와 같고, 수면의 높이는 $\frac{2}{3}$이다.

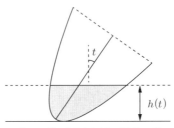

[그림 3] 정면에서 본 기울인 모양

[그림 3]처럼 그릇의 중심축이 y축 방향과 이루는 각이 t가 되도록 그릇을 기울였다. $\left(단,\ 0 \le t \le \frac{\pi}{2}\right)$ 이때 수면의 높이를 $h(t)$라고 하자. 그릇에 물이 없는 경우에는 $h(t)=0$으로 정의한다.

[1-1]

$h(t)=0$일 필요충분조건이 $t_1 \leq t \leq \dfrac{\pi}{2}$일 때, t_1의 값을 구하시오.

[1-2]

그릇에 담긴 물의 양이 기울이기 전과 같을 필요충분조건이 $0 \leq t \leq t_0$일 때 t_0의 값을 구하시오.

[1-3]

$0 \leq t \leq \dfrac{\pi}{2}$인 t에 대하여 $h(t)$를 t에 대한 식으로 나타내시오. 그리고 $0 < t_2 < \dfrac{\pi}{2}$인 t_2가 $\cos t_2 = \dfrac{2\sqrt{7}}{7}$을 만족할 때 $h(t_2)$의 값을 구하시오.

[1-4]

열린구간 $\left(0,\ \dfrac{\pi}{2}\right)$에 속하는 각 점에서 함수 $h(t)$의 미분가능성을 논하시오.

구상지

예시 답안

1-1

'수학A 인문 오전 문제 1-1'과 동일합니다.
445쪽에서 확인해 주세요.

1-2

'수학A 인문 오전 문제 1-2'와 동일합니다.
447쪽에서 확인해 주세요.

1-3

'수학A 인문 오전 문제 1-3'과 동일합니다.
448쪽에서 확인해 주세요.

4번 문제의 답변을 시작하겠습니다.

(설명과 계산을 시작합니다.)

3번 문제에서 구한 함수 $h(t)$는 다음과 같습니다.

$$h(t) = \begin{cases} \dfrac{2}{3}\cos t & \left(0 \leq t \leq \dfrac{\pi}{6}\right) \\[3mm] \dfrac{1}{2}\tan^2 t \cdot \cos t - \sqrt{3}\sin t + \dfrac{3}{2}\cos t & \left(\dfrac{\pi}{6} \leq t \leq \dfrac{\pi}{3}\right) \\[3mm] 0 & \left(\dfrac{\pi}{3} \leq t \leq \dfrac{\pi}{2}\right) \end{cases}$$

함수 $h(t)$는 구간 $\left(0, \dfrac{\pi}{6}\right)$, $\left(\dfrac{\pi}{6}, \dfrac{\pi}{3}\right)$, $\left(\dfrac{\pi}{3}, \dfrac{\pi}{2}\right)$에서 연속이며 미분가능함을 알 수 있습니다.

따라서 구간의 경계인 $t = \dfrac{\pi}{6}$, $t = \dfrac{\pi}{3}$에서의 미분가능성만 조사하면 됩니다.

$t = \dfrac{\pi}{6}$에서의 미분가능성을 조사하면

$$\lim_{h \to 0-} \frac{h\left(\dfrac{\pi}{6}+h\right) - h\left(\dfrac{\pi}{6}\right)}{h} = \lim_{h \to 0-} \frac{\dfrac{2}{3}\cos\left(\dfrac{\pi}{6}+h\right) - \dfrac{2}{3}\cos\dfrac{\pi}{6}}{h} = -\frac{2}{3}\sin\frac{\pi}{6} = -\frac{1}{3} \text{이고}$$

$$\lim_{h \to 0+} \frac{h\left(\dfrac{\pi}{6}+h\right) - h\left(\dfrac{\pi}{6}\right)}{h}$$

$$= \lim_{h \to 0+} \frac{\dfrac{1}{2}\tan^2\left(\dfrac{\pi}{6}+h\right)\cos\left(\dfrac{\pi}{6}+h\right) - \sqrt{3}\sin\left(\dfrac{\pi}{6}+h\right) + \dfrac{3}{2}\cos\left(\dfrac{\pi}{6}+h\right) - \dfrac{1}{2}\tan^2\dfrac{\pi}{6}\cos\dfrac{\pi}{6} + \sqrt{3}\sin\dfrac{\pi}{6} - \dfrac{3}{2}\cos\dfrac{\pi}{6}}{h}$$

$$= \frac{1}{2}\left(2\tan\frac{\pi}{6}\sec^2\frac{\pi}{6}\cos\frac{\pi}{6} - \tan^2\frac{\pi}{6}\sin\frac{\pi}{6}\right) - \sqrt{3}\cos\frac{\pi}{6} - \frac{3}{2}\sin\frac{\pi}{6} = -\frac{5}{2}$$

에서 $\lim\limits_{h \to 0-} \dfrac{h\left(\dfrac{\pi}{6}+h\right) - h\left(\dfrac{\pi}{6}\right)}{h} \neq \lim\limits_{h \to 0+} \dfrac{h\left(\dfrac{\pi}{6}+h\right) - h\left(\dfrac{\pi}{6}\right)}{h}$ 이므로 $\lim\limits_{h \to 0} \dfrac{h\left(\dfrac{\pi}{6}+h\right) - h\left(\dfrac{\pi}{6}\right)}{h}$는 존재하지 않습니다.

따라서 함수 $h(t)$는 $t = \dfrac{\pi}{6}$에서 미분이 가능하지 않습니다.

$t=\dfrac{\pi}{3}$ 에서 미분가능성을 조사하면

$$\lim_{h\to 0-}\frac{h\left(\dfrac{\pi}{3}+h\right)-h\left(\dfrac{\pi}{3}\right)}{h}$$

$$=\lim_{h\to 0-}\frac{\dfrac{1}{2}\tan^2\!\left(\dfrac{\pi}{3}+h\right)\cos\!\left(\dfrac{\pi}{3}+h\right)-\sqrt{3}\sin\!\left(\dfrac{\pi}{3}+h\right)+\dfrac{3}{2}\cos\!\left(\dfrac{\pi}{3}+h\right)-\dfrac{1}{2}\tan^2\dfrac{\pi}{3}\cos\dfrac{\pi}{3}+\sqrt{3}\sin\dfrac{\pi}{3}-\dfrac{3}{2}\cos\dfrac{\pi}{3}}{h}$$

$$=\frac{1}{2}\left(2\tan\dfrac{\pi}{3}\sec^2\dfrac{\pi}{3}\cos\dfrac{\pi}{3}-\tan^2\dfrac{\pi}{3}\sin\dfrac{\pi}{3}\right)-\sqrt{3}\cos\dfrac{\pi}{3}-\dfrac{3}{2}\sin\dfrac{\pi}{3}=0$$

이고 $\displaystyle\lim_{h\to 0+}\dfrac{h\left(\dfrac{\pi}{3}+h\right)-h\left(\dfrac{\pi}{3}\right)}{h}=0$ 이므로 $\displaystyle\lim_{h\to 0}\dfrac{h\left(\dfrac{\pi}{3}+h\right)-h\left(\dfrac{\pi}{3}\right)}{h}=0$ 입니다.

따라서 함수 $h(t)$ 는 $t=\dfrac{\pi}{3}$ 에서 미분이 가능합니다.

그러므로 열린구간 $\left(0,\ \dfrac{\pi}{2}\right)$ 에서 함수 $h(t)$ 는 한 점 $t=\dfrac{\pi}{6}$ 에서만 미분이 가능하지 않습니다.

이상으로 4번 문제의 답변을 마치겠습니다. 감사합니다!

문제 해결의 Tip

[1-1] 계산

관찰을 통해 지면은 접선이 되며 x축과 접선이 이루는 각의 크기가 t임을 파악할 수 있습니다. 또한, 물이 없는 경우는 접선이 처음 그릇의 높이에 해당하는 점을 지날 때부터임을 알고, 미분하여 접선의 기울기 및 t_1의 값을 구할 수 있습니다.

[1-2] 계산

정면에서 바라본 물의 표면적이 같으면 물의 양(부피)가 같다는 것을 파악할 수 있습니다. 물의 양이 기울이기 전과 같아지기 위해서는 수면을 나타내는 직선이 그릇의 최상단의 위치를 지나면서 정적분의 값이 기울이기 전의 물의 표면적과 같음을 이용하면 됩니다.

[1-3] 계산

수면을 나타내는 직선은 접선을 y축으로 평행이동한 것임을 알고 물의 양이 유지되는 경우와 물의 양이 감소하는 경우로 분류하여 t에 대한 함수 $h(t)$를 구할 수 있습니다. 또한, t_2의 값의 범위를 $\cos\dfrac{\pi}{6}$, $\cos\dfrac{\pi}{3}$의 값과 비교하여 찾으면 $h(t_2)$의 값을 구할 수 있습니다.

[1-4] 계산

도함수의 정의를 이용하여 미분가능성을 조사하는 문제입니다. 수능 수학에서도 자주 출제된 유형이므로 계산만 정확하게 한다면 쉽게 결과를 얻을 수 있습니다.

• 공과대학
• 약학대학
• 농업생명과학대학 조경·지역시스템공학부, 바이오시스템·소재학부, 산림과학부

주요 개념

접선의 방정식, 탄젠트함수, 직선의 방정식, 정적분, 간단한 삼차방정식, 점과 직선 사이의 거리, 근과 계수와의 관계, 인수분해, 삼각함수, 미분가능성, 미분계수, 함수의 극한

서울대학교의 공식 해설

▶ [1-1] 접선의 성질을 이해하는지, 접선의 방정식을 구할 수 있는지, 직선의 기울기와 탄젠트 함수의 관계를 이해하는지 평가한다.

▶ [1-2] 다항함수의 정적분을 통해 넓이를 계산하고, 조건을 만족하는 직선을 구할 수 있는지 평가한다. 또한, 직선의 기울기와 탄젠트함수의 관계를 알고 있는지 평가한다.

▶ [1-3] 다항함수의 정적분을 이용해 특정 조건을 만족하는 직선을 구하고, 접선의 방정식을 구할 수 있는지, 점과 직선 사이의 거리를 구할 수 있는지 평가한다. 또한, 삼각함수들 사이의 관계를 함수 $h(x)$에 대입해서 함숫값을 계산할 수 있는지 평가한다.

▶ [1-4] 평균변화율의 극한인 미분계수를 구하고, 그것을 통해 미분가능성을 조사할 수 있는지 평가한다.

2023학년도 수학 1_A · 1_B

※ 제시문을 읽고 문제에 답하시오.

문제 1

함수 $f(x)$와 그 그래프는 아래와 같다.

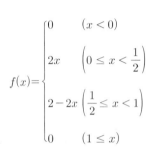

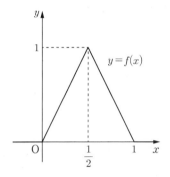

실수 a에 대하여 함수 $g(x)$를

$$g(x) = af(x)$$

라 하자.

수학 1_A

[1-1]

$a = 1$일 때, 합성함수 $g(g(g(x)))$가 미분가능하지 않은 점의 개수를 구하시오.

[1-2]

다음 네 가지의 경우

$$a \leq 0, \ 0 < a \leq \frac{1}{2}, \ \frac{1}{2} < a < 1, \ 1 < a$$

각각에 대하여 함수 $y = g(g(g(x)))$의 그래프의 개형을 그리시오. 또한, 모든 미분가능하지 않은 점에서의 함숫값이 (i) 0보다 크거나 작거나 같은지, (ii) a보다 크거나 작거나 같은지 설명하시오. (미분가능하지 않은 점의 좌표를 서술할 필요 없음.)

[1-3]

다음 등식이 성립하도록 하는 실수 a의 값을 모두 구하시오.

$$\int_0^1 g(g(g(x)))dx = \int_0^1 g(x)dx$$

수학 1_B

[1-1]

$a = 1$일 때, 합성함수 $g(g(x))$가 미분가능하지 않은 점의 개수를 구하시오.

[1-2]

다음 네 가지의 경우

$$a \le 0,\ 0 < a \le \frac{1}{2},\ \frac{1}{2} < a < 1,\ 1 < a$$

각각에 대하여 함수 $y = g(g(x))$의 그래프의 개형을 그리시오. 또한, 모든 미분가능하지 않은 점에서의 함숫값이 (i) 0보다 크거나 작거나 같은지, (ii) a보다 크거나 작거나 같은지 설명하시오. (미분가능하지 않은 점의 좌표를 서술할 필요 없음.)

[1-3]

다음 등식이 성립하도록 하는 실수 a의 값을 모두 구하시오.

$$\int_0^1 g(g(x))dx = \int_0^1 g(x)dx$$

구상지

[수학 1_A]

1-1

1번 문제의 답변을 시작하겠습니다.

(설명과 계산을 시작합니다.)

$a=1$일 때, $g(x)=f(x)$입니다.
합성함수 $g(g(g(x)))=f(f(f(x)))$의 그래프의 개형을 그리면 다음과 같습니다.

(칠판에 그래프 또는 그림을 그립니다.)

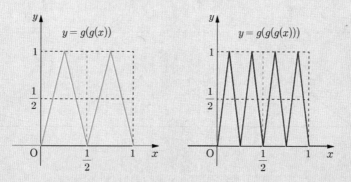

(설명과 계산을 시작합니다.)

따라서 합성함수 $g(g(g(x)))$의 미분가능하지 않은 점의 개수는 9개입니다.

이상으로 1번 문제의 답변을 마치겠습니다.

2번 문제의 답변을 시작하겠습니다.

(설명과 계산을 시작합니다.)

(i) $a \leq 0$일 때, $g(x) \leq 0$이므로 $g(g(x)) = af(g(x)) = 0$입니다.
따라서 $g(g(g(x))) = 0$이므로 미분가능하지 않은 점의 개수는 0입니다.

(ii) $0 < a \leq \dfrac{1}{2}$일 때, 합성함수 $y = g(g(g(x)))$의 그래프의 개형을 그려보겠습니다.

　① $0 < a < \dfrac{1}{2}$인 경우, 다음과 같습니다.

(칠판에 그래프 또는 그림을 그립니다.)

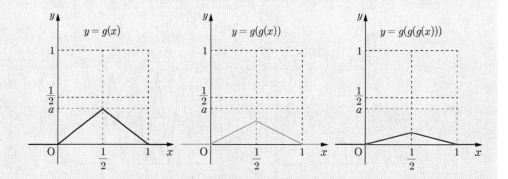

(설명과 계산을 시작합니다.)

따라서 미분가능하지 않은 점의 개수는 3개이고, 이때 x의 값을 작은 것부터 크기순으로 p_1, p_2, p_3이라 하면 $g(g(g(p_1))) = 0$, $0 < g(g(g(p_2))) < a$, $g(g(g(p_3))) = 0$입니다.

② $a = \dfrac{1}{2}$인 경우, 다음과 같습니다.

(칠판에 그래프 또는 그림을 그립니다.)

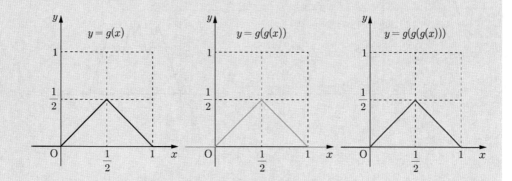

(설명과 계산을 시작합니다.)

즉, $g(x) = g(g(g(x)))$입니다.

따라서 미분가능하지 않은 점의 개수는 3개이고, 이때 x의 값을 작은 것부터 크기순으로 p_1, p_2,

p_3이라 하면 $g(g(g(p_1))) = 0$, $0 < g(g(g(p_2))) = a = \dfrac{1}{2}$, $g(g(g(p_3))) = 0$입니다.

(iii) $\dfrac{1}{2} < a < 1$일 때, 합성함수 $y = g(g(g(x)))$의 그래프의 개형을 그려보겠습니다.

(칠판에 그래프 또는 그림을 그립니다.)

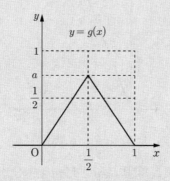

함수 $y = g(x)$의 그래프의 개형을 바탕으로 합성함수 $y = g(g(x))$의 그래프, $y = g(g(g(x)))$의 그래프를 그리면 각각 다음과 같습니다.

(칠판에 그래프 또는 그림을 그립니다.)

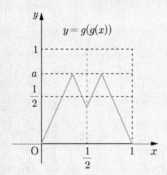

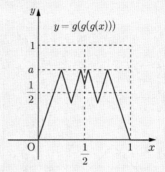

(설명과 계산을 시작합니다.)

따라서 미분가능하지 않은 점의 개수는 9개이고, 이때 x의 값을 작은 것부터 크기순으로 p_1, p_2, p_3, $\cdots$, p_9라 하면 $g(g(g(p_1)))=0$, $0 < g(g(g(p_2)))=a$, $0 < g(g(g(p_3)))<a$, $0 < g(g(g(p_4)))=a$, $0 < g(g(g(p_5)))<a$, $0 < g(g(g(p_6)))=a$, $0 < g(g(g(p_7)))<a$, $0 < g(g(g(p_8)))=a$, $g(g(g(p_9)))=0$입니다.

(iv) $a > 1$일 때, 합성함수 $y = g(g(g(x)))$의 그래프의 개형을 그려보겠습니다.

(칠판에 그래프 또는 그림을 그립니다.)

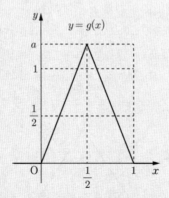

함수 $y = g(x)$의 그래프의 개형을 바탕으로 합성함수 $y = g(g(x))$의 그래프, $y = g(g(g(x)))$의 그래프를 그리면 각각 다음과 같습니다.

(칠판에 그래프 또는 그림을 그립니다.)

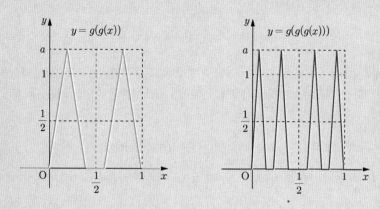

(설명과 계산을 시작합니다.)

따라서 미분가능하지 않은 점의 개수는 12개이고, 이때 x의 값을 작은 것부터 크기순으로 p_1, p_2, p_3, $\cdots$, p_{12}라 하면 $g(g(g(p_1)))=0$, $0 < g(g(g(p_2)))=a$, $g(g(g(p_3)))=0$, $g(g(g(p_4)))=0$, $0 < g(g(g(p_5)))=a$, $g(g(g(p_6)))=0$, $g(g(g(p_7)))=0$, $0 < g(g(g(p_8)))=a$, $g(g(g(p_9)))=0$, $g(g(g(p_{10})))=0$, $0 < g(g(g(p_{11})))=a$, $g(g(g(p_{12})))=0$입니다.

이상으로 2번 문제의 답변을 마치겠습니다.

3번 문제의 답변을 시작하겠습니다.

(설명과 계산을 시작합니다.)

1번, 2번 문제의 결과를 이용하여 $0 \le x \le 1$일 때 합성함수 $y = g(g(g(x)))$의 그래프와 $y = g(x)$의 그래프가 x축과 이루는 부분의 넓이를 조사하여 두 넓이가 같은 경우를 찾아보겠습니다.

(ⅰ) $a < 0$인 경우

　모든 실수 x에 대하여 $g(g(g(x))) = 0$이고 $g(x) = af(x)$입니다.

　따라서 $\displaystyle\int_0^1 g(g(g(x)))dx = 0$, $\displaystyle\int_0^1 g(x)dx = \frac{1}{2}a < 0$이므로 주어진 등식은 성립할 수 없습니다.

(ⅱ) $a = 0$인 경우

　모든 실수 x에 대하여 $g(g(g(x))) = 0$, $g(x) = 0$입니다.

　따라서 $\displaystyle\int_0^1 g(g(g(x)))dx = \displaystyle\int_0^1 g(x)dx = 0$이므로 주어진 등식이 성립합니다.

(ⅲ) $0 < a < \dfrac{1}{2}$인 경우

　$\displaystyle\int_0^1 g(g(g(x)))dx = \frac{1}{2}a^3$, $\displaystyle\int_0^1 g(x)dx = \frac{1}{2}a$이므로 주어진 등식이 성립할 수 없습니다.

(ⅳ) $a = \dfrac{1}{2}$인 경우

　모든 실수 x에 대하여 $g(g(g(x))) = g(x)$이므로 주어진 등식이 성립합니다.

(ⅴ) $\dfrac{1}{2} < a < 1$인 경우

(칠판에 그래프 또는 그림을 그립니다.)

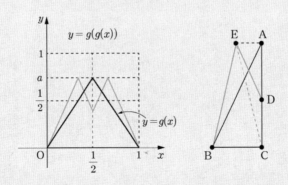

(설명과 계산을 시작합니다.)

사다리꼴 BCDE의 넓이는 삼각형 BCE의 넓이와 삼각형 CDE의 넓이의 합과 같습니다. 이때 삼각형 BCE의 넓이는 삼각형 ABC의 넓이와 같으므로 사다리꼴 BCDE의 넓이는 삼각형 ABC의 넓이보다 큽니다.

(칠판에 그래프 또는 그림을 그립니다.)

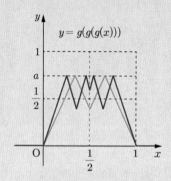

(설명과 계산을 시작합니다.)

따라서 $\int_0^1 g(x)dx < \int_0^1 g(g(x))dx < \int_0^1 g(g(g(x)))dx$ 이므로 주어진 등식이 성립할 수 없습니다.

(vi) $a = 1$인 경우

$\int_0^1 g(x)dx = \int_0^1 f(x)dx = \dfrac{1}{2}$ 이고 $\int_0^1 g(g(g(x)))dx$는 높이가 1이고 밑변의 길이의 합이 1인 삼각형 4개의 합과 같으므로 $\dfrac{1}{2}$입니다. 따라서 주어진 등식이 성립합니다.

(vii) $a > 1$인 경우

(칠판에 그래프 또는 그림을 그립니다.)

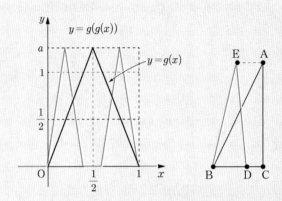

(설명과 계산을 시작합니다.)

삼각형 ABC의 넓이는 삼각형 BDE의 넓이보다 큽니다.

(칠판에 그래프 또는 그림을 그립니다.)

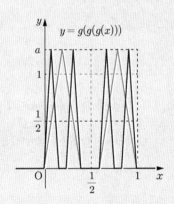

(설명과 계산을 시작합니다.)

따라서 $\displaystyle\int_0^1 g(x)dx > \int_0^1 g(g(x))dx > \int_0^1 g(g(g(x)))dx$ 이므로 주어진 등식이 성립할 수 없습니다.

(i)~(vii)에서 주어진 등식이 성립할 때의 a의 값은 0, $\dfrac{1}{2}$, 1입니다.

이상으로 3번 문제의 답변을 마치겠습니다. 감사합니다!

[수학 1_B]

1-1

1번 문제의 답변을 시작하겠습니다.

(설명과 계산을 시작합니다.)

$a = 1$일 때, $g(x) = f(x)$입니다.
합성함수 $g(g(x)) = f(f(x))$의 그래프의 개형을 그리면 다음과 같습니다.

(칠판에 그래프 또는 그림을 그립니다.)

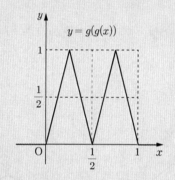

(설명과 계산을 시작합니다.)

따라서 합성함수 $g(g(x))$의 미분가능하지 않은 점의 개수는 5개입니다.

이상으로 1번 문제의 답변을 마치겠습니다.

2번 문제의 답변을 시작하겠습니다.

(설명과 계산을 시작합니다.)

(i) $a \leq 0$일 때, $g(x) \leq 0$이므로 $g(g(x)) = af(g(x)) = 0$입니다.

따라서 $g(g(x)) = 0$이므로 미분가능하지 않은 점의 개수는 0입니다.

(ii) $0 < a \leq \dfrac{1}{2}$일 때, 합성함수 $y = g(g(x))$의 그래프의 개형을 그려보겠습니다.

① $0 < a < \dfrac{1}{2}$인 경우, 다음과 같습니다.

(칠판에 그래프 또는 그림을 그립니다.)

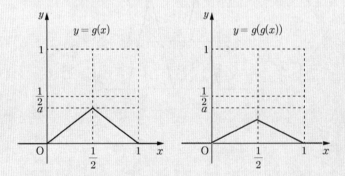

(설명과 계산을 시작합니다.)

따라서 미분가능하지 않은 점의 개수는 3개이고, 이때 x의 값을 작은 것부터 크기순으로 p_1, p_2, p_3이라 하면 $g(g(p_1)) = 0$, $0 < g(g(p_2)) < a$, $g(g(p_3)) = 0$입니다.

② $a=\dfrac{1}{2}$인 경우, 다음과 같습니다.

(칠판에 그래프 또는 그림을 그립니다.)

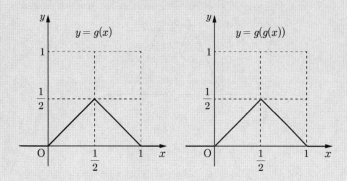

(설명과 계산을 시작합니다.)

즉, $g(x)=g(g(x))$ 입니다.

따라서 미분가능하지 않은 점의 개수는 3개이고, 이때 x의 값을 작은 것부터 크기순으로 p_1, p_2,

p_3이라 하면 $g(g(p_1))=0$, $0<g(g(p_2))=a=\dfrac{1}{2}$, $g(g(p_3))=0$입니다.

(iii) $\dfrac{1}{2}<a<1$일 때, 합성함수 $y=g(g(x))$의 그래프의 개형을 그려보겠습니다.

(칠판에 그래프 또는 그림을 그립니다.)

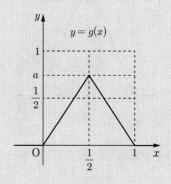

함수 $y=g(x)$의 그래프의 개형을 바탕으로 합성함수 $y=g(g(x))$의 그래프의 개형을 그리면 다음과
같습니다.

(칠판에 그래프 또는 그림을 그립니다.)

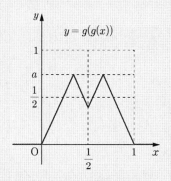

(설명과 계산을 시작합니다.)

따라서 미분가능하지 않은 점의 개수는 5개이고, 이때 x의 값을 작은 것부터 크기 순으로 p_1, p_2, p_3, p_4, p_5라 하면 $g(g(p_1))=0$, $0<g(g(p_2))=a$, $0<g(g(p_3))<a$, $0<g(g(p_4))=a$, $g(g(p_5))=0$입니다.

(iv) $a>1$일 때, 합성함수 $y=g(g(x))$의 그래프의 개형을 그려보겠습니다.

(칠판에 그래프 또는 그림을 그립니다.)

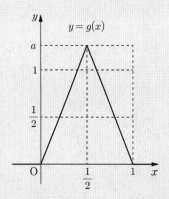

함수 $y=g(x)$의 그래프의 개형을 바탕으로 합성함수 $y=g(g(x))$의 그래프의 개형을 그리면 다음과 같습니다.

(칠판에 그래프 또는 그림을 그립니다.)

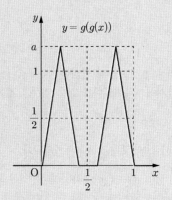

(설명과 계산을 시작합니다.)

따라서 미분가능하지 않은 점의 개수는 6개이고, 이때 x의 값을 작은 것부터 크기 순으로 p_1, p_2, p_3, $\cdots$, p_6이라 하면 $g(g(p_1))=0$, $0 < g(g(p_2))=a$, $g(g(p_3))=0$, $g(g(p_4))=0$, $0 < g(g(p_5))=a$, $g(g(p_6))=0$입니다.

이상으로 2번 문제의 답변을 마치겠습니다.

3번 문제의 답변을 시작하겠습니다.

(설명과 계산을 시작합니다.)

1번, 2번 문제의 결과를 이용하여 $0 \leq x \leq 1$일 때 합성함수 $y = g(g(x))$의 그래프와 $y = g(x)$의 그래프가 x축과 이루는 부분의 넓이를 조사하여 두 넓이가 같은 경우를 찾아보겠습니다.

(i) $a < 0$인 경우

모든 실수 x에 대하여 $g(g(x)) = 0$이고 $g(x) = af(x)$입니다.

따라서 $\displaystyle\int_0^1 g(g(x))dx = 0, \int_0^1 g(x)dx = \frac{1}{2}a < 0$이므로 주어진 등식은 성립할 수 없습니다.

(ii) $a = 0$인 경우

모든 실수 x에 대하여 $g(g(x)) = 0$, $g(x) = 0$입니다.

따라서 $\displaystyle\int_0^1 g(g(x))dx = \int_0^1 g(x)dx = 0$이므로 주어진 등식이 성립합니다.

(iii) $0 < a < \dfrac{1}{2}$인 경우

$\displaystyle\int_0^1 g(g(x))dx = \frac{1}{2}a^2, \int_0^1 g(x)dx = \frac{1}{2}a$이므로 주어진 등식이 성립할 수 없습니다.

(iv) $a = \dfrac{1}{2}$인 경우

모든 실수 x에 대하여 $g(g(x)) = g(x)$이므로 주어진 등식이 성립합니다.

(ⅴ) $\frac{1}{2} < a < 1$인 경우

(칠판에 그래프 또는 그림을 그립니다.)

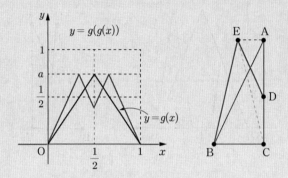

(설명과 계산을 시작합니다.)

사다리꼴 BCDE의 넓이는 삼각형 BCE의 넓이와 삼각형 CDE의 넓이의 합과 같습니다. 이때 삼각형 BCE의 넓이는 삼각형 ABC의 넓이와 같으므로 사다리꼴 BCDE의 넓이는 삼각형 ABC의 넓이보다 큽니다.

따라서 $\int_0^1 g(x)dx < \int_0^1 g(g(x))dx$이므로 주어진 등식이 성립할 수 없습니다.

(ⅵ) $a = 1$인 경우

$\int_0^1 g(x)dx = \int_0^1 f(x)dx = \frac{1}{2}$이고 $\int_0^1 g(g(x))dx$는 높이가 1이고 밑변의 길이의 합이 1인 삼각형 2개의 합과 같으므로 $\frac{1}{2}$입니다. 따라서 주어진 등식이 성립합니다.

(vii) $a > 1$인 경우

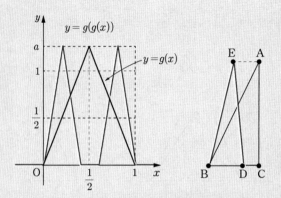

삼각형 ABC의 넓이는 삼각형 BDE의 넓이보다 큽니다.

따라서 $\displaystyle\int_0^1 g(x)\,dx > \int_0^1 g(g(x))\,dx$ 이므로 주어진 등식이 성립할 수 없습니다.

(i)~(vii)에서 주어진 등식이 성립할 때의 a의 값은 0, $\dfrac{1}{2}$, 1입니다.

이상으로 3번 문제의 답변을 마치겠습니다. 감사합니다!

문제 해결의 Tip

[1-1] 추론

고등학교 1학년 수학에서 학습한 합성합수의 그래프의 개형을 그릴 수 있으면 쉽게 해결할 수 있습니다.

[1-2] 추론

a의 값의 범위에 따라 합성함수의 그래프의 개형을 그리면 미분가능하지 않은 점을 쉽게 파악할 수 있습니다.

[1-3] 관찰 및 추론

[1-1]과 [1-2]에서 그린 함수의 그래프의 개형을 이용하여 a의 값을 구할 수 있습니다. 따라서 이 문제는 [1-1]~[1-3]을 미리 확인한 후 [1-1]부터 풀이하면 유리합니다.

[수학 1_A]
• 자연과학대학 수리과학부, 통계학과
• 사범대학 수학교육과

[수학 1_B]
• 공과대학
• 약학대학
• 농업생명과학대학 조경・지역시스템공학부, 바이오시스템・소재학부, 산림과학부

주요 개념

합성함수, 미분가능, 정적분

서울대학교의 공식 해설

▶ [1-1] 합성함수의 그래프를 그리고 이를 이용하여 미분가능성을 판별할 수 있는지를 평가한다.

▶ [1-2] 합성함수의 그래프의 개형을 그리고 합성함수의 함숫값을 구할 수 있는지를 평가한다.

▶ [1-3] 정적분의 의미를 도형의 넓이와 관련지어 이해하고, 함수의 그래프를 이용하여 정적분으로 표현된 두 값을 비교할 수 있다.

2023학년도 수학 2

※ 제시문을 읽고 문제에 답하시오.

문제 2

10원짜리, 100원짜리, 500짜리 동전이 각각 하나씩 놓여있다. 차례로 동전을 한 개씩 뒤집는 작업을 통해 동전을
다음의 상태로 바꾸려고 한다.

(∗) 3개의 동전이 모두 앞면이거나 모두 뒷면

동전을 뒤집을 순서를 차례대로 나열한 수열을 '뒤집기 수열'이라고 하자. 즉, '뒤집기 수열' $\{a_n\}$은 n번째에 a_n 원
짜리 동전을 뒤집는 것을 말하며 수열 $\{a_n\}$의 모든 항은 10, 100, 500 중 하나이다. 예를 들어, '뒤집기 수열'
100, 500, ⋯ 에 따라 동전을 뒤집으면 다음과 같다.

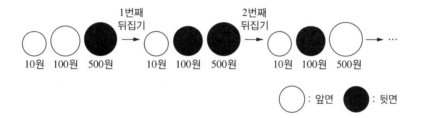

도전자가 '뒤집기 수열'을 하나 제시하면, 심판이 3개의 동전을 (∗) 상태가 아니도록 무작위로 놓은 후, 도전자가
제시한 '뒤집기 수열'에 따라 동전을 뒤집는다. 3개의 동전이 (∗) 상태가 되면 뒤집기를 멈춘다.

[2-1]

모든 '뒤집기 수열'에 대해 1번 만에 3개의 동전이 (∗) 상태로 바뀔 확률은 같다. 그 확률을 구하시오.

[2-2]

2번 이내에 3개의 동전이 (∗) 상태로 바뀔 확률을 최대로 만드는 '뒤집기 수열' 하나의 처음 두 개 항을 제시하고
그 최대의 확률을 구하시오.

[2-3]

n번 이내에 3개의 동전이 (∗) 상태로 바뀔 확률이 1인 '뒤집기 수열'이 존재하도록 하는 n의 최솟값을 구하시오.

[2-4]

위에서 (*) 상태를 아래의 (**) 상태로 대체한다.

(**) 3개의 동전이 모두 앞면

도전자가 '뒤집기 수열'을 하나 제시하면, 심판이 3개의 동전을 (**) 상태가 아니도록 무작위로 놓은 후, 도전자가 제시한 '뒤집기 수열'에 따라 동전을 뒤집는다. 3개의 동전이 (**) 상태가 되면 뒤집기를 멈춘다. n번 이내에 3개의 동전이 (**) 상태로 바뀔 확률이 1인 '뒤집기 수열'이 존재하도록 하는 n의 최솟값을 구하시오.

구상지

2-1

1번 문제의 답변을 시작하겠습니다.

(설명과 계산을 시작합니다.)

(*) 상태가 아니도록 동전 3개의 앞면과 뒷면을 무작위로 놓은 배열과 각 배열에 대하여 1번 만에 (*) 상태로 바뀔 '뒤집기 수열'을 표로 나타내겠습니다. 표에서 H는 앞면, T는 뒷면을 뜻합니다.

10원	100원	500원	뒤집기 수열
H	H	T	$\{500, \cdots\}$
H	T	H	$\{100, \cdots\}$
T	H	H	$\{10, \cdots\}$
H	T	T	$\{10, \cdots\}$
T	H	T	$\{100, \cdots\}$
T	T	H	$\{500, \cdots\}$

(*) 상태가 아니도록 동전 3개의 앞면과 뒷면을 무작위로 놓은 배열의 모든 경우의 수는 6가지입니다. 또한, 모든 '뒤집기 수열'은 a_1의 값으로 분류할 수 있습니다. 따라서 각 '뒤집기 수열'에 대한 확률은 다음과 같습니다.

(i) $a_1 = 10$, 즉 $\{10, \cdots\}$은 $\dfrac{2}{6} = \dfrac{1}{3}$

(ii) $a_1 = 100$, 즉 $\{100, \cdots\}$은 $\dfrac{2}{6} = \dfrac{1}{3}$

(iii) $a_1 = 500$, 즉 $\{500, \cdots\}$은 $\dfrac{2}{6} = \dfrac{1}{3}$

입니다.

즉, 1번 만에 3개의 동전이 (*) 상태로 바뀔 확률은 $\dfrac{1}{3}$입니다.

이상으로 1번 문제의 답변을 마치겠습니다.

2번 문제의 답변을 시작하겠습니다.

(설명과 계산을 시작합니다.)

1번 문제의 표에 2번 만에 (∗) 상태로 바뀔 '뒤집기 수열'을 추가하겠습니다.

10원	100원	500원	1번 (∗) 뒤집기 수열	2번 (∗) 뒤집기 수열
H	H	T	$\{500, \cdots\}$	$\{10, 100, \cdots\}, \{100, 10, \cdots\}$
H	T	H	$\{100, \cdots\}$	$\{10, 500, \cdots\}, \{500, 10, \cdots\}$
T	H	H	$\{10, \cdots\}$	$\{100, 500, \cdots\}, \{500, 100, \cdots\}$
H	T	T	$\{10, \cdots\}$	$\{100, 500, \cdots\}, \{500, 100, \cdots\}$
T	H	T	$\{100, \cdots\}$	$\{10, 500, \cdots\}, \{500, 10, \cdots\}$
T	T	H	$\{500, \cdots\}$	$\{10, 100, \cdots\}, \{100, 10, \cdots\}$

2번 이내에 (∗) 상태로 바뀔 수 있는 '뒤집기 수열'에 대한 확률은 1번 만에 바뀔 확률과 2번 만에 바뀔 확률의 합과 같습니다. 따라서 각 '뒤집기 수열'의 확률은 다음과 같습니다.

(i) $a_1 = 10$, $a_2 = 100$, 즉 $\{10, 100, \cdots\}$은 $\dfrac{2}{6} + \dfrac{2}{6} = \dfrac{4}{6} = \dfrac{2}{3}$

(ii) $a_1 = 10$, $a_2 = 500$, 즉 $\{10, 500, \cdots\}$은 $\dfrac{2}{6} + \dfrac{2}{6} = \dfrac{4}{6} = \dfrac{2}{3}$

(iii) $a_1 = 100$, $a_2 = 10$, 즉 $\{100, 10, \cdots\}$은 $\dfrac{2}{6} + \dfrac{2}{6} = \dfrac{4}{6} = \dfrac{2}{3}$

(iv) $a_1 = 100$, $a_2 = 500$, 즉 $\{100, 500, \cdots\}$은 $\dfrac{2}{6} + \dfrac{2}{6} = \dfrac{4}{6} = \dfrac{2}{3}$

(v) $a_1 = 500$, $a_2 = 10$, 즉 $\{500, 10, \cdots\}$은 $\dfrac{2}{6} + \dfrac{2}{6} = \dfrac{4}{6} = \dfrac{2}{3}$

(vi) $a_1 = 500$, $a_2 = 100$, 즉 $\{500, 100, \cdots\}$은 $\dfrac{2}{6} + \dfrac{2}{6} = \dfrac{4}{6} = \dfrac{2}{3}$

즉, $a_1 \neq a_2$인 모든 '뒤집기 수열'은 구하는 '뒤집기 수열'이고 그 확률은 $\dfrac{2}{3}$입니다.

이상으로 2번 문제의 답변을 마치겠습니다.

2-3

3번 문제의 답변을 시작하겠습니다.

(설명과 계산을 시작합니다.)

문제에서 요구하는 n은 (*) 상태가 아닌 동전 3개의 앞면과 뒷면을 무작위로 놓은 모든 배열에 대해 (*) 상태로 바뀔 수 있는 '뒤집기 수열'의 항 번호 중 최솟값을 뜻합니다.

2번 문제의 결과에서 2번 이내 3개의 동전이 (*) 상태로 바뀔 확률의 최댓값은 $a_1 \neq a_2$일 때 $\dfrac{2}{3}$이므로 $a_1 \neq a_2$인 '뒤집기 수열'부터 조사해 보겠습니다.

$a_1 = 10$, $a_2 = 100$일 때

(i) $a_3 = 10$인 경우

10원	100원	500원	1번 시행 후	2번 시행 후	3번 시행 후
H	H	T	THT	TTT (종료)	
T	T	H	HTH	HHH (종료)	
H	T	H	TTH	THH	HHH (종료)
T	H	T	HHT	HTT	TTT (종료)
T	H	H	HHH (종료)		
H	T	T	TTT (종료)		

(ii) $a_3 = 100$인 경우

10원	100원	500원	1번 시행 후	2번 시행 후	3번 시행 후
H	H	T	THT	TTT (종료)	
H	T	H	HTH	HHH (종료)	
T	H	H	TTH	THH	TTH
H	T	T	HHT	HTT	HHT
T	H	T	HHH (종료)		
T	T	H	TTT (종료)		

514 서울대 구술면접 자연계열

(iii) $a_3 = 500$인 경우

10원	100원	500원	1번 시행 후	2번 시행 후	3번 시행 후
H	H	T	THT	TTT (종료)	
H	T	H	HTH	HHH (종료)	
T	H	H	TTH	THH	THT
H	T	T	HHT	HTT	HTH
T	H	T	HHH (종료)		
T	T	H	TTT (종료)		

3번 이내에 (∗) 상태로 바뀔 수 있는 '뒤집기 수열'에 대한 확률은 1번 만에 바뀔 확률과 2번, 3번 만에 바뀔 확률의 합과 같습니다.

(i) $a_1 = 10$, $a_2 = 100$, $a_3 = 10$, 즉 $\{10,\ 100,\ 10, \cdots\}$은 $\dfrac{2}{6} + \dfrac{2}{6} + \dfrac{2}{6} = \dfrac{6}{6} = 1$

(ii) $a_1 = 10$, $a_2 = 100$, $a_3 = 100$, 즉 $\{10,\ 100,\ 100, \cdots\}$은 $\dfrac{2}{6} + \dfrac{2}{6} = \dfrac{4}{6} = \dfrac{2}{3}$

(iii) $a_1 = 10$, $a_2 = 100$, $a_3 = 500$, 즉 $\{10,\ 100,\ 500, \cdots\}$은 $\dfrac{2}{6} + \dfrac{2}{6} = \dfrac{4}{6} = \dfrac{2}{3}$

(i)에서 3개의 동전이 (∗) 상태로 바뀔 확률이 1인 '뒤집기 수열'이므로 n의 최솟값은 3입니다.

마찬가지로 $\{10,\ 500,\ 10,\ \cdots\}$, $\{100,\ 10,\ 100,\ \cdots\}$, $\{100,\ 500, 100,\ \cdots\}$, $\{500,\ 10,\ 500,\ \cdots\}$, $\{500,\ 100, 500,\ \cdots\}$인 경우에도 3번 시행 후 모든 동전의 앞뒤 배열은 (∗) 상태가 됨을 알 수 있습니다.

따라서 구하는 n의 최솟값은 3입니다.

이상으로 3번 문제의 답변을 마치겠습니다.

4번 문제 답변을 시작하겠습니다.

(설명과 계산을 시작합니다.)

(ⅰ) (∗) 상태가 아닌 경우

　　3번 문제의 결과에서 동전 3개의 앞면과 뒷면을 무작위로 놓은 배열의 3번 시행 후 동전의 상태를
　　관찰하면 전체 6가지 중 3가지는 HHH이므로 (∗∗) 상태이고, 3가지는 TTT입니다.
　　이때 순열 $\{a_4,\ a_5,\ a_6\}$이 $\{10,\ 100,\ 500\}$의 순열과 같으면 (∗∗) 상태로 바뀔 수 있습니다.
　　따라서 구하는 n의 최솟값은 6입니다.

(ⅱ) (∗) 상태 중 10원, 100원, 500원이 모두 뒷면인 경우

　　(ⅰ)에서 $a_1 = 10$, $a_2 = 100$, $a_3 = 10$, $\{a_4,\ a_5,\ a_6\}$은 $\{10,\ 100,\ 500\}$의 순열입니다.
　　이 중 $\{10,\ 100,\ 10,\ 10,\ 100,\ 500\}$의 뒤집기 수열을 적용해 보면 다음과 같습니다.

10원	100원	500원	1번 시행 후	2번 시행 후	3번 시행 후	4번 시행 후	5번 시행 후	6번 시행 후
T	T	T	HTT	HHT	THT	HHT	HTT	HTH

　　이때 6번 만에 (∗∗) 상태가 될 수 없습니다.
　　10원 동전은 3번, 500원 동전은 1번 뒤집히지만 100원 동전은 2번만 뒤집히기 때문에 $a_7 = 100$이
　　어야 합니다.
　　즉, $a_2 = 100$이므로 $a_7 = a_2$일 때, 7번 시행 후 (∗∗) 상태가 됩니다.
　　따라서 3번 문제와 (ⅰ)의 수열에서 $a_7 = a_2$일 때 (∗∗) 상태가 됩니다.
　　그러므로 구하는 n의 최솟값은 7입니다.

(ⅰ), (ⅱ)에서 구하는 n의 최솟값은 7입니다.

이상으로 4번 문제의 답변을 마치겠습니다. 감사합니다!

문제 해결의 Tip

[2-1] 관찰 및 추론

확률의 정의는 $\dfrac{(구하는\ 사건이\ 일어나는\ 경우의\ 수)}{(모든\ 경우의\ 수)}$ 입니다. 여기에서 경우의 수는 동전 3개의 앞면과 뒷면을 무작위로 놓은 배열의 경우의 수임을 파악해야 합니다.

[2-2] 관찰 및 추론

동전 3개의 앞면과 뒷면을 무작위로 놓은 배열의 경우의 수에 대해서 '뒤집기 수열'의 a_1항과 a_2항을 가정하여 관찰하면 쉽게 구할 수 있습니다.

[2-3] 관찰 및 추론

[2-2]의 결과를 이용하여 a_3항부터 결정합니다. 경우를 나누어 수열을 직접 구해 주면 해결할 수 있습니다.

[2-4] 관찰 및 추론

[2-3]의 결과를 관찰하면 쉽게 a_4항부터 그 값을 추론할 수 있습니다. 이때 모두 뒷면인 경우는 따로 생각해 주어야 문제를 해결할 수 있습니다.

- 사회과학대학 경제학부
- 경영대학
- 자유전공학부
- 생활과학대학 소비자아동학부 소비자학전공, 의류학과
- 농업생명과학대학 농경제사회학부
- 농업생명과학대학 조경ㆍ지역시스템공학부, 바이오시스템ㆍ소재학부, 산림과학부

- 공과대학
- 약학대학
- 사범대학 수학교육과
- 자연과학대학 수리과학부, 통계학과

주요 개념

경우의 수, 확률, 수열

서울대학교의 공식 해설

▶ [2-1] 정'뒤집기 수열'의 의미를 이해하고, 경우의 수를 이용하여 확률을 계산할 수 있다.

▶ [2-2] '뒤집기 수열'의 의미를 이해하고, 경우의 수를 이용하여 확률을 계산할 수 있다. '뒤집기 수열'마다 동전이 (*) 상태로 바뀔 확률이 다름을 이해한다.

▶ [2-3] '뒤집기 수열'의 의미를 이해하고, 경우의 수를 이용하여 확률을 계산할 수 있다. '뒤집기 수열'마다 동전이 (*) 상태로 바뀔 확률이 다름을 이해하고, 모든 동전이 (*) 상태로 바뀌는 '뒤집기 수열'을 찾을 수 있다.

▶ [2-4] '뒤집기 수열'의 의미를 이해하고, 경우의 수를 이용하여 확률을 계산할 수 있다. '뒤집기 수열'을 이용하여 동전을 (**) 상태로 바꾸는 과정을 '일대일 대응'을 이용하여 설명하거나, 역으로 생각하여 (**) 상태에서 임의의 배치로 동전을 바꾸는 상황으로 바꾸어 생각할 수 있다.

2023학년도 수학 3

※ 제시문을 읽고 문제에 답하시오.

문제 3

포물선 C_1의 방정식은 $y = -x^2 + 1$이고, 점 P_1의 좌표는 $(1, 0)$이다. 직선 l은 포물선 C_1 위의 점 $(c, -c^2 + 1)$에서의 접선이다. $\left(단, c는 \dfrac{1}{2} < c < 1인 고정된 실수이다.\right)$ 포물선 C_2는 포물선 C_1을 평행이동한 포물선이고 직선 l과 접하며 점 P_1을 지난다. (단, 포물선 C_2와 포물선 C_1은 서로 다르다.) 점 $P_2(q_2, 0)$은 포물선 C_2와 x축과의 교점이다. (단, 점 P_2와 P_1은 서로 다르다.)

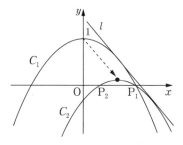

[3-1]
포물선 C_2의 꼭짓점의 x, y좌표를 각각 c에 대한 식으로 나타내시오.

[3-2]
직선 $x = q_2$와 직선 l 및 포물선 C_2로 둘러싸인 도형의 넓이를 c에 대한 식으로 나타내시오.

[3-3]
위와 같이 모든 자연수 k에 대하여 포물선 C_k와 C_k 위의 점 $P_k(q_k, 0)$이 주어져 있을 때, 포물선 C_{k+1}과 점 $P_{k+1}(q_{k+1}, 0)$이 다음과 같이 주어진다.
(1) 포물선 C_{k+1}은 C_1을 x축의 방향으로 a_{k+1}만큼, y축의 방향으로 b_{k+1}만큼 평행이동한 포물선이고 직선 l과 접하며 점 P_k를 지난다. (단, 포물선 C_{k+1}과 C_k는 서로 다르다.)
(2) 점 P_{k+1}은 포물선 C_{k+1}과 x축과의 교점이다. (단, 점 P_{k+1}과 P_k는 서로 다르다.) a_{k+1}을 a_k, q_k, c에 대한 식으로 나타내고, (필요하다면 이를 이용하여) q_{k+1}을 a_k, q_k, c에 대한 식으로 나타내시오. (단, $a_1 = b_1 = 0$, $q_1 = 1$)

구상지

3-1

1번 문제의 답변을 시작하겠습니다.

(설명과 계산을 시작합니다.)

직선 l의 방정식은 $y = -2c(x-c) - c^2 + 1 = -2cx + c^2 + 1$입니다.

포물선 C_2의 방정식은 $y = -(x-1)(x-q_2)$이고 이는 직선 l에 접하므로 x에 대한 이차방정식

$-2cx + c^2 + 1 = -x^2 + (q_2+1)x - q_2$, 즉 $x^2 - (q_2+1+2c)x + c^2 + q_2 + 1 = 0$의 판별식을 D라 할 때,

$D = 0$이어야 합니다.

$D = (q_2+1+2c)^2 - 4(c^2+q_2+1) = 0$에서 $q_2^2 - 2(1-2c)q_2 + 4c - 3 = 0$,

$(q_2+1)(q_2+4c-3) = 0$이므로 $q_2 = -1$ 또는 $q_2 = -4c+3$입니다.

이때 $q_2 = -1$이면 포물선 C_2와 포물선 C_1은 일치하므로 조건을 만족하지 않습니다.

따라서 $q_2 = -4c+3$이므로 포물선 C_2의 꼭짓점의 x좌표는 $\dfrac{1+q_2}{2} = \dfrac{-4c+4}{2} = -2c+2$,

y좌표는 $-(-2c+2-1)(-2c+2+4c-3) = -(-2c+1)(2c-1) = (2c-1)^2$입니다.

이상으로 1번 문제의 답변을 마치겠습니다.

2번 문제의 답변을 시작하겠습니다.

1번 문제의 결과에서 구하는 도형을 그리면 다음과 같습니다.

(칠판에 그래프 또는 그림을 그립니다.)

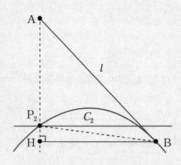

(설명과 계산을 시작합니다.)

구하는 도형의 넓이는 삼각형 AP_2B의 넓이에서 포물선 C_2와 선분 P_2B로 둘러싸인 영역의 넓이를 뺀 것과 같습니다.

점 A의 y좌표는 $y=-2cx+c^2+1$에 $x=q_2$, 즉 $x=-4c+3$을 대입하여 구합니다.
이때 $y=-2cq_2+c^2+1=-2c(-4c+3)+c^2+1=9c^2-6c+1=(3c-1)^2$입니다. 점 B의 x좌표는 1번 문제에서 구한 x에 대한 이차방정식 $x^2-(q_2+1+2c)x+c^2+q_2+1=0$의 해와 같습니다.
$q_2=-4c+3$이므로 이를 대입하면 $x^2-(-2c+4)x+c^2-4c+4=0$에서 $x^2+2(c-2)x+(c-2)^2=0$, $(x+c-2)^2=0$입니다. 즉, 점 B의 x좌표는 $-c+2$입니다.
따라서 점 B에서 $x=q_2$에 내린 수선의 발을 H라 하면 $\overline{BH}=-c+2-(-4c+3)=3c-1$이므로 삼각형 AP_2B의 넓이는 $\frac{1}{2}\times\overline{AP_2}\times\overline{BH}=\frac{1}{2}(3c-1)^2(3c-1)=\frac{1}{2}(3c-1)^3$입니다.

또, 포물선 C_2와 선분 P_2B로 둘러싸인 영역의 넓이는
$$\int_\alpha^\beta |a(x-\alpha)(x-\beta)|dx=\frac{|a|}{6}(\beta-\alpha)^3$$ (단, $\alpha<\beta$)임을 이용하면
$$\frac{1}{6}\{-c+2-(-4c+3)\}^3=\frac{1}{6}(3c-1)^3$$
입니다.

그러므로 구하는 영역의 넓이는

$$\frac{1}{2}(3c-1)^3 - \frac{1}{6}(3c-1)^3 = \frac{1}{3}(3c-1)^3$$

입니다.

이상으로 2번 문제의 답변을 마치겠습니다.

3번 문제의 답변을 시작하겠습니다.

(설명과 계산을 시작합니다.)

포물선 C_{k+1}의 방정식은 $y = -(x-a_{k+1})^2 + 1 + b_{k+1} = -x^2 + 2a_{k+1}x - a_{k+1}{}^2 + b_{k+1} + 1$입니다.
조건에 따라 포물선 C_{k+1}은 직선 l에 접하므로
x에 대한 이차방정식 $-x^2 + 2a_{k+1}x - a_{k+1}{}^2 + b_{k+1} + 1 = -2cx + c^2 + 1$은 중근을 가져야 합니다.
이 식을 정리하면 $x^2 - 2(a_{k+1}+c)x + a_{k+1}{}^2 - b_{k+1} + c^2 = 0$이고, 판별식을 D라 할 때, $D = 0$이어야 합니다.
즉, $\dfrac{D}{4} = (a_{k+1}+c)^2 - a_{k+1}{}^2 + b_{k+1} - c^2 = 2ca_{k+1} + b_{k+1} = 0$에서 $b_{k+1} = -2ca_{k+1}$ ⋯ ①입니다.
마찬가지로 포물선 C_k도 직선 l에 접하므로 $b_k = -2ca_k$ ⋯ ②임을 알 수 있습니다.

또한, 포물선 C_{k+1}의 방정식은 x축과의 교점이 $(q_k,\ 0)$, $(q_{k+1},\ 0)$이므로 x에 대한 이차방정식
$-x^2 + 2a_{k+1}x - a_{k+1}{}^2 + b_{k+1} + 1 = 0$의 두 근은 q_k, q_{k+1}입니다.
식 ①을 대입하여 정리하면 $x^2 - 2a_{k+1}x + a_{k+1}{}^2 + 2ca_{k+1} - 1 = 0$ ⋯ ③이고, 이 이차방정식의 두 근은
q_k, q_{k+1}입니다.
마찬가지로 포물선 C_k의 방정식은 x축과의 교점이 $(q_{k-1},\ 0)$, $(q_k,\ 0)$이므로 x에 대한 이차방정식
$-x^2 + 2a_kx - a_k^2 + b_k + 1 = 0$의 두 근은 q_{k-1}, q_k입니다.
식 ②를 대입하여 정리하면 $x^2 - 2a_kx + a_k^2 + 2ca_k - 1 = 0$ ⋯ ④이고, 이 이차방정식의 두 근은 q_{k-1}, q_k입니다.
즉, 두 이차방정식 ③, ④는 공통근 q_k를 갖습니다.

따라서 식 ③−④는 $-2(a_{k+1}-a_k)q_k + (a_{k+1}-a_k)(a_{k+1}+a_k) + 2c(a_{k+1}-a_k) = 0$이고 정리하면
$(a_{k+1}-a_k)(-2q_k + a_{k+1} + a_k + 2c) = 0$입니다. 점 P_{k+1}은 점 P_k와 다르므로 $a_{k+1} \neq a_k$이고,
$-2q_k + a_{k+1} + a_k + 2c = 0$이며 이 일차방정식의 근이 공통근, 즉 q_k입니다.
그러므로 $-2q_k + a_{k+1} + a_k + 2c = 0$이므로 $a_{k+1} = -a_k + 2q_k - 2c$입니다.
또한, $a_{k+1} = \dfrac{q_{k+1} + q_k}{2}$이므로 $q_{k+1} = -q_k + 2a_{k+1} = -q_k + 2(-a_k + 2q_k - 2c) = 3q_k - 2a_k - 4c$입니다.

이상으로 3번 문제의 답변을 마치겠습니다. 감사합니다!

문제 해결의 Tip

[3-1] 계산

포물선 C_2는 포물선 C_1을 평행이동한 포물선이라는 조건과 점 $(1,\ 0)$을 지나고 직선 l과 접한다는 조건으로부터 포물선 C_2의 방정식을 쉽게 구할 수 있습니다.

[3-2] 계산

[3-1]에서 q_2와 c의 관계식과 포물선 C_2의 방정식을 이용하면 구하고자 하는 영역의 넓이를 정적분으로 표현하여 공식을 이용해 구할 수 있습니다.

[3-3] 계산

주어진 조건을 이용하여 a_{k+1}, c, b_{k+1}의 관계식을 구하고 공통근을 갖는 두 이차방정식을 구하면 a_{k+1}, a_k, c, q_k, q_{k+1}의 관계식을 구할 수 있습니다.

- 자연과학대학 수리과학부, 통계학과
- 사범대학 수학교육과
- 자유전공학부
- 농업생명과학대학 조경·지역시스템공학부, 바이오시스템·소재학부, 산림과학부
- 공과대학
- 약학대학

주요 개념

이차함수, 이차방정식, 포물선, 접선, 평행이동, 판별식, 정적분, 수열의 귀납적 정의

서울대학교의 공식 해설

▶ [3-1] 포물선과 직선의 위치 관계를 이용하여 주어진 포물선을 평행이동한 포물선의 방정식을 구할 수 있다.

▶ [3-2] 포물선과 직선의 위치 관계를 이용하여 주어진 도형의 넓이를 정적분으로 표현하고 이를 계산할 수 있다.

▶ [3-3] 주어진 포물선을 평행이동한 포물선의 방정식을 세우고, 그 포물선이 주어진 점을 지난다는 사실과 문제의 조건 으로부터 수열의 귀납적 정의를 유도할 수 있다.

수리 논술

2024학년도 수학 A

※ 제시문을 읽고 문제에 답하시오.

문제 1

곡선 C의 방정식은 $y = x^2 + \dfrac{5}{4}$ 이다. 다음 그림과 같이 점 $A(a, b)$에서 곡선 C에 서로 다른 두 접선을 그을 수 있을 때, 그 두 접선과 곡선 C의 접점을 각각 $P\left(p,\ p^2 + \dfrac{5}{4}\right)$, $Q\left(q,\ q^2 + \dfrac{5}{4}\right)$라고 하자. (단, $p < q$)

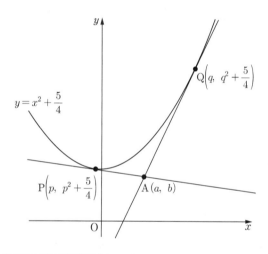

수학 1_A

[1-1]

$\dfrac{\overline{AP}^2 + \overline{AQ}^2}{\overline{PQ}^2}$ 의 값을 p와 q에 대한 식으로 나타내시오.

[1-2]

점 A가 곡선 C와 만나지 않는 직선 $y = \dfrac{3}{2}x$ 위에 있을 때, $\dfrac{\overline{AP}^2 + \overline{AQ}^2}{\overline{PQ}^2}$ 의 값을 점 A의 x좌표 a에 대한 식으로 나타내시오.

[1-3]

실수 a에 대하여 문제 $[1-2]$에서 얻은 식을 $f(a)$라고 하자.

(1) 함수 $y = f(x)$의 최댓값 M과 최솟값 m을 구하시오.

(2) 방정식 $f(x) = t$의 실근의 개수가 하나가 되도록 하는 실수 t (단, $m < t < M$)는 하나뿐임을 보이고, 그때의 t의 값을 구하시오.

[1-4]

곡선 C를 y축의 방향으로 $-\dfrac{1}{4}$만큼 평행이동한 곡선을 C_1이라고 하자. 직선 $y = \dfrac{3}{2}x$ 위의 점 A의 x좌표 a가 문제 $[1-3]$에서 구한 t에 대하여 $f(a) = t$를 만족할 때, 선분 AP, 선분 AQ, 곡선 C_1로 둘러싸인 도형의 넓이를 구하시오.

구상지

1-1

1번 문제의 답변을 시작하겠습니다.

(설명과 계산을 시작합니다.)

각 접점에서의 접선의 방정식을 구하겠습니다.

점 P에서의 접선의 방정식은 $y = 2p(x-p) + p^2 + \dfrac{5}{4} = 2px - p^2 + \dfrac{5}{4}$ 이고,

점 Q에서의 접선의 방정식은 $y = 2q(x-q) + q^2 + \dfrac{5}{4} = 2qx - q^2 + \dfrac{5}{4}$ 입니다.

이 두 접선의 교점을 구하면

$2px - p^2 + \dfrac{5}{4} = 2qx - q^2 + \dfrac{5}{4}$ 에서 $(2p - 2q)x = p^2 - q^2$ 이므로 $x = \dfrac{p+q}{2}$ 입니다.

이것을 접선의 방정식 중 하나에 대입하면 $y = 2p \times \dfrac{p+q}{2} - p^2 + \dfrac{5}{4} = pq + \dfrac{5}{4}$ 이므로

$\mathrm{A}(a,\ b) = \mathrm{A}\left(\dfrac{p+q}{2},\ pq + \dfrac{5}{4} \right)$ 입니다.

두 점 사이의 거리 공식에 의해

$$\overline{\mathrm{AP}}^2 = \left(\dfrac{p-q}{2} \right)^2 + (p^2 - pq)^2 = \dfrac{1}{4}(p-q)^2 + p^2(p-q)^2 = \left(\dfrac{1}{4} + p^2 \right)(p-q)^2,$$

$$\overline{\mathrm{AQ}}^2 = \left(\dfrac{q-p}{2} \right)^2 + (q^2 - pq)^2 = \dfrac{1}{4}(q-p)^2 + q^2(q-p)^2 = \left(\dfrac{1}{4} + q^2 \right)(q-p)^2,$$

$$\overline{\mathrm{PQ}}^2 = (q-p)^2 + (q^2 - p^2)^2 = (q-p)^2 + (q-p)^2(q+p)^2 = \{ 1 + (q+p)^2 \}(q-p)^2$$

입니다.

따라서 구하는 식은

$$\dfrac{\overline{\mathrm{AP}}^2 + \overline{\mathrm{AQ}}^2}{\overline{\mathrm{PQ}}^2} = \dfrac{\left(\dfrac{1}{4} + p^2 \right)(p-q)^2 + \left(\dfrac{1}{4} + q^2 \right)(q-p)^2}{\{ 1 + (q+p)^2 \}(q-p)^2} = \dfrac{\dfrac{1}{2} + p^2 + q^2}{1 + (p+q)^2}$$

입니다.

이상으로 1번 문제의 답변을 마치겠습니다.

2번 문제의 답변을 시작하겠습니다.

(설명과 계산을 시작합니다.)

점 A가 $y = \dfrac{3}{2}x$ 위에 있으므로 $b = \dfrac{3}{2}a$ 입니다.

또한, 1번의 과정에서 얻은 $a = \dfrac{p+q}{2}$, $b = pq + \dfrac{5}{4}$ 로부터

$p + q = 2a$, $pq = b - \dfrac{5}{4} = \dfrac{3}{2}a - \dfrac{5}{4}$ 임을 알 수 있습니다.

따라서

$$p^2 + q^2 = (p+q)^2 - 2pq = (2a)^2 - 2\left(\dfrac{3}{2}a - \dfrac{5}{4}\right) = 4a^2 - 3a + \dfrac{5}{2}$$

이므로

$$\dfrac{\overline{AP}^2 + \overline{AQ}^2}{\overline{PQ}^2} = \dfrac{\dfrac{1}{2} + p^2 + q^2}{1 + (p+q)^2} = \dfrac{\dfrac{1}{2} + 4a^2 - 3a + \dfrac{5}{2}}{1 + 4a^2} = \dfrac{4a^2 - 3a + 3}{4a^2 + 1}$$

입니다.

이상으로 2번 문제의 답변을 마치겠습니다.

3의 (1)번 문제의 답변을 시작하겠습니다.

(설명과 계산을 시작합니다.)

2번으로부터 $f(x) = \dfrac{4x^2 - 3x + 3}{4x^2 + 1}$ 이고

$f'(x) = \dfrac{(8x - 3)(4x^2 + 1) - 8x(4x^2 - 3x + 3)}{(4x^2 + 1)^2} = \dfrac{12x^2 - 16x - 3}{(4x^2 + 1)^2} = \dfrac{(6x + 1)(2x - 3)}{(4x^2 + 1)^2}$ 이므로

$f'(x) = 0$에서 $x = -\dfrac{1}{6}$ 또는 $x = \dfrac{3}{2}$ 입니다.

함수 $y = f(x)$의 그래프의 증가와 감소를 표로 나타내면 다음과 같습니다.

x	$\cdots$	$-\dfrac{1}{6}$	$\cdots$	$\dfrac{3}{2}$	$\cdots$
$f'(x)$	$+$	0	$-$	0	$+$
$f(x)$	↗	$\dfrac{13}{4}$	↘	$\dfrac{3}{4}$	↗

한편, $\lim\limits_{x \to \infty} f(x) = 1$, $\lim\limits_{x \to -\infty} f(x) = 1$입니다.

따라서 최댓값 M은 $\dfrac{13}{4}$, 최솟값 m은 $\dfrac{3}{4}$ 입니다.

3의 (2)번 문제의 답변을 시작하겠습니다.

(설명과 계산을 시작합니다.)

3의 (1)번에서 함수 $y = f(x)$의 그래프의 증가와 감소를 나타낸 표를 이용하여 그래프의 개형을 그리면 다음과 같습니다.

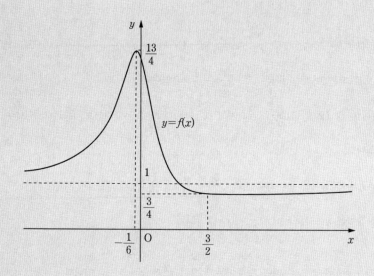

따라서 $\dfrac{3}{4} < t < \dfrac{13}{4}$인 t에 대하여 방정식 $f(x) = t$의 실근의 개수는 곡선 $y = f(x)$와 직선 $y = t$의 교점의 개수와 같으므로 실근의 개수가 하나가 되는 t의 값은 1뿐입니다.

이상으로 3번 문제의 답변을 마치겠습니다.

4번 문제의 답변을 시작하겠습니다.

(설명과 계산을 시작합니다.)

3번으로부터 $t=1$이므로 점 A의 좌표는 $\left(\dfrac{2}{3},\ 1\right)$입니다.

또한, 1번으로부터 $\dfrac{p+q}{2}=a=\dfrac{2}{3}$, $pq+\dfrac{5}{4}=\dfrac{3}{2}a=1$, 즉 $p+q=\dfrac{4}{3}$, $pq=-\dfrac{1}{4}$이므로

p, q를 두 근으로 하는 이차방정식은 $x^2-\dfrac{4}{3}x-\dfrac{1}{4}=0$입니다.

$x^2-\dfrac{4}{3}x-\dfrac{1}{4}=0$, 즉 $12x^2-16x-3=0$에서 $(6x+1)(2x-3)=0$이므로 점 P와 점 Q의 x좌표는 각

각 $-\dfrac{1}{6}$, $\dfrac{3}{2}$입니다.

따라서 직선 AP의 방정식은 $y=2px-p^2+\dfrac{5}{4}=-\dfrac{1}{3}x+\dfrac{11}{9}$이고,

직선 BP의 방정식은 $y=2qx-q^2+\dfrac{5}{4}=3x-1$입니다.

곡선 C를 y축의 방향으로 $-\dfrac{1}{4}$만큼 평행이동한 곡선 C_1은 $y=x^2+1$입니다.

곡선 C_1과 두 직선의 교점의 좌표를 각각 구하면

$x^2+1=-\dfrac{1}{3}x+\dfrac{11}{9}$에서 $9x^2+3x-2=0$, $(3x-1)(3x+2)=0$이므로 $\left(\dfrac{1}{3},\ \dfrac{10}{9}\right)$이고,

$x^2+1=3x-1$에서 $x^2-3x+2=0$, $(x-1)(x-2)=0$이므로 $(1,\ 2)$입니다.

이것을 그림으로 나타내면 다음과 같습니다.

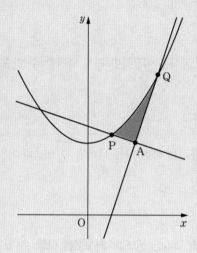

따라서 구하는 넓이는 위의 그림에서 색칠한 부분의 넓이와 같으므로

$$\int_{\frac{1}{3}}^{\frac{2}{3}} \left\{ x^2 + 1 - \left(-\frac{1}{3}x + \frac{11}{9} \right) \right\} dx + \int_{\frac{2}{3}}^{1} \left\{ x^2 + 1 - (3x - 1) \right\} dx$$

$$= \int_{\frac{1}{3}}^{\frac{2}{3}} \left(x^2 + \frac{1}{3}x - \frac{2}{9} \right) dx + \int_{\frac{2}{3}}^{1} (x^2 - 3x + 2) dx$$

$$= \left[\frac{1}{3}x^3 + \frac{1}{6}x^2 - \frac{2}{9}x \right]_{\frac{1}{3}}^{\frac{2}{3}} + \left[\frac{1}{3}x^3 - \frac{3}{2}x^2 + 2x \right]_{\frac{2}{3}}^{1}$$

$$= \frac{11}{162} + \frac{11}{162} = \frac{11}{81}$$

입니다.

이상으로 4번 문제의 답변을 마치겠습니다. 감사합니다!

문제 해결의 Tip

[1-1] 계산

접선을 구하고, 두 점 사이의 거리 공식을 이용하면 쉽게 해결할 수 있습니다.

[1-2] 계산

이차방정식의 근과 계수와의 관계를 이용하면 식을 나타낼 수 있습니다.

[1-3] 계산

도함수를 활용하여 그래프의 개형을 그리면 최댓값, 최솟값을 구할 수 있고, t의 값에 따른 방정식의 해의 개수도 구할 수 있습니다.

[1-4] 계산

평행이동한 곡선의 방정식과 두 직선의 방정식을 이용하여 교점의 좌표를 구한 후, 정적분을 활용하여 곡선과 직선 사이의 넓이를 구할 수 있습니다.

- 자연과학대학(수리학부, 통계학과)
- 사범대학 수학교육과

주요 개념

접선의 방정식, 두 점 사이의 거리, 다항식의 연산, 도함수, 최댓값, 최솟값, 그래프의 개형, 점근선, 정적분, 평행이동

서울대학교의 공식 해설

▶ [1-1] 접선의 방정식을 구할 수 있는지, 두 점 사이의 거리를 구할 수 있는지 평가한다.

▶ [1-2] 다항식의 연산을 통해 식을 정리하여 답을 구할 수 있는지를 평가한다.

▶ [1-3] 도함수를 활용하여 최댓값과 최솟값을 구할 수 있는지 평가하며, 함수의 그래프의 개형을 이용하여 방정식에서의 활용을 이해할 수 있는지 평가한다.

▶ [1-4] 평행이동을 이해하고, 정적분을 이용해서 곡선으로 둘러싸인 도형의 넓이를 구할 수 있는지 평가한다.

2024학년도 수학 B-1, B-2

수리논술

※ 제시문을 읽고 문제에 답하시오.

문제 2

양의 정수 $n(n \geq 2)$에 대하여 수직선 위의 n개의 점 P_1, $\cdots$, P_n이 다음 〈규칙〉에 따라 움직이고 있다.

〈규칙〉

(가) 점 P_k는 수직선 위의 점 $-k$에서 출발하여 속도 v_k로 움직인다.

　즉, 시각 t에서 점 P_k의 위치는 $-k + v_k t$이다.

(나) 모든 점들은 동시에 출발하며, 점들의 속도는 다음을 만족한다.

$$0 < v_1 < \cdots < v_n$$

(다) 두 개 이상의 점이 한 곳에서 만나면 그 점들은 모두 사라진다.

　　　　　　　　　　　(단, 점들이 동시에 같은 위치에 놓이면 "만난다"라고 한다.)

예를 들어 $n = 3$인 경우, 3개의 점들이 움직이는 속도가 $v_1 = 1$, $v_2 = 3$, $v_3 = 4$로 주어지면, 시각 $t = \dfrac{1}{2}$에서 두 점 P_1과 P_2가 수직선 위의 점 $-\dfrac{1}{2}$에서 만나서 사라진다. 점 P_3은 다른 점과 만나서 사라지지 않고 계속 움직인다.

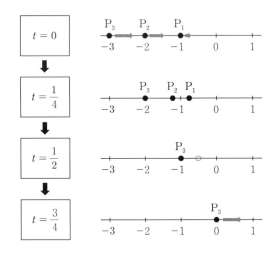

[2-1]

$n=5$인 경우, 5개의 점들이 움직이는 속도가 다음과 같이 주어져 있다.

v_1	v_2	v_3	v_4	v_5
1	4	6	18	20

사라지지 않고 계속 움직이는 점을 구하시오.

[2-2]

$n=7$인 경우, 7개의 점들이 움직이는 속도가 다음과 같이 주어져 있다.

v_1	v_2	v_3	v_4	v_5	v_6	v_7
a	4	7	8	b	15	25

사라지지 않고 계속 움직이는 점이 P_1이 되도록 하는 순서쌍 (a, b)를 모두 구하시오. (단, a, b는 양의 정수)

[2-3]

$n=100$인 경우, 100개의 점들이 움직이는 속도가 다음과 같이 주어져 있다.

$$v_k = \begin{cases} k^2+d & (1 \le k \le 50) \\ k^2+d+9 & (51 \le k \le 100) \end{cases}$$

시각 $t = \dfrac{1}{106}$에서 사라지지 않고 남아 있는 점의 개수를 구하시오. (단, d는 양의 정수이다.)

[2-4]

문제 [2-3]의 상황에서, 100개의 점 중 원점을 통과한 뒤 사라지지 않는 점의 개수가 50이 되도록 하는 양의 정수 d의 개수를 구하시오.

(단, 어떤 점이 원점에서 다른 점과 만나서 사라졌다면, 이 점은 원점을 통과하지 못한 것으로 한다.)

[1-1]

$n = 5$인 경우, 5개의 점들이 움직이는 속도가 다음과 같이 주어져 있다.

v_1	v_2	v_3	v_4	v_5
1	4	6	18	20

사라지지 않고 계속 움직이는 점을 구하시오.

[1-2]

$n = 6$인 경우, 6개의 점들이 움직이는 속도가 다음과 같이 주어져 있다.

v_1	v_2	v_3	v_4	v_5	v_6
13	15	16	17	22	26

원점을 통과한 뒤 사라지는 점의 개수를 구하시오.

[1-3]

$n = 4$인 경우, 4개의 점들이 움직이는 속도가 다음과 같이 주어져 있다.

v_1	v_2	v_3	v_4
12	$3a$	$a+26$	39

단, 제시문의 [규칙]-(나)를 만족하는 실수 a의 범위는 $4 < a < 13$이다.

(1) 가장 먼저 사라지는 점들을 a의 값의 범위에 따라 구하시오.

(2) 두 개의 점만 원점을 통과한 뒤 사라지게 되도록 하는 a의 값의 범위를 구하시오.

(단, 어떤 점이 원점에서 다른 점과 만나서 사라졌다면, 이 점은 원점을 통과하지 못한 것으로 한다.)

구상지

[수학 B_1]

2-1

1번 문제의 답변을 시작하겠습니다.

(설명과 계산을 시작합니다.)

먼저 사라지는 점들은 속도의 차이가 가장 큰 이웃하는 두 점입니다.
즉, 가장 먼저 사라지는 점들은 P_3, P_4입니다.
그리고 남은 점들은 P_1, P_2, P_5이므로 두 번째로 사라지는 점들은 P_2, P_5입니다.

따라서 다른 점과 만나서 사라지지 않고 계속 움직이는 점은 P_1입니다.

이상으로 1번 문제의 답변을 마치겠습니다.

2번 문제의 답변을 시작하겠습니다.

(설명과 계산을 시작합니다.)

이웃하는 점들 간의 속도의 차이를 나타내면 다음과 같습니다.

v_1	v_2	v_3	v_4	v_5	v_6	v_7
a	4	7	8	b	15	25
	$4-a$	3	1	$b-8$	$15-b$	10

$1 \le a \le 3$, $9 \le b \le 14$이므로 $1 \le 4-a \le 3$, $1 \le b-8 \le 6$, $1 \le 15-b \le 6$입니다.
따라서 속도의 차이가 가장 큰 이웃하는 두 점은 P_6, P_7이고, 이 두 점이 가장 먼저 사라집니다.

남아 있는 점들은 P_1, P_2, P_3, P_4, P_5이고, 남은 점들의 이웃하는 점들 간의 속도의 차이를 나타내면 다음과 같습니다.

v_1	v_2	v_3	v_4	v_5
a	4	7	8	b
	$4-a$	3	1	$b-8$

속도의 차이가 가장 큰 이웃하는 두 점부터 사라지므로 $1 \le 4-a \le 3$, $1 \le b-8 \le 6$일 때, $4-a$, 3, 1, $b-8$의 대소 관계를 비교해야 합니다. 그 후에 남은 점들 간의 속도의 차이를 또 비교해야 합니다. 그 과정을 표로 나타내면 다음과 같습니다.

$4-a$	$b-8$	사라지는 점들의 순서	남아있는 점	$(a,\ b)$
	6	$(P_4,\ P_5) \rightarrow (P_2,\ P_3)$	P_1	$(3,\ 14)$
	5	$(P_4,\ P_5) \rightarrow (P_2,\ P_3)$	P_1	$(3,\ 13)$
	4	$(P_4,\ P_5) \rightarrow (P_2,\ P_3)$	P_1	$(3,\ 12)$
1	3	$(P_2,\ P_3,\ P_4,\ P_5)$	P_1	$(3,\ 11)$
	2	$(P_2,\ P_3) \rightarrow (P_1,\ P_4)$	P_5	$(3,\ 10)$
	1	$(P_2,\ P_3) \rightarrow (P_1,\ P_4)$	P_5	$(3,\ 9)$
	6	$(P_4,\ P_5) \rightarrow (P_2,\ P_3)$	P_1	$(2,\ 14)$
	5	$(P_4,\ P_5) \rightarrow (P_2,\ P_3)$	P_1	$(2,\ 13)$
	4	$(P_4,\ P_5) \rightarrow (P_2,\ P_3)$	P_1	$(2,\ 12)$
2	3	$(P_2,\ P_3,\ P_4,\ P_5)$	P_1	$(2,\ 11)$
	2	$(P_2,\ P_3) \rightarrow (P_1,\ P_4)$	P_5	$(2,\ 10)$
	1	$(P_2,\ P_3) \rightarrow (P_1,\ P_4)$	P_5	$(2,\ 9)$

	6	$(P_4,\ P_5) \to (P_1,\ P_2,\ P_3)$	없음	(3, 14)
3	5	$(P_4,\ P_5) \to (P_1,\ P_2,\ P_3)$	없음	(3, 13)
	4	$(P_4,\ P_5) \to (P_1,\ P_2,\ P_3)$	없음	(3, 12)
	3	$(P_1,\ P_2,\ P_3,\ P_4,\ P_5)$	없음	(3, 11)
	2	$(P_1,\ P_2,\ P_3) \to (P_4,\ P_5)$	없음	(3, 10)
	1	$(P_1,\ P_2,\ P_3) \to (P_4,\ P_5)$	없음	(3, 9)

따라서 사라지지 않고 계속 움직이는 점이 P_1이기 위한 순서쌍 $(a,\ b)$는

$(3,\ 14),\ (3,\ 13),\ (3,\ 12),\ (3,\ 11),\ (2,\ 14),\ (2,\ 13),\ (2,\ 12),\ (2,\ 11)$

입니다.

이상으로 2번 문제의 답변을 마치겠습니다.

3번 문제의 답변을 시작하겠습니다.

(설명과 계산을 시작합니다.)

$v_{k+1} - v_k = (k+1)^2 - k^2 = 2k+1$ $(1 \le k \le 49$ 또는 $51 \le k \le 99)$이고

$v_{51} - v_{50} = 51^2 - 50^2 + 9 = 110$이므로 2번과 마찬가지로 이웃하는 점들 간의 속도의 차이를 나타내면 다음과 같습니다.

v_1	v_2	v_3	...	v_{49}	v_{50}	v_{51}	v_{52}	v_{53}	...	v_{98}	v_{99}	v_{100}
3	5		...	99	110	103	105		...		197	199

여기에서 두 점 P_{50}, P_{51}의 속도의 차이는 110임을 유의해야 합니다.

또한, P_k, P_{k+1}이 사라지는 시각은 $\dfrac{1}{v_{k+1} - v_k}$이므로 $t = \dfrac{1}{110}$일 때 남아있는 점들 간의 속도의 차이를 나타내면 다음과 같습니다.

v_1	v_2	v_3	...	v_{48}	v_{49}	v_{52}	v_{53}	v_{54}
3	5		...	97	312	105	107	

두 점 P_k와 P_{k+n}이 사라지는 시각은 $-k + v_k t = -(k+n) + v_{k+n} t$에서 $t = \dfrac{n}{v_{k+n} - v_k}$이므로

두 점 P_{49}, P_{52}의 속도의 차이는 312이고, 이 두 점이 사라지는 시각은 $\dfrac{3}{312} = \dfrac{1}{104}$입니다.

따라서 $t = \dfrac{1}{107}$일 때에는 두 점 P_{53}, P_{54}만 사라지고 나머지 점들은 사라지지 않고 남아 있게 됩니다.

즉, $t = \dfrac{1}{106}$에서 P_1, P_2, ⋯, P_{49}, P_{52}가 남아 있습니다.

그러므로 남아 있는 점의 개수는 50입니다.

이상으로 3번 문제의 답변을 마치겠습니다.

4번 문제의 답변을 시작하겠습니다.

(설명과 계산을 시작합니다.)

3번에서 50개의 점들이 남아 있는 최초의 순간, 사라지는 점들의 위치가 0 이하이고, 그 다음 사라지는 점들의 위치가 0보다 크면 됩니다.

즉, $t = \dfrac{1}{107}$일 때, 두 점 P_{53}, P_{54}가 사라지는 위치는 $-53 + \left(53^2 + d + 9\right) \times \dfrac{1}{107}$ 이므로

$-53 + \left(53^2 + d + 9\right) \times \dfrac{1}{107} \leq 0$ 에서 $d \leq 53 \times 107 - 53^2 - 9 = 2853$ 입니다.

그 다음 사라지는 점들은 P_{49}, P_{52} 이고, 시각은 $t = \dfrac{1}{104}$ 입니다.

이 두 점이 사라지는 위치는 $-49 + \left(49^2 + d\right) \times \dfrac{1}{104}$ 이므로

$-49 + \left(49^2 + d\right) \times \dfrac{1}{104} > 0$ 에서 $d > 49 \times 104 - 49^2 = 2695$ 입니다.

따라서 구하는 d의 값의 범위는 $2695 < d \leq 2853$ 이고, 그 개수는 $2853 - 2695 = 158$ 입니다.

이상으로 4번 문제의 답변을 마치겠습니다. 감사합니다!

문제 해결의 Tip

[수학 B_1]

[2-1] 관찰 및 추론

속도의 차이가 가장 큰 이웃하는 두 점이 가장 먼저 사라진다는 원리를 파악해야 합니다. 이는 직선을 그려서 파악할 수도 있습니다.

[2-2] 계산

[2-1]에서 찾은 원리와 두 점 사이의 속도의 차이를 이용하여 각 경우를 비교하면 해결할 수 있습니다.

[2-3] 계산

[2-1]에서 찾은 원리와 거리의 차이를 이용하면 해결할 수 있습니다.

[2-4] 계산

[2-3]의 결과를 이용하여 두 점이 만나는 위치를 부등식으로 나타내면 양의 정수 d의 개수를 구할 수 있습니다.

• 자연과학대학 (수리과학부, 통계학과)
• 사범대학 수학교육과

주요 개념

일차방정식, 속도, 거리, 일차부등식, 경우의 수, 위치, 연립일차부등식

서울대학교의 공식 해설

▶ [2-1] 방정식을 활용하여 주어진 규칙에 따라 수직선 위를 일정한 속도로 움직이는 점들의 위치 관계를 이해할 수 있는 지 평가한다.

▶ [2-2] 주어진 규칙에 따라 수직선 위를 일정한 속도로 움직이는 점들의 위치 관계를 이해하여 경우의 수를 셀 수 있는 지 평가한다.

▶ [2-3] 주어진 규칙에 따라 수직선 위를 일정한 속도로 움직이는 점들의 속도와 거리에 대한 문제를 해결할 수 있는지 평가한다.

▶ [2-4] 주어진 규칙에 따라 수직선 위를 일정한 속도로 움직이는 점들의 위치 관계와 움직인 거리를 미지수 한 개에 대한 연립일차부등식을 이용하여 이해할 수 있는지 평가한다.

[수학 B_2]

1-1

1번 문제의 답변을 시작하겠습니다.

(설명과 계산을 시작합니다.)

먼저 사라지는 점들은 속도의 차이가 가장 큰 이웃하는 두 점입니다.
즉, 가장 먼저 사라지는 점들은 P_3, P_4입니다.
그리고 남은 점들은 P_1, P_2, P_5이므로 두 번째로 사라지는 점들은 P_2, P_5입니다.

따라서 다른 점과 만나서 사라지지 않고 계속 움직이는 점은 P_1입니다.

이상으로 1번 문제의 답변을 마치겠습니다.

2번 문제의 답변을 시작하겠습니다.

(설명과 계산을 시작합니다.)

1번과 마찬가지 원리로 사라지는 점들의 순서를 알 수 있습니다.
따라서 사라지는 점들의 순서와 그때의 위치를 파악하겠습니다.

가장 먼저 사라지는 점들은 P_4, P_5이고, 이 점들이 만날 때의 시각은 $-4+17t=-5+22t$이므로 $t=\dfrac{1}{5}$입니다. 이때의 위치는 $-4+\dfrac{17}{5}=-\dfrac{3}{5}$입니다.

남은 점들이 P_1, P_2, P_3, P_6이므로 두 번째로 사라지는 점들은 P_3, P_6입니다. 이 점들이 만날 때의 시각은 $-3+16t=-6+26t$이므로 $t=\dfrac{3}{10}$입니다. 이때의 위치는 $-3+\dfrac{48}{10}=\dfrac{18}{10}=\dfrac{9}{5}$입니다.

남은 점들은 P_1, P_2이고, 이 두 점이 만날 때의 시각은 $-1+13t=-2+15t$이므로 $t=\dfrac{1}{2}$입니다. 이때의 위치는 $-1+\dfrac{13}{2}=\dfrac{11}{2}$입니다.

따라서 원점을 통과한 뒤 사라지는 점들은 P_1, P_2, P_3, P_6으로 총 4개입니다.

이상으로 2번 문제의 답변을 마치겠습니다.

3의 (1)번 문제의 답변을 시작하겠습니다.

(설명과 계산을 시작합니다.)

이웃하는 점들 간의 속도의 차이를 나타내면 다음과 같습니다.

v_1	v_2	v_3	v_4
12	$3a$	$a+26$	39
	$3a-12$	$26-2a$	$13-a$

따라서 이 세 값의 크기를 비교하면 가장 먼저 사라지는 점들을 알 수 있습니다.

(ⅰ) $3a-12$가 최대일 때

$3a-12 > 26-2a$에서 $a > \dfrac{38}{5}$이고, $3a-12 > 13-a$에서 $a > \dfrac{25}{4}$이므로 두 부등식을 모두 만족하는 a의 값의 범위는 $a > \dfrac{38}{5}$입니다.

즉, $\dfrac{38}{5} < a < 13$일 때는 두 점 P_1, P_2가 가장 먼저 사라집니다.

(ⅱ) $26-2a$가 최대일 때

$26-2a > 3a-12$에서 $a < \dfrac{38}{5}$이고, $26-2a > 13-a$에게 $a < 13$이므로 두 부등식을 모두 만족하는 a의 값의 범위는 $a < \dfrac{38}{5}$입니다.

즉, $4 < a < \dfrac{38}{5}$일 때는 두 점 P_2, P_3이 가장 먼저 사라집니다.

(ⅲ) $13-a$가 최대일 때

$13-a > 3a-12$에서 $a < \dfrac{25}{4}$, $13-a > 26-2a$에서 $a > 13$이므로 두 부등식을 모두 만족하는 a의 값은 존재하지 않습니다.

즉, 두 점 P_3, P_4는 가장 먼저 사라질 수 없습니다.

(ⅰ), (ⅱ), (ⅲ)에서

$4 < a < \dfrac{38}{5}$일 때는 두 점 P_2, P_3이 가장 먼저 사라지고,

$a = \dfrac{38}{5}$일 때는 세 점 P_1, P_2, P_3이 가장 먼저 사라지며,

$\dfrac{38}{5} < a < 13$일 때는 두 점 P_1, P_2가 가장 먼저 사라집니다.

3의 (2)번 문제의 답변을 시작하겠습니다.

(설명과 계산을 시작합니다.)

두 개의 점만 원점을 통과한 뒤 사라지려면 가장 먼저 없어지는 두 점의 만나는 위치가 0보다 작거나 같고, 이후에 사라지는 두 점의 만나는 위치가 0보다 커야 합니다.

따라서 3의 (1)번으로부터 분류하면

(ⅰ) $4 < a < \dfrac{38}{5}$ 일 때

가장 먼저 사라지는 두 점 P_2, P_3이 만날 때의 시각은

$-2 + 3at = -3 + (a + 26)t$ 이므로 $t = \dfrac{1}{26 - 2a}$ 이고,

위치는 $x = -2 + \dfrac{3a}{26 - 2a} = \dfrac{7a - 52}{26 - 2a}$ 입니다.

이때 이 위치가 원점을 통과하지 못한 위치이어야 하므로 $\dfrac{7a - 52}{26 - 2a} \leq 0$, 즉 $a \leq \dfrac{52}{7}$ 입니다.

이후에 사라지는 두 점 P_1, P_4가 만날 때의 시각은

$-1 + 12t = -4 + 39t$ 이므로 $t = \dfrac{1}{9}$ 이고, 위치는 $x = -1 + \dfrac{12}{9} = \dfrac{1}{3}$ 입니다.

이때 이 위치가 원점을 지난 위치이므로 문제의 조건을 만족합니다.

따라서 a의 값의 범위는 $4 < a \leq \dfrac{52}{7}$ 입니다.

(ⅱ) $a = \dfrac{38}{5}$ 일 때

세 점 P_1, P_2, P_3이 동시에 사라지므로 문제의 조건을 만족하지 않습니다.

(ⅲ) $\dfrac{38}{5} < a < 13$ 일 때

가장 먼저 사라지는 두 점 P_1, P_2의 만날 때의 시각은 $-1 + 12t = -2 + 3at$ 이므로 $t = \dfrac{1}{3a - 12}$ 이고,

위치는 $x = -1 + \dfrac{12}{3a - 12} = \dfrac{-3a + 24}{3a - 12}$ 입니다.

이때 이 위치는 원점을 통과하지 못한 위치이어야 하므로 $\dfrac{-3a + 24}{3a - 12} \leq 0$, 즉 $a \geq 8$입니다.

이후에 사라지는 두 점 P_3, P_4가 만날 때의 시각은

$-3 + (a + 26)t = -4 + 39t$ 이므로 $t = \dfrac{1}{13 - a}$ 이고,

위치는 $x = -3 + \dfrac{a + 26}{13 - a} = \dfrac{4a - 13}{13 - a}$ 입니다.

이때 이 위치는 원점을 지난 위치이므로 문제의 조건을 만족합니다. 즉, $a > \dfrac{13}{4}$ 입니다.

따라서 a의 값의 범위는 $8 \leq a < 13$입니다.

(i), (ii), (iii)에서 구하는 a의 값의 범위는 $4 < a \leq \dfrac{52}{7}$ 또는 $8 \leq a < 13$입니다.

이상으로 3번 문제의 답변을 마치겠습니다. 감사합니다!

문제 해결의 Tip

[수학 B_2]

[1-1] 관찰 및 추론

속도의 차이가 가장 큰 이웃하는 두 점이 가장 먼저 사라진다는 원리를 파악해야 합니다. 이는 직선을 그려서 파악할 수도 있습니다.

[1-2], [1-3] 계산

[1-1]에서 찾은 원리를 적용하여 두 점의 만나는 위치를 파악하면 쉽게 해결할 수 있습니다.

- 경영대학
- 농업생명과학대학(농경제사회학부)
- 생활과학대학(소비자아동학부 소비자학 전공, 의류학과)
- 자유전공학부

주요 개념

일차방정식, 속도, 거리, 위치, 연립일차부등식

서울대학교의 공식 해설

▶ [1-1] 방정식을 활용하여 주어진 규칙에 따라 수직선 위를 일정한 속도로 움직이는 점들의 위치 관계를 이해할 수 있는지 평가한다.

▶ [1-2] 수직선 위를 일정한 속도로 움직이는 점들의 위치 관계와 움직인 거리를 이해할 수 있는지 평가한다.

▶ [1-3] 연립일차부등식을 적절히 활용하여 수직선 위를 일정한 속도로 움직이는 점들의 위치 관계를 이해할 수 있는지 평가한다.

수리 논술

2024학년도 수학 C

※ 제시문을 읽고 문제에 답하시오.

문제 1

다음 그림과 같이 양의 정수 $n(n \geq 3)$에 대하여 점 (n, n), $(n+1, n)$, $(n+1, n+1)$, $(n, n+1)$을 꼭짓점으로 하는 정사각형 X와 점 $(1, 1)$, $(2, 1)$, $(2, 2)$, $(1, 2)$를 꼭짓점으로 하는 정사각형 Y가 좌표평면 위에 있다.

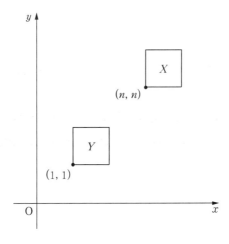

[1-1]

실수 a에 대하여 기울기가 a인 직선 $y = ax + b$가 X와 적어도 한 점에서 만나기 위한 y절편 b의 최댓값과 최솟값을 구하시오.

[1-2]

문제 [1-1]에서 구한 b의 최댓값을 $p(a)$, 최솟값을 $q(a)$라고 하자. 함수 $y = p(x)$와 $y = q(x)$에 대하여 다음 정적분의 값을 구하시오.

$$\int_{-2}^{2} \{p(x) - q(x)\}dx$$

[1-3]

실수 a에 대하여 기울기가 a인 직선 $y = ax + b$가 Y와 적어도 한 점에서 만나기 위한 y절편 b의 최댓값을 $r(a)$, 최솟값을 $s(a)$라고 하자. 함수

$$y = p(x), \ y = q(x), \ y = r(x), \ y = s(x)$$

의 그래프로 둘러싸인 도형의 넓이를 S_n이라고 할 때, S_3의 값을 구하시오.

(단, $y = p(x)$, $y = q(x)$는 문제 [1-2]에서 구한 함수이다.)

[1-4]

극한값 $\lim\limits_{n \to \infty} nS_n$을 구하시오. (단, S_n은 문제 [1-3]에서 제시한 넓이이다.)

예시 답안

1-1

1번 문제의 답변을 시작하겠습니다.

(설명과 계산을 시작합니다.)

기울기 a의 부호에 따라 분류하겠습니다.

(i) $a < 0$일 때,

b의 최댓값은 직선이 점 $(n+1,\ n+1)$을 지날 때이므로 이때의 b의 값은 $(n+1) - a(n+1)$이고,

b의 최솟값은 직선이 점 $(n,\ n)$을 지날 때이므로 이때의 b의 값은 $n - an$입니다.

(ii) $a \geq 0$일 때,

b의 최댓값은 직선이 점 $(n,\ n+1)$을 지날 때이므로 이때의 b의 값은 $(n+1) - an$이고,

b의 최솟값은 직선이 점 $(n+1,\ n)$을 지날 때이므로 이때의 b의 값은 $n - a(n+1)$입니다.

이상으로 1번 문제의 답변을 마치겠습니다.

2번 문제의 답변을 시작하겠습니다.

(설명과 계산을 시작합니다.)

1번의 결과를 이용하여 $p(a)$와 $q(a)$를 정리하면 다음과 같습니다.

$$p(a)=\begin{cases}(n+1)-a(n+1) & (a<0) \\ (n+1)-an & (a\geq 0)\end{cases}, \quad q(a)=\begin{cases}n-an & (a<0) \\ n-a(n+1) & (a\geq 0)\end{cases}$$

입니다.

즉, $p(x)$와 $q(x)$는 다음과 같습니다.

$$p(x)=\begin{cases}(n+1)-(n+1)x & (x<0) \\ (n+1)-nx & (x\geq 0)\end{cases}, \quad q(x)=\begin{cases}n-nx & (x<0) \\ n-(n+1)x & (x\geq 0)\end{cases}$$

x의 값의 범위에 따라 $p(x)-q(x)$를 정리하면

$x<0$일 때, $p(x)-q(x)=(n+1)-(n+1)x-n+nx=1-x$,

$x\geq 0$일 때, $p(x)-q(x)=(n+1)-nx-n+(n+1)x=1+x$

입니다.

따라서

$$\int_{-2}^{2}\{p(x)-q(x)\}dx=\int_{-2}^{0}(1-x)dx+\int_{0}^{2}(1+x)dx$$

$$=\left[x-\frac{1}{2}x^2\right]_{-2}^{0}+\left[x+\frac{1}{2}x^2\right]_{0}^{2}$$

$$=\{0-(-2-2)\}+(2+2)=8$$

입니다.

이상으로 2번 문제의 답변을 마치겠습니다.

3번 문제의 답변을 시작하겠습니다.

(설명과 계산을 시작합니다.)

$r(x)$는 $n=1$일 때 $p(x)$와 같고, $s(x)$는 $n=1$일 때 $q(x)$와 같으므로

$$r(x)=\begin{cases}2-2x & (x<0)\\ 2-x & (x\geq 0)\end{cases},\quad s(x)=\begin{cases}1-x & (x<0)\\ 1-2x & (x\geq 0)\end{cases}$$

입니다.

또한, $r(x)$와 $s(x)$는 정사각형 Y가 고정되어 있으므로 n의 값에 따라 변하지 않습니다.

이제 S_3의 값을 구하기 위해 $n=3$일 때 $p(x)$, $q(x)$를 구하면

$$p(x)=\begin{cases}4-4x & (x<0)\\ 4-3x & (x\geq 0)\end{cases},\quad q(x)=\begin{cases}3-3x & (x<0)\\ 3-4x & (x\geq 0)\end{cases}$$

입니다.

이 네 직선 $y=p(x)$, $y=q(x)$, $y=r(x)$, $y=s(x)$와 그 교점을 그림으로 나타내면 다음과 같습니다.

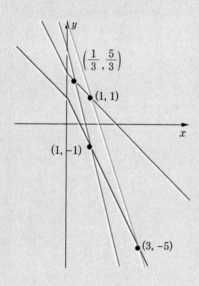

따라서 S_3은 두 점 $(1, 1)$, $(1, -1)$을 이은 선분을 공통변으로 하는 두 삼각형의 넓이의 합과 같으므로

$$\frac{1}{2} \times 2 \times \left(1 - \frac{1}{3}\right) + \frac{1}{2} \times 2 \times (3-1) = \frac{2}{3} + 2 = \frac{8}{3}$$

입니다.

이상으로 3번 문제의 답변을 마치겠습니다.

4번 문제의 답변을 시작하겠습니다.

(설명과 계산을 시작합니다.)

2번에서 구한 $y = p(x)$와 $y = q(x)$, 3번에서 구한 $y = r(x)$와 $y = s(x)$에 대하여 네 직선 $y = p(x)$, $y = q(x)$, $y = r(x)$, $y = s(x)$와 그 교점을 그림으로 나타내면 다음과 같습니다.

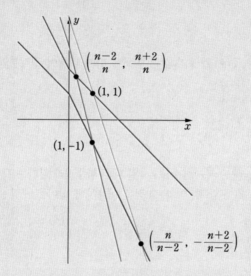

S_n은 두 점 $(1,\ 1)$, $(1,\ -1)$을 이은 선분을 공통변으로 하는 두 삼각형의 넓이의 합과 같으므로

$$\frac{1}{2} \times 2 \times \left(1 - \frac{n-2}{n}\right) + \frac{1}{2} \times 2 \times \left(\frac{n}{n-2} - 1\right) = \frac{2}{n} + \frac{2}{n-2} = \frac{4n-4}{n(n-2)}$$

입니다.

따라서

$$\lim_{n \to \infty} n S_n = \lim_{n \to \infty} \frac{n(4n-4)}{n(n-2)} = \lim_{n \to \infty} \frac{4 - \dfrac{4}{n}}{1 - \dfrac{2}{n}} = 4$$

입니다.

이상으로 4번 문제의 답변을 마치겠습니다. 감사합니다!

문제 해결의 Tip

[1-1] 관찰 및 계산

기울기 a의 부호에 따라 분류하여 직선의 방정식을 구한 후, 이 직선이 X의 꼭짓점을 지날 때 y절편이 최댓값 또는 최솟값을 가짐을 이용하면 됩니다.

[1-2] 계산

[1-1]에서 구한 함수식 $p(x)$, $q(x)$를 x의 값의 범위에 따라 나누어 정적분의 성질을 이용하여 적분하면 넓이를 구할 수 있습니다.

[1-3] 계산

함수식 $r(x)$, $s(x)$는 함수식 $p(x)$, $q(x)$에서 $n=1$일 때의 함수식과 같다는 것을 파악할 수 있습니다. 이때 함수식을 연립하여 풀면 교점을 구할 수 있고, 교점을 이용하여 넓이를 구할 수 있습니다.

[1-4] 계산

[1-3]과 마찬가지로 네 직선의 교점을 구하여 넓이를 n에 대한 식으로 나타낸 뒤 함수의 극한의 성질을 이용하여 계산하면 됩니다.

- 공과대학
- 농업생명과학대학(산림과학부, 조경·지역시스템공학부, 바이오시스템·소재학부)
- 약학대학
- 첨단융합학부
- 자유전공학부

주요 개념

직선의 방정식, 정적분, 거리, 수열의 극한

서울대학교의 공식 해설

▶ [1-1] 직선의 방정식을 이해하고 조건을 만족하는 직선의 방정식을 구한다.

▶ [1-2] 범위에 따라 다르게 정의되는 함수의 정적분을 계산한다.

▶ [1-3] 직선의 방정식을 이해하고 조건을 만족하는 직선의 방정식을 구한다.

▶ [1-4] 문제 [1-3]과 같은 방식으로 함수를 구하고, 함수의 그래프로 둘러싸인 도형의 넓이를 구한다. 이를 통해 수열의 극한값을 계산한다.

수리
논술

2024학년도 수학 D

※ 제시문을 읽고 문제에 답하시오.

문제 2

앞면이 나올 확률이 p, 뒷면이 나올 확률이 q인 동전이 있다. (단, $0 < p < 1$이고 $q = 1-p$이다.) 이 동전을 던져서 앞면이 나오면 H, 뒷면이 나오면 T라고 나타내자. 주어진 양의 정수 $n(n \geq 3)$에 대해 두 선수 A와 B가 다음 〈규칙〉을 따르는 게임을 한다.

─── 〈규칙〉 ───

(가) A와 B는 각각 네 장의 카드 HH, HT, TH, TT 중 1장씩 선택한다.

(단, A와 B는 서로 다른 카드를 선택한다.)

(나) 심판이 동전을 반복하여 던지다가 연속하여 나온 결과가 A 또는 B가 선택한 카드에 적힌 것과 동일하게 나오는 순간, 해당 카드를 선택한 선수의 승리를 선언하고 동전 던지기를 멈춘다.

(다) 동전을 n번 던졌을 때까지 승자가 없는 경우 무승부를 선언하고 동전 던지기를 멈춘다.

예를 들어 $n = 5$이고 A와 B가 각각 HT 와 HH 를 선택했을 때 동전을 던져 나온 결과에 따른 승부는 다음과 같다.

결과	승부
T H T	A 승리
T T H H	B 승리
T T T T H	무승부

A가 승리할 확률을 a_n, B가 승리할 확률을 b_n, 무승부일 확률을 c_n이라고 하자.

[2-1]

$n = 3$이고 $p = \dfrac{1}{4}$인 경우, A와 B가 각각 HT 와 TH 를 선택했을 때, a_3과 b_3을 구하시오.

[2-2]

주어진 양의 정수 $n(n \geq 3)$에 대하여 A와 B가 각각 HT 와 TH 를 선택했을 때, $a_n = b_n$이 성립하도록 하는 p를 모두 구하시오.

[2-3]

A와 B가 각각 HH 와 TH 를 선택했다. 두 극한값 $\lim_{n \to \infty} a_n$과 $\lim_{n \to \infty} b_n$이 같도록 하는 p를 구하고, 그때의 p의 값에 대하여 $a_m > b_m$이 성립하도록 하는 $m\,(m \geq 3)$의 범위를 구하시오.

[2-4]

제시문의 〈규칙〉-(가)를 변형하여 선택할 수 있는 카드에 HHT 를 추가하자. (단, 나머지 규칙은 동일하다.) A는 HHT 를 선택하고 B는 TH 를 선택했다. 두 극한값 $\lim_{n \to \infty} a_n$과 $\lim_{n \to \infty} b_n$이 같도록 하는 p를 구하고, 그때의 p의 값에 대하여 $a_m < b_m$이 성립하도록 하는 $m\,(m \geq 3)$의 범위를 구하시오.

예시 답안

2-1

1번 문제의 답변을 시작하겠습니다.

(설명과 계산을 시작합니다.)

A가 승리하는 경우는 문자를 배열할 때 TH가 나타나지 않고, HT로 끝나야 합니다.
즉, 결과가 HT와 HHT일 때입니다.

따라서 $p = \dfrac{1}{4}$이면 $q = \dfrac{3}{4}$이므로

$$a_3 = \frac{1}{4} \times \frac{3}{4} + \frac{1}{4} \times \frac{1}{4} \times \frac{3}{4} = \frac{15}{64}$$

입니다.

B가 승리하는 경우는 문자를 배열할 때 HT는 나타나지 않고, TH로 끝나야 합니다.
즉, 결과가 TH와 TTH일 때입니다.

따라서 $p = \dfrac{1}{4}$이면 $q = \dfrac{3}{4}$이므로

$$b_3 = \frac{3}{4} \times \frac{1}{4} + \frac{3}{4} \times \frac{3}{4} \times \frac{1}{4} = \frac{21}{64}$$

입니다.

이상으로 1번 문제의 답변을 마치겠습니다.

2번 문제의 답변을 시작하겠습니다.

(설명과 계산을 시작합니다.)

1번으로부터

A가 승리하는 경우는 문자를 배열할 때 TH가 나타나지 않고, HT로 끝나야 합니다.

즉, 결과는 HT, HHT, HHHT, HHHHT, …이어야 합니다.

따라서

$$a_n = pq + p^2q + p^3q + p^4q + \cdots + p^{n-1}q = \frac{pq(1-p^{n-1})}{1-p} = p(1-p^{n-1})$$

입니다.

마찬가지로

B가 승리하는 경우는 문자를 배열할 때 HT가 나타나지 않고, TH로 끝나야 합니다.

즉, 결과가 TH, TTH, TTTH, TTTTH, …이어야 합니다.

따라서

$$b_n = pq + pq^2 + pq^3 + pq^4 + \cdots + pq^{n-1} = \frac{pq(1-q^{n-1})}{1-q} = q(1-q^{n-1})$$

입니다.

위의 결과를 이용하여 $a_n = b_n$이 성립하기 위해서는

$p(1-p^{n-1}) = q(1-q^{n-1})$ 에서

$(p-q)\{1-(p^{n-1}+p^{n-2}q+p^{n-3}q^2+\cdots+pq^{n-2}+q^{n-1})\}=0$ $\cdots\cdots$ (*)

이어야 합니다.

이때

$1-(p^{n-1}+p^{n-2}q+p^{n-3}q^2+\cdots+pq^{n-2}+q^{n-1})$

$=(p+q)^{n-1}-(p^{n-1}+p^{n-2}q+p^{n-3}q^2+\cdots+pq^{n-2}+q^{n-1})$

$={}_{n-1}\mathrm{C}_0 p^{n-1}+{}_{n-1}\mathrm{C}_1 p^{n-2}q+{}_{n-1}\mathrm{C}_2 p^{n-3}q^2+\cdots+{}_{n-1}\mathrm{C}_{n-2}pq^{n-2}+{}_{n-1}\mathrm{C}_{n-1}q^{n-1}$

$\quad -(p^{n-1}+p^{n-2}q+p^{n-3}q^2+\cdots+pq^{n-2}+q^{n-1})$

$=\displaystyle\sum_{k=1}^{n-2}({}_{n-1}\mathrm{C}_k-1)p^{n-1-k}q^k$

이고 ${}_{n-1}\mathrm{C}_k > 1$이므로 $\displaystyle\sum_{k=1}^{n-2}({}_{n-1}\mathrm{C}_k-1)p^{n-1-k}q^k > 0$입니다.

따라서 (*)에서 $p-q=0$, 즉 $p=q$이고 $q=1-p$이므로 $p=\dfrac{1}{2}$ 입니다.

이상으로 2번 문제의 답변을 마치겠습니다.

3번 문제의 답변을 시작하겠습니다.

(설명과 계산을 시작합니다.)

A가 승리하는 경우는 문자를 배열할 때 TH가 나타나지 않고, HH로 끝나야 합니다.
즉, 결과는 HH뿐입니다.
따라서 $\lim\limits_{n \to \infty} a_n = \lim\limits_{n \to \infty} p^2 = p^2$입니다.

B가 승리하는 경우는 문자를 배열할 때 H가 연속해서 나오면 안 되고, TH로 끝나야 합니다.
즉, 결과는 TH, HTH, TTH, HTTH, TTTH, HTTTH, TTTTH, …입니다.
따라서

$$\lim\limits_{n \to \infty} b_n = pq + p^2q + pq^2 + p^3q + pq^3 + p^4q + pq^4 + \cdots$$

$$= pq + pq(p+q) + pq^2(p+q) + pq^3(p+q) + \cdots$$

$$= pq + (pq + pq^2 + pq^3 + \cdots)$$

$$= pq + \frac{pq}{1-q} = pq + q = q(1+p) = (1-p)(1+p)$$

$$= 1 - p^2$$

입니다.

위의 결과를 이용하여 $\lim\limits_{n \to \infty} a_n = \lim\limits_{n \to \infty} b_n$이 성립하도록 하는 p를 구하면

$p^2 = 1 - p^2$에서 $2p^2 = 1$이므로 $p = \dfrac{1}{\sqrt{2}} = \dfrac{\sqrt{2}}{2}$입니다.

이때 $a_m = p^2 = \dfrac{1}{2}$이고,

$$b_m = pq + (pq + pq^2 + \cdots + pq^{m-2}) = pq + \frac{pq(1 - q^{m-2})}{1-q} = pq + q - q^{m-1}$$

$$= q(1+p) - q^{m-1} = (1-p)(1+p) - q^{m-1} = 1 - p^2 - q^{m-1}$$

$$= \frac{1}{2} - q^{m-1}$$

이므로 $a_m - b_m = q^{m-1}$이며 q^{m-1}은 항상 0보다 큽니다.

따라서 $a_m > b_m$이 성립하도록 하는 m의 값의 범위는 $m \geq 3$입니다.

이상으로 3번 문제의 답변을 마치겠습니다.

4번 문제의 답변을 시작하겠습니다.

(설명과 계산을 시작합니다.)

A가 승리하는 경우는 문자를 배열할 때 TH가 나타나지 않고, HHT로 끝나야 합니다.
즉, 결과는 HHT, HHHT, HHHHT, …
입니다.
따라서

$$\lim_{n \to \infty} a_n = p^2q + p^3q + p^4q + \cdots = \frac{p^2q}{1-p} = p^2$$

입니다.

B가 승리하는 경우는 3번에서 구한 B가 승리하는 경우와 같습니다. 즉, $\lim_{n \to \infty} b_n = 1 - p^2$입니다.

위의 결과를 이용하여 $\lim_{n \to \infty} a_n = \lim_{n \to \infty} b_n$이 성립하도록 하는 p를 구하면

$p^2 = 1 - p^2$에서 $2p^2 = 1$이므로 $p = \dfrac{1}{\sqrt{2}} = \dfrac{\sqrt{2}}{2}$ 입니다.

또한, 이때의 $p = \dfrac{\sqrt{2}}{2}$ 에 대하여

$$a_m = p^2q + p^3q + p^4q + \cdots + p^{m-1}q = \frac{p^2q(1-p^{m-2})}{1-p} = p^2 - p^m = \frac{1}{2} - p^m$$이며

b_m은 3번에서 구한 것과 동일하므로 $b_m = 1 - p^2 - q^{m-1} = \dfrac{1}{2} - q^{m-1}$입니다.

따라서 $b_m - a_m = p^m - q^{m-1}$입니다.

$p = \dfrac{\sqrt{2}}{2} > \dfrac{1}{2}$에서 $0 < q < \dfrac{1}{2}$이므로 $0 < q < \dfrac{1}{2} < p < 1$입니다.
이것을 이용하면

$$
\begin{aligned}
b_m - a_m &= p^m - q^{m-1} = p^2 \times p^{m-2} - q \times q^{m-2} \\
&= \frac{1}{2}p^{m-2} - q \times q^{m-2} \\
&> \frac{1}{2}p^{m-2} - \frac{1}{2}q^{m-2} \\
&> \frac{1}{2}\left(p^{m-2} - q^{m-2}\right)
\end{aligned}
$$

입니다.

따라서 $b_m > a_m$이 성립하도록 하는 m의 값의 범위는 $\frac{1}{2}\left(p^{m-2} - q^{m-2}\right) > 0$을 만족시켜야 하므로 $m \geq 3$입니다.

이상으로 4번 문제의 답변을 마치겠습니다. 감사합니다!

┃ 문제 해결의 Tip

[2-1] 계산

$n=3$일 때 문제가 요구하는 경우의 문자 배열을 찾아 확률의 곱셈을 이용하면 쉽게 해결할 수 있습니다.

[2-2] 계산

$n \geq 3$일 때 문제가 요구하는 경우의 문자 배열을 찾으면 확률을 구할 수 있습니다. 이때의 확률이 등비수열의 합의 꼴임을 파악하면 p의 값을 구할 수 있습니다.

[2-3], [2-4] 계산

[2-2]의 풀이 과정과 유사하므로 2번의 결과와 과정을 이용하여 문제를 해결합니다.

- 공과대학
- 농업생명과학대학(산림과학부, 조경·지역시스템공학부, 바이오시스템·소재학부)
- 약학대학
- 첨단융합학부

주요 개념

지수함수와 로그함수, 수열, 확률, 수열의 극한

서울대학교의 공식 해설

▶ [2-1] 합의 법칙과 곱의 법칙을 이용하여 각 사건의 확률을 계산할 수 있는지 평가한다.

▶ [2-2] 합의 법칙과 곱의 법칙을 이용하여 각 사건의 확률을 계산할 수 있는지 평가한다.

▶ [2-3] 합의 법칙과 곱의 법칙을 이용하여 각 사건의 확률을 계산할 수 있는지 평가한다. 등비수열의 합과 수열의 극한을 이해하고 있는지 평가한다.

▶ [2-4] 합의 법칙과 곱의 법칙을 이용하여 각 사건의 확률을 계산할 수 있는지 평가한다. 등비수열의 합과 수열의 극한을 이해하고 있는지 평가한다.

4부

모의 면접 및 구술고사

수학 (1)

수학 (2)

수학 (3)

2025 서울대 구술면접
자연계열

수학 (1)

문제 1

좌표평면 위에 두 개의 원

$$C_0 : x^2 + \left(y - \frac{1}{2}\right)^2 = \frac{1}{4}, \quad C_1 : (x-1)^2 + \left(y - \frac{1}{2}\right)^2 = \frac{1}{4}$$

에 대하여 원 C_2는 x축에 접하고, 원 C_0, C_1과 외접한다고 하자.

마찬가지로 원 C_{n+1}은 x축에 접하고, 원 C_{n-1}, C_n과 외접한다고 하자.

(단, 원 C_{n+1}과 원 C_{n-2}는 서로 다른 원이다.)

원 C_n의 반지름의 길이를 r_n, x축과의 접점을 $(x_n,\ 0)$이라 하고,

p_n, q_n에 대하여 $p_n = \dfrac{1}{\sqrt{2r_n}}$, $q_n = p_n x_n$이라 할 때, 다음 물음에 답하시오. (단, n은 2 이상의 정수이다.)

[1-1]

p_n이 정수임을 보이시오.

[1-2]

q_n이 정수이고, p_n과 q_n이 서로소임을 보이시오.

[1-3]

α가 $\alpha = \dfrac{1}{1+\alpha}$을 만족하는 양수일 때, 부등식

$$|x_{n+1} - \alpha| < \frac{2}{3}|x_n - \alpha|$$

이 성립함을 보이고, $\displaystyle\lim_{n\to\infty} x_n$의 값을 구하시오.

구상지

1-1

1번 문제의 답변을 시작하겠습니다.

주어진 조건에 맞게 원 C_4까지 그리면 다음 그림과 같습니다.

(칠판에 그래프 또는 그림을 그립니다.)

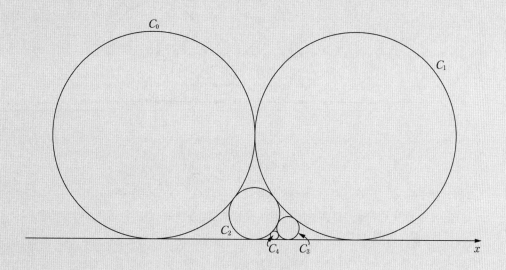

(설명과 계산을 시작합니다.)

그림에서 2 이상인 n에 대하여 n이 홀수일 때와 n이 짝수일 때
접점 x_{n-1}, x_n, x_{n+1}의 대소 관계가 달라진다는 것을 알 수 있습니다.
즉, n이 홀수일 때에는 $x_{n-1} < x_{n+1} < x_n$이고, n이 짝수일 때에는 $x_n < x_{n+1} < x_{n-1}$입니다.
이것을 분류하여 그림을 그려 보겠습니다.

(ⅰ) n이 홀수인 경우

(칠판에 그래프 또는 그림을 그립니다.)

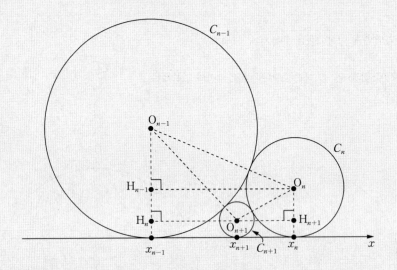

(설명과 계산을 시작합니다.)

그림과 같이 원 C_{n-1}, C_n, C_{n+1}의 중심을 각각 O_{n-1}, O_n, O_{n+1}이라 하고,
크기가 작은 원의 중심에서 외접하는 큰 원의 중심과 접점을 이은 선분에 내린 수선의 발을 각각
H_{n-1}, H_n, H_{n+1}이라 하겠습니다.

원들은 서로 외접하고 x축에 모두 접하므로
$\overline{O_{n-1}O_n} = r_{n-1} + r_n$, $\overline{O_nO_{n+1}} = r_n + r_{n+1}$, $\overline{O_{n-1}O_{n+1}} = r_{n-1} + r_{n+1}$이고,
$\overline{O_{n-1}H_{n-1}} = r_{n-1} - r_n$, $\overline{O_nH_{n+1}} = r_n - r_{n+1}$, $\overline{O_{n-1}H_n} = r_{n-1} - r_{n+1}$이며,
$\overline{O_nH_{n-1}} = x_n - x_{n-1}$, $\overline{O_{n+1}H_n} = x_{n+1} - x_{n-1}$, $\overline{O_{n+1}H_{n+1}} = x_n - x_{n+1}$ 입니다.

이때 세 직각삼각형 $O_{n-1}O_nH_{n-1}$, $O_{n-1}O_{n+1}H_n$, $O_nO_{n+1}H_{n+1}$에서 피타고라스 정리를 각각 적용
하면
$$(x_n - x_{n-1})^2 = (r_{n-1} + r_n)^2 - (r_{n-1} - r_n)^2 = 4r_{n-1}r_n \qquad \cdots \ ㉠$$
$$(x_{n+1} - x_{n-1})^2 = (r_{n-1} + r_{n+1})^2 - (r_{n-1} - r_{n+1})^2 = 4r_{n-1}r_{n+1} \qquad \cdots \ ㉡$$
$$(x_n - x_{n+1})^2 = (r_n + r_{n+1})^2 - (r_n - r_{n+1})^2 = 4r_nr_{n+1} \qquad \cdots \ ㉢$$
을 얻을 수 있습니다.

(ii) n이 짝수인 경우

(칠판에 그래프 또는 그림을 그립니다.)

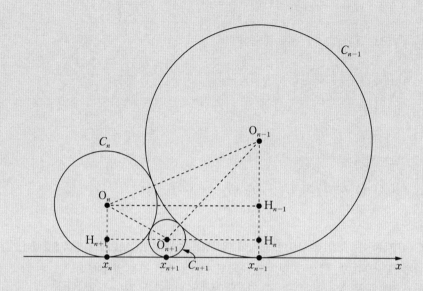

(설명과 계산을 시작합니다.)

(ⅰ)과 마찬가지로 선분의 길이를 나타낸 후,
세 직각삼각형 $O_{n-1}O_nH_{n-1}$, $O_{n-1}O_{n+1}H_n$, $O_nO_{n+1}H_{n+1}$에서 피타고라스 정리를 각각 적용하면

$$(x_{n-1}-x_n)^2 = (r_{n-1}+r_n)^2 - (r_{n-1}-r_n)^2 = 4r_{n-1}r_n \qquad \cdots ㉣$$

$$(x_{n-1}-x_{n+1})^2 = (r_{n-1}+r_{n+1})^2 - (r_{n-1}-r_{n+1})^2 = 4r_{n-1}r_{n+1} \qquad \cdots ㉤$$

$$(x_{n+1}-x_n)^2 = (r_n+r_{n+1})^2 - (r_n-r_{n+1})^2 = 4r_nr_{n+1} \qquad \cdots ㉥$$

을 얻을 수 있습니다.

(ⅰ), (ⅱ)의 ㉠, ㉡, ㉢, ㉣, ㉤, ㉥을 절댓값 기호를 사용하여 나타내면

㉠, ㉣은 $|x_{n-1}-x_n| = 2\sqrt{r_{n-1}r_n}$ $\cdots ㉦$

㉡, ㉤은 $|x_{n-1}-x_{n+1}| = 2\sqrt{r_{n-1}r_{n+1}}$ $\cdots ㉧$

㉢, ㉥은 $|x_{n+1}-x_n| = 2\sqrt{r_nr_{n+1}}$ $\cdots ㉨$

입니다.

한편, $|x_{n-1} - x_n| = |x_{n-1} - x_{n+1}| + |x_{n+1} - x_n|$이므로

ⓧ, ◎, ⓩ에서 $2\sqrt{r_{n-1}r_n} = 2\sqrt{r_{n-1}r_{n+1}} + 2\sqrt{r_{n+1}r_n}$임을 알 수 있습니다.

위의 식의 양변을 $2\sqrt{r_{n-1}r_n r_{n+1}}$로 나누면 $\dfrac{1}{\sqrt{r_{n+1}}} = \dfrac{1}{\sqrt{r_n}} + \dfrac{1}{\sqrt{r_{n-1}}}$ ⋯ ⓩ이고

$p_n = \dfrac{1}{\sqrt{2r_n}}$이므로 ⓩ의 양변에 $\dfrac{1}{\sqrt{2}}$을 곱하면

$\dfrac{1}{\sqrt{2r_{n+1}}} = \dfrac{1}{\sqrt{2r_n}} + \dfrac{1}{\sqrt{2r_{n-1}}}$, 즉 $p_{n+1} = p_n + p_{n-1}$

임을 알 수 있습니다.

이때 $p_0 = \dfrac{1}{\sqrt{2r_0}} = 1$, $p_1 = \dfrac{1}{\sqrt{2r_1}} = 1$이므로

$p_{n+1} = p_n + p_{n-1}$ (단, $n = 1, 2, 3, \cdots$), $p_0 = p_1 = 1$ ⋯ ⓐ

입니다.

이제 ⓐ를 이용하여 p_n (n은 0 이상의 정수)이 정수임을 수학적 귀납법으로 증명하겠습니다.

항들의 관계식을 살펴보면, 이전 두 항의 값을 합하여 다음 항의 값을 결정하므로,

정수가 되는 연속한 두 항을 찾아야 하고, 가정할 때에도 연속한 두 항이 필요합니다.

(i) $n = 0$, $n = 1$일 때, $p_0 = 1$, $p_1 = 1$이므로 정수입니다.

(ii) $n = k-1$, $n = k$ (k는 1 이상의 정수)일 때, p_{k-1}, p_k가 정수라고 가정하면

(iii) $n = k+1$일 때, $p_{k+1} = p_k + p_{k-1}$이므로 (ii)의 가정에 의해 p_{k+1}도 정수입니다.

따라서 p_n (n은 0 이상의 정수)은 정수입니다.

이상으로 1번 문제의 답변을 마치겠습니다.

1-2

2번 문제의 답변을 시작하겠습니다.

(설명과 계산을 시작합니다.)

1번 문제의 (ⅰ)의 경우, 즉 n이 홀수일 때, $x_{n-1} < x_{n+1} < x_n$이므로

ⓛ은 $x_{n+1} - x_{n-1} = 2\sqrt{r_{n+1}r_{n-1}}$, ⓒ은 $x_n - x_{n+1} = 2\sqrt{r_n r_{n+1}}$로 나타낼 수 있습니다.

1번 문제의 (ⅱ)의 경우, 즉 n이 짝수일 때, $x_n < x_{n+1} < x_{n-1}$이므로

ⓜ은 $x_{n+1} - x_{n-1} = -2\sqrt{r_{n+1}r_{n-1}}$, ⓗ은 $x_n - x_{n+1} = -2\sqrt{r_n r_{n+1}}$로 나타낼 수 있습니다.

즉, $x_{n+1} - x_{n-1} = \pm 2\sqrt{r_{n+1}r_{n-1}}$, $x_n - x_{n+1} = \pm 2\sqrt{r_n r_{n+1}}$ 입니다.

$q_n = p_n x_n$이므로 $x_n = \dfrac{q_n}{p_n}$이고, 이를 이용하여 위의 두 식을 각각 표현하면

$$\frac{q_{n+1}}{p_{n+1}} - \frac{q_{n-1}}{p_{n-1}} = \pm \frac{1}{p_{n+1}p_{n-1}}, \quad \frac{q_n}{p_n} - \frac{q_{n+1}}{p_{n+1}} = \pm \frac{1}{p_n p_{n+1}}$$

입니다. 이것을 정리하면

$$p_{n-1}q_{n+1} - p_{n+1}q_{n-1} = \pm 1, \quad p_{n+1}q_n - p_n q_{n+1} = \pm 1$$

입니다.

이 두 식을 좌변과 우변끼리 빼면

$$p_{n-1}q_{n+1} - p_{n+1}q_{n-1} - p_{n+1}q_n + p_n q_{n+1} = 0, \quad q_{n+1}(p_n + p_{n-1}) - p_{n+1}(q_n + q_{n-1}) = 0$$

입니다.

$p_n + p_{n-1} = p_{n+1}$이므로 $q_{n+1}p_{n+1} - p_{n+1}(q_n + q_{n-1}) = p_{n+1}(q_{n+1} - q_n - q_{n-1}) = 0$입니다.

이때 $p_{n+1} \neq 0$이므로

$q_{n+1} - q_n - q_{n-1} = 0$, 즉 $q_{n+1} = q_n + q_{n-1}$ 입니다.

또한, $q_0 = x_0 p_0 = 0$, $q_1 = x_1 p_1 = 1$이므로

$q_{n+1} = q_n + q_{n-1}$ (단, $n = 1, 2, 3, \cdots$), $q_0 = 0$, $q_1 = 1$

입니다.

이제 q_n (n은 0 이상의 정수)이 정수임을 수학적 귀납법을 이용하여 증명하겠습니다.

p_n이 정수임을 증명할 때와 마찬가지로 연속한 두 항에 대해서 정수임을 확인하고 가정해야 합니다.

(i) $n=0$, $n=1$일 때, $q_0=0$, $q_1=1$이므로 정수입니다.

(ii) $n=k-1$, $n=k$ (k는 1 이상의 정수)일 때, q_{k-1}, q_k가 정수라고 가정하면

(iii) $n=k+1$일 때, $q_{k+1}=q_k+q_{k-1}$이므로 (ii)의 가정에 의해 q_{k+1}도 정수입니다.

따라서 q_n (n은 0 이상의 정수)은 정수입니다.

다음은 p_n과 q_n이 서로소임을 보이겠습니다.

p_n과 q_n의 최대공약수를 d라 하고 서로소인 0 이상의 정수 $p_n{'}$, $q_n{'}$에 대해

$p_n=dp_n{'}$, $q_n=dq_n{'}$입니다.

이것을 앞에서 구한 $p_{n+1}q_n-p_nq_{n+1}=\pm1$에 대입하면

$p_{n+1}dq_n{'}-dp_n{'}q_{n+1}=\pm1$이고, 이를 정리하면 $d(p_{n+1}q_n{'}-p_n{'}q_{n+1})=\pm1$입니다.

여기서 n이 홀수일 때는 ⓛ, ⓒ에 의해 우변은 $+1$,

n이 짝수일 때는 ⓔ, ⓜ에 의해 우변은 -1입니다.

즉, 부호는 $p_{n+1}q_n{'}-p_n{'}q_{n+1}$의 값의 부호와 같습니다.

또한, 0 이상의 두 정수 p_n과 q_n의 최대공약수 d는 자연수이므로 $d=1$입니다.

따라서 최대공약수가 1이므로 p_n과 q_n은 서로소입니다.

이상으로 2번 문제의 답변을 마치겠습니다.

1-3

3번 문제의 답변을 시작하겠습니다.

(설명과 계산을 시작합니다.)

1, 2번 문제에서 구한 두 관계식

$p_{n+1} = p_n + p_{n-1}$ (n은 1 이상의 정수), $p_0 = p_1 = 1$,

$q_{n+1} = q_n + q_{n-1}$ (n은 1 이상의 정수), $q_0 = 0$, $q_1 = 1$

로부터 항들 간의 관계식은 똑같으나 $p_0 = q_1$, $p_1 = q_2$이므로, $p_{n-1} = q_n$ (n은 1 이상의 정수)입니다.

따라서 $x_{n+1} = \dfrac{q_{n+1}}{p_{n+1}} = \dfrac{p_n}{p_n + p_{n-1}} = \dfrac{1}{1 + \dfrac{p_{n-1}}{p_n}} = \dfrac{1}{1 + \dfrac{q_n}{p_n}} = \dfrac{1}{1 + x_n}$ 임을 알 수 있습니다.

또한, $\alpha = \dfrac{1}{1+\alpha}$ 을 만족하는 양수 α는 $\alpha^2 + \alpha - 1 = 0$을 만족하므로 이차방정식의 근의 공식에서

$\alpha = \dfrac{-1 + \sqrt{5}}{2}$ 입니다.

$$|x_{n+1} - \alpha| = \left| \frac{1}{1+x_n} - \frac{1}{1+\alpha} \right| = \left| \frac{\alpha - x_n}{(1+x_n)(1+\alpha)} \right|$$

$$= \left| \frac{1}{(1+x_n)(1+\alpha)} \right| |x_n - \alpha|$$

$$= \left| \frac{1}{1+x_n} \right| \alpha |x_n - \alpha|$$

입니다.

이때 $1 + x_n \geq 1$에서 $\dfrac{1}{1+x_n} \leq 1$이므로

$|x_{n+1} - \alpha| \leq \alpha |x_n - \alpha|$ ⋯ ⓐ

임을 알 수 있습니다.

한편, $\alpha = \dfrac{-1+\sqrt{5}}{2}$ 와 $\dfrac{2}{3}$ 의 대소 관계를 알아봅니다.

$$\frac{-1+\sqrt{5}}{2} - \frac{2}{3} = \frac{3(-1+\sqrt{5})-2\cdot 2}{6}$$
$$= \frac{-7+3\sqrt{5}}{6}$$
$$= \frac{-\sqrt{49}+\sqrt{45}}{6} < 0$$

이므로 $\dfrac{-1+\sqrt{5}}{2} < \dfrac{2}{3}$, 즉 $\alpha < \dfrac{2}{3}$ 입니다.

따라서 $\alpha < \dfrac{2}{3}$ 를 ⓐ에 적용하면

$$|x_{n+1}-\alpha| < \frac{2}{3}|x_n-\alpha| \cdots ⓑ$$

임을 알 수 있습니다.

ⓑ로부터 $0 < |x_n-\alpha| < |x_1-\alpha|\left(\dfrac{2}{3}\right)^{n-1}$ 이고,

$x_1 = \dfrac{q_1}{p_1} = 1$ 이므로 $0 < |x_n-\alpha| < |1-\alpha|\left(\dfrac{2}{3}\right)^{n-1}$ 입니다.

위 부등식의 각 변에 $\lim$ 를 취하면 $0 \le \lim\limits_{n\to\infty}|x_n-\alpha| \le \lim\limits_{n\to\infty}|1-\alpha|\left(\dfrac{2}{3}\right)^{n-1}$ 이고,

$\lim\limits_{n\to\infty}|1-\alpha|\left(\dfrac{2}{3}\right)^{n-1} = 0$ 이므로 수열의 극한의 대소 관계에 의해 $\lim\limits_{n\to\infty}|x_n-\alpha| = 0$ 입니다.

즉, $\lim\limits_{n\to\infty}x_n = \alpha = \dfrac{\sqrt{5}-1}{2}$ 입니다.

이상으로 3번 문제의 답변을 마치겠습니다. 감사합니다!

원의 위치 관계, 수열의 귀납적 정의, 수학적 귀납법, 서로소

문제 해설

▶ [1-1] 원 C_{n-1}, C_n, C_{n+1}이 서로 외접하므로 관계식(점화식)을 구하고 수학적 귀납법을 이용해야 합니다.

▶ [1-2] 문제 [1-1]의 과정과 결과로부터 q_{n-1}, q_n, q_{n+1}의 관계식(점화식)을 구하고 수학적 귀납법을 이용해야 합니다.
   서로소임을 증명하기 위해서 두 수의 최대공약수를 d로 설정해야 합니다.

▶ [1-3] 문제 [1-1], [1-2]의 결과로부터 x_{n+1}과 x_n의 관계식을 구하고 식을 변형해야 합니다.
   α의 값을 구한 후, 대소 관계의 비교를 통해 문제의 부등식을 구하면 됩니다.

출제 의도

평가 항목은 다음과 같습니다.

▶ [1-1] 도형의 위치 관계를 식으로 표현하고, 변형하여 관계식(점화식)을 만들 수 있는가?

▶ [1-2] 문제 [1-1]에서 구한 식을 관찰하고 변형하여 조건에 맞는 관계식(점화식)을 만들 수 있는가?

▶ [1-3] 대소 관계의 비교와 식의 변형을 통해 부등식을 만들고, 수열의 극한의 대소 관계 비교를 이용하여 극한값을 구할 수 있는가?

수리 논술

수학 (2)

문제 2

xy-평면에 직선 l을 $l : y = (\tan 2\theta)x$이라 하자. $\left(\text{단, } \theta \text{는 } 0 < \theta < \dfrac{\pi}{4} \text{이다.}\right)$

두 원 C_1, C_2는 다음 〈조건〉을 만족한다.

─ 〈조건〉 ─
(가) 원 C_1은 직선 l과 접하고, x축의 양의 부분과도 접한다.
(나) 원 C_1의 중심은 제1사분면에 있으며, 원점 O와의 거리 d_1은 $\sin 2\theta$이다.
(다) 원 C_2는 직선 l과 접하고, x축의 양의 부분 및 원 C_1과도 접한다.
(라) 원 C_2의 중심은 제1사분면에 있으며, 원점 O와의 거리 d_2는 d_1보다 작다.

두 원 C_1, C_2의 공통접선 중 x축과 직선 l이 아닌 직선을 m이라 할 때, 직선 m과 직선 l의 교점을 P, 직선 m과 x축의 교점을 Q라 하자.

다음 물음에 답하시오.

[2-1]
두 원 C_1, C_2의 반지름의 길이를 $\sin\theta$, $\cos\theta$를 이용하여 나타내시오.

[2-2]
θ가 $0 < \theta < \dfrac{\pi}{4}$일 때, 선분 PQ의 길이의 최댓값을 구하시오.

[2-3]
문제 [2-2]에서 구한 θ에 대하여 직선 m의 방정식을 구하시오.

구상지

2-1

1번 문제의 답변을 시작하겠습니다.

주어진 조건 (가), (나), (다), (라)를 만족하는 직선 m, 교점 Q를 좌표평면 위에 나타내면 다음 그림과 같습니다.

(칠판에 그래프 또는 그림을 그립니다.)

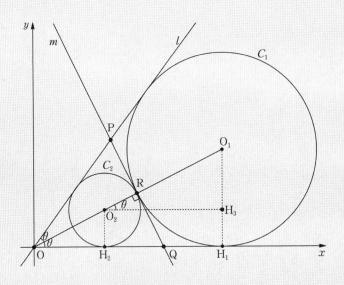

(설명과 계산을 시작합니다.)

원 C_1, C_2의 중심을 각각 O_1, O_2라 하고 각각의 원의 중심에서 x축에 내린 수선의 발을 각각 H_1, H_2, 각각의 원의 반지름의 길이를 r_1, r_2라 하겠습니다.

그리고 점 O_2에서 선분 O_1H_1에 내린 수선의 발을 H_3, 두 원의 교점을 R라 하겠습니다.

그러면 $r_1 = \overline{O_1H_1} = \overline{OO_1}\sin\theta = \sin 2\theta \sin\theta = 2\sin^2\theta\cos\theta \ \cdots$ ㉠입니다.

또한, 삼각형 $O_1O_2H_3$에서 $\overline{O_1O_2} = r_1 + r_2$이고, $\overline{O_1H_3} = r_1 - r_2$이므로

$\sin\theta = \dfrac{r_1 - r_2}{r_1 + r_2}$임을 알 수 있습니다.

따라서 $r_1\sin\theta + r_2\sin\theta = r_1 - r_2$이므로 이를 정리하면 r_2는

$r_2 = \dfrac{1 - \sin\theta}{1 + \sin\theta}r_1 \ \cdots$ ㉡임을 알 수 있습니다.

ⓛ에 ㉠의 결과를 대입하면 $r_2 = \dfrac{1-\sin\theta}{1+\sin\theta} \cdot 2\sin^2\theta\cos\theta$ 입니다.

따라서 $r_1 = 2\sin^2\theta\cos\theta$, $r_2 = \dfrac{2(1-\sin\theta)\sin^2\theta\cos\theta}{1+\sin\theta}$ 입니다.

이상으로 1번 문제의 답변을 마치겠습니다.

2번 문제의 답변을 시작하겠습니다.

(설명과 계산을 시작합니다.)

1번 문제의 예시 답안 그림에서 삼각형 POR와 삼각형 QOR는 ASA합동입니다. 따라서 $\overline{PR}=\overline{QR}$이므로 $\overline{PQ}=2\overline{QR}$입니다.

$\overline{OR}=\overline{OO_1}-r_1=\sin2\theta-\sin2\theta\sin\theta=\sin2\theta(1-\sin\theta)=2\sin\theta\cos\theta(1-\sin\theta)$이고

$\overline{QR}=\overline{OR}\tan\theta=2\sin\theta\cos\theta(1-\sin\theta)\cdot\dfrac{\sin\theta}{\cos\theta}=2\sin^2\theta(1-\sin\theta)$이므로

$\overline{PQ}=2\overline{QR}=4\sin^2\theta(1-\sin\theta)$가 됩니다.

$\sin\theta=t$라 치환하면 $0<\theta<\dfrac{\pi}{4}$이므로 t는 $0<t<\dfrac{\sqrt{2}}{2}$입니다.

$f(t)=4t^2(1-t)\left(0<t<\dfrac{\sqrt{2}}{2}\right)$라 하면

$f'(t)=8t-12t^2=-12t\left(t-\dfrac{2}{3}\right)$이므로 $0<t<\dfrac{2}{3}$에서 $f'(t)>0$, $t>\dfrac{2}{3}$에서 $f'(t)<0$입니다.

따라서 $0<t<\dfrac{\sqrt{2}}{2}$에서 $t=\dfrac{2}{3}$일 때 $f(t)$는 극대이자 최대이므로

$\overline{PQ}$의 최댓값은 $f\left(\dfrac{2}{3}\right)=4\cdot\left(\dfrac{2}{3}\right)^2\cdot\left(1-\dfrac{2}{3}\right)=\dfrac{16}{27}$입니다.

이상으로 2번 문제의 답변을 마치겠습니다.

3번 문제의 답변을 시작하겠습니다.

(설명과 계산을 시작합니다.)

직선 m의 기울기는 1번 문제의 예시 답안 그림에서 $\tan(\pi - \angle RQO)$와 같습니다.

$\angle RQO = \dfrac{\pi}{2} - \theta$이므로 $\tan\left(\pi - \dfrac{\pi}{2} + \theta\right) = -\dfrac{1}{\tan\theta}$ 입니다.

2번 문제에서 구한 θ는 $\sin\theta = \dfrac{2}{3}$이므로 $\cos\theta = \sqrt{1 - \dfrac{4}{9}} = \dfrac{\sqrt{5}}{3}$ 입니다.

따라서 $\tan\theta = \dfrac{2}{\sqrt{5}}$이므로 직선 m의 기울기는 $-\dfrac{\sqrt{5}}{2}$ 입니다.

또한, $\sin\theta = \dfrac{2}{3}$일 때 $\overline{PQ} = \dfrac{16}{27}$이므로 $\overline{QR} = \dfrac{8}{27}$ 입니다.

이때 $\dfrac{2}{3} = \sin\theta = \dfrac{\overline{QR}}{\overline{OQ}} = \dfrac{\frac{8}{27}}{\overline{OQ}}$에서 $\overline{OQ} = \dfrac{8}{27} \cdot \dfrac{3}{2} = \dfrac{4}{9}$이므로

점 Q의 좌표는 $Q\left(\dfrac{4}{9},\ 0\right)$입니다.

따라서 직선 m의 방정식은 $y = -\dfrac{\sqrt{5}}{2}\left(x - \dfrac{4}{9}\right) = -\dfrac{\sqrt{5}}{2}x + \dfrac{2\sqrt{5}}{9}$ 입니다.

이상으로 3번 문제의 답변을 마치겠습니다. 감사합니다!

두 원의 위치 관계, 공통접선, 삼각함수, 미분, 직선의 방정식

문제 해설

▶ [2-1] 그래프를 그리고 두 원의 중심선이 각의 이등분선임을 파악합니다.
외접하는 두 원의 위치 관계를 식으로 표현하고 보조선을 그어 θ와의 관계식을 구합니다.
그러면 간단한 삼각비를 통해 두 원의 반지름의 길이를 θ에 대한 식으로 표현할 수 있습니다.

▶ [2-2] 구하는 $\overline{PQ}$를 문제 [2-1]의 과정과 결과를 이용하여 θ의 함수로 나타내어 봅니다.
그리고 난 후 치환과 미분을 통해 최댓값을 구하면 됩니다.

▶ [2-3] 문제 [2-2]의 결과를 적용하면 기울기와 지나는 점을 간단한 계산 과정을 통해 구할 수 있습니다.

출제 의도

평가 항목은 다음과 같습니다.

▶ [2-1] 주어진 조건의 상황을 그래프로 표현하고 θ를 이용하여 변의 길이를 구할 수 있는가?

▶ [2-2] θ를 이용하여 나타낸 식으로부터 최댓값을 구할 수 있는가?

▶ [2-3] 직선의 기울기와 지나는 점의 좌표를 구할 수 있는가?

수리 논술 — 수학 (3)

문제 3

타원 $C: \dfrac{x^2}{a^2} + \dfrac{y^2}{b^2} = 1$이 있다. (단, a, b는 $0 < b < a$이다.)

다음 물음에 답하시오.

[3-1]

$0 < t \leq \dfrac{\pi}{2}$일 때, 타원 C 위의 점 $\mathrm{P}(a\cos t,\ b\sin t)$를 지나고, 점 P에서의 접선과 수직인 직선을 l이라 할 때, 직선 l의 방정식을 구하시오.

그리고 x축과의 교점을 Q라 할 때, 점 Q의 좌표를 구하시오.

[3-2]

xyz-좌표공간에 입체도형 V는 다음 〈조건〉을 만족한다.

―〈조건〉――――――――――――――――――――――――――――――

(가) 밑면은 xy-평면, 즉 $z = 0$에 있으며 $\dfrac{x^2}{a^2} + \dfrac{y^2}{b^2} \leq 1$, $x \geq 0$, $y \geq 0$이다.

(나) 문제 [3-1]의 점 P, Q에 대하여 선분 PQ를 포함하고 xy-평면에 수직인 평면으로 잘랐을 때, 그 단면의 z좌표의 값이 t이다. (단, 점 P가 $(a, 0)$일 때는 $t = 0$이다.)

입체도형 V에서 $z = s$에 의한 단면의 넓이를 구하시오.

[3-3]

문제 [3-2]의 입체도형 V의 넓이를 구하시오.

구상지

3-1

1번 문제의 답변을 시작하겠습니다.

(설명과 계산을 시작합니다.)

풀이 1
음함수의 미분법을 이용한 풀이

주어진 타원의 방정식을 음함수의 미분법을 이용하여 미분하면

$\dfrac{2x}{a^2} + \dfrac{2y}{b^2} \cdot \dfrac{dy}{dx} = 0$ 이므로 $\dfrac{dy}{dx} = -\dfrac{b^2 x}{a^2 y}$ 입니다.

따라서 점 P에서의 접선의 기울기는 $-\dfrac{b^2 a\cos t}{a^2 b\sin t} = -\dfrac{b\cos t}{a\sin t}$ 입니다.

구하는 접선과 수직인 직선 l의 기울기는 $\dfrac{a\sin t}{b\cos t}$ 이므로

직선 l의 방정식은 $y = \dfrac{a\sin t}{b\cos t}(x - a\cos t) + b\sin t = \dfrac{a\sin t}{b\cos t}x - \dfrac{(a^2 - b^2)\sin t}{b}$ 입니다.

따라서 점 Q의 x좌표는 $\dfrac{(a^2 - b^2)\sin t}{b} \cdot \dfrac{b\cos t}{a\sin t} = \dfrac{(a^2 - b^2)\cos t}{a}$ 이므로

$Q\left(\dfrac{(a^2 - b^2)\cos t}{a},\ 0\right)$ 입니다.

풀이 2
타원에서의 접선의 방정식을 이용한 풀이

타원 $\dfrac{x^2}{a^2} + \dfrac{y^2}{b^2} = 1$ 위의 점 $(x_1,\ y_1)$에서의 접선의 방정식은 $\dfrac{x_1 x}{a^2} + \dfrac{y_1 y}{b^2} = 1$ 이므로

점 $P(a\cos t,\ b\sin t)$에서의 접선의 방정식은 $\dfrac{a\cos t}{a^2}x + \dfrac{b\sin t}{b^2}y = 1$ 입니다.

이하 풀이 1과 동일합니다.

이상으로 1번 문제의 답변을 마치겠습니다.

2번 문제의 답변을 시작하겠습니다.

입체도형 V의 단면은 조건으로부터 다음 그림과 같이 그릴 수 있습니다.

(칠판에 그래프 또는 그림을 그립니다.)

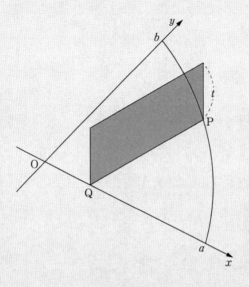

(설명과 계산을 시작합니다.)

입체도형 V의 단면은 밑변이 PQ이고 높이가 t인 직사각형입니다.
따라서 직사각형의 높이는 $P(a\cos t,\ b\sin t)$에서의 t와 비례합니다.

그러므로 그림으로부터 선분 PQ를 경계선으로 하여
점 $(a,\ 0)$을 포함하는 영역에 속한 입체도형 V의 높이는 t보다 작고,
점 $(0,\ b)$를 포함하는 영역에 속한 입체도형 V의 높이는 t보다 큽니다.

평면 $z = s$으로 자른 입체도형 V의 단면은 다음 그림의 어두운 영역과 같습니다.

(칠판에 그래프 또는 그림을 그립니다.)

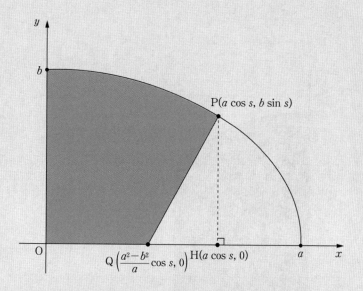

(설명과 계산을 시작합니다.)

여기에서 점 H는 점 P에서 x축에 내린 수선의 발입니다.

점 P를 $P(a\cos s, \ b\sin s)$라 하면 점 Q는 $Q\left(\dfrac{a^2 - b^2}{a}\cos s, \ 0\right)$입니다.

따라서 어두운 영역의 넓이는 타원과 $x = 0$ $(y$축$)$, $x = a\cos s$, x축으로 둘러싸인 영역의 넓이에서 삼각형 PQH의 넓이를 뺀 것과 같습니다.

제1사분면에서 타원의 방정식은 $y = \dfrac{b}{a}\sqrt{a^2 - x^2}$이고

삼각형 PQH의 넓이는 $\dfrac{1}{2}\left(a\cos s - \dfrac{a^2 - b^2}{a}\cos s\right)b\sin s = \dfrac{b^3}{2a}\sin s\cos s$입니다.

따라서 구하는 단면의 넓이는 $\displaystyle\int_0^{a\cos s}\dfrac{b}{a}\sqrt{a^2 - x^2}\,dx - \dfrac{b^3}{2a}\sin s\cos s$입니다.

이때 $\displaystyle\int_0^{a\cos s} \frac{b}{a}\sqrt{a^2-x^2}\,dx = \frac{b}{a}\int_0^{a\cos s}\sqrt{a^2-x^2}\,dx$ 이고

$\displaystyle\int_0^{a\cos s}\sqrt{a^2-x^2}\,dx$ 는 다음의 그림으로부터 구할 수 있습니다.

(칠판에 그래프 또는 그림을 그립니다.)

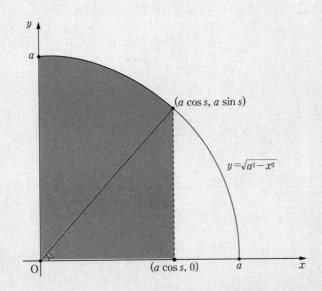

(설명과 계산을 시작합니다.)

어두운 부분의 부채꼴의 넓이는 $\dfrac{1}{2}a^2\left(\dfrac{\pi}{2}-s\right)=\dfrac{a^2\pi}{4}-\dfrac{a^2}{2}s$ 이고

어두운 부분의 직각삼각형의 넓이는 $\dfrac{1}{2}a\cos s \cdot a\sin s = \dfrac{a^2}{4}\sin 2s$ 이므로

$\displaystyle\int_0^{a\cos s}\sqrt{a^2-x^2}\,dx = \dfrac{a^2\pi}{4}-\dfrac{a^2}{2}s+\dfrac{a^2}{4}\sin 2s$ 입니다.

따라서 구하는 단면의 넓이는
$$\frac{b}{a}\left(\frac{a^2\pi}{4}-\frac{a^2}{2}s+\frac{a^2}{4}\sin 2s\right)-\frac{b^3}{2a}\sin s\cos s = \left(\frac{ab\pi}{4}-\frac{ab}{2}s+\frac{ab}{4}\sin 2s\right)-\frac{b^3}{4a}\sin 2s$$
$$= \frac{ab\pi}{4}-\frac{ab}{2}s+\frac{(a^2-b^2)b}{4a}\sin 2s$$

입니다.

이상으로 2번 문제의 답변을 마치겠습니다.

3-3

3번 문제의 답변을 시작하겠습니다.

(설명과 계산을 시작합니다.)

2번 문제에서 구한 $z = s$에 의한 입체도형 V의 단면적을 $f(s)$라 하겠습니다.

즉, $f(s) = \dfrac{ab\pi}{4} - \dfrac{ab}{2}s + \dfrac{(a^2-b^2)b}{4a}\sin 2s$ 입니다.

입체도형의 부피는 단면적을 정적분하여 구할 수 있으므로

구하는 입체도형 V의 부피는 $\displaystyle\int_0^{\frac{\pi}{2}} f(s)\,ds$ 입니다.

따라서

$$\int_0^{\frac{\pi}{2}}\left\{\frac{ab\pi}{4} - \frac{ab}{2}s + \frac{(a^2-b^2)b}{4a}\sin 2s\right\}ds = \frac{ab\pi}{4}\cdot\frac{\pi}{2} - \frac{ab}{4}\left(\frac{\pi^2}{4}\right) - \frac{(a^2-b^2)b}{8a}(\cos\pi - 1)$$

$$= \frac{ab\pi^2}{8} - \frac{ab\pi^2}{16} + \frac{(a^2-b^2)b}{4a}$$

$$= \frac{ab\pi^2}{16} + \frac{(a^2-b^2)b}{4a}$$

입니다.

이상으로 3번 문제의 답변을 마치겠습니다. 감사합니다!

타원의 방정식, 음함수의 미분, 타원의 접선의 방정식, 정적분, 입체도형의 부피

문제 해설

▶ [3-1] 음함수의 미분법 또는 타원의 접선의 방정식을 이용하여 접선에 수직인 직선을 구한 후 x절편을 구하면 됩니다.

▶ [3-2] 문제의 조건을 잘 파악하면 $z = s$에 의한 단면의 넓이를 평면으로 해석하여 영역을 파악할 수 있습니다. 그리고 타원의 방정식을 변형하여 정적분을 하면 구하고자 하는 단면의 넓이를 구할 수 있습니다.

▶ [3-3] 문제 [3-2]에서 구한 단면적을 정적분하면 입체도형의 부피를 구할 수 있습니다.

출제 의도

평가 항목은 다음과 같습니다.

▶ [3-1] 접선과 수직인 직선의 방정식을 구할 수 있는가?

▶ [3-2] 문제의 조건을 파악하여 단면적을 구하여 복잡한 정적분을 계산할 수 있는가?

▶ [3-3] 입체도형의 부피를 정적분으로 나타낸 후 계산할 수 있는가?

아이들이 답이 있는 질문을 하기 시작하면 그들이 성장하고 있음을 알 수 있다.

– 존 J. 플롬프 –

작은 기회로부터 종종 위대한 업적이 시작된다.

– 데모스테네스 –